U0186135

Das Weltgeheimnis

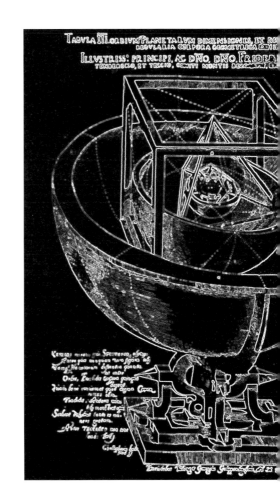

〔德〕

托马斯·德·帕多瓦 著

盛 世 同 译

这是可以近距离体验的科学

是侦探小说形式的科学

拉近了天空与读者的距离

近代早期天文学革命的漫长而纠结的历史

Thomas de Padova

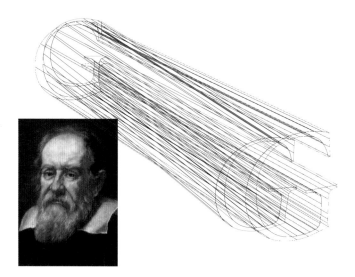

Author: Thomas de Padova

Title: Das Weltgeheimnis: Kepler, Galilei und die Vermessung des Himmels

Copyright ©2009 Piper Verlag GmbH, München/Berlin

Chinese language editon arranged throught HERCULES Business & Culture GmbH, Germany

Kepler, Galilei und
die Vermessung des Himmels

开普勒、伽利略
与度量天空

宇宙的
奥秘

社会科学文献出版社
SOCIAL SCIENCES ACADEMIC PRESS (CHINA)

附 录

谁破解了宇宙的奥秘？（译者序）

1

你可曾记得，上次仰望天空是什么时候？当时是万里无云，还是电闪雷鸣？是月光皎洁，还是星河璀璨？

亘古以来，无论海陆如何变迁，物种如何演进，日月出没、斗转星移这些天象似乎从未改变。在认知革命的过程中，智人面对博大和永恒的天空，抛出了一系列问题：天地为什么分开？太阳为什么发光？月亮为什么盈亏？星辰为什么如此排布？它们为什么运动不休？

为了解答这一切，智人发展出五花八门的神话传说。原始信仰要求敬畏上苍、崇拜日月，多神论视星辰为神祇，一神论认为天堂是造物主的居所。天不仅是存在的完美形式，也隐含着存在的终极目的。探究天空是最神圣的事业，假如它没有因为过于神圣而被禁止的话。

初看上去，天空的变化似乎很有规律。古人不但根据星辰的运动规定了时间单位和空间方位，而且掌握了用数学推算天象的方法。但在进一步观察和计算之后，人们发现天象并不简单：太阳日不等于恒星日，太阳年不等于恒星年，月相周期和它们不能约分……更奇怪的是，当绝大多数星辰——"恒星"几乎固定地绕着天极旋转，太阳、月亮和五颗"行星"却一直飘忽不定，特别是行星的亮度、速度甚至运动方向都会发生变化。

为了记录、解释和预测天上的事件，使令人困惑的现象自圆其说，星相学和天文学这对双胞胎应运而生。前者借助经验，重在定性描述，强调天与地的超自然关联；后者依靠数学，重在定量分析，试图发掘天象不规律背后的规律性，进而揭示天的真实结构以及天与地的自然关联。如果说，天文学犹如一场解谜游戏，天文学史就好比一部侦探小说。本书讲述的故事便是其中一个精彩的核心章节。

2

"天似穹庐，笼盖四野。"从日常经验来看，中国古代的宇宙观"天圆地方"似乎颇为形象，但它既不严谨，也没有形成体系。之后，历代哲学家和天文学家又提出了"宣夜说"、"盖天说"和"浑天说"。其中，宣夜说缺乏数学基础，无法加以发展；盖天说与浑天说进行了千余年的辩论，最终浑天说凭借较准确的预测占据了上风。

遗憾的是，无论是盖天说还是浑天说，都是比较朴素和粗糙的。中国古代天文学的任务不在于探究宇宙的结构，而在于为权力和礼教服务。因此，它留下了精巧的观象仪器和丰富的观测记录，却长期在基本问题上止步不前。直到利玛窦来华，天朝的学者仍无法想象大地是一个球体。

相比之下，古希腊人在汲取了巴比伦和

古埃及的天文学知识之后，很早就知道地球是球体。公元前 6 世纪，米利都的阿那克西曼德认识到天球是一个完整的球面，并根据星辰在不同纬度时的高度变化确定地表是曲面。他将大地描绘成悬浮在空中的圆柱体。不久，毕达哥拉斯明确提出了球形大地，既因为球体被视为最完美的形体，又因为它符合月食的圆弧状影子。

柏拉图接受了毕达哥拉斯学派的观点，相信宇宙在几何学上是完美的，只能由球体和圆周运动组成。为了解释行星的不规则运动，他的弟子欧多克斯提出了一个由 27 个同心球嵌套而成的系统。他赋予恒星 1 个水晶球壳，太阳和月亮各 3 个，五颗行星各 4 个，它们围绕位居中心的地球运动。为了使这个模型更加符合实际的天象，他的学生卡里普斯又增补了 7 个球壳。

稍后，亚里士多德将前人的思想整合为一个宏大而自洽的体系。他将世界分为月上和月下，它们适用截然不同的规律。月上世界由第五元素（以太）组成，是完美而永恒的。简单运动只有两种——上下方向的直线运动（地球保持静止，土和水朝向地心即宇宙中心，火和气远离地心）和圆周运动，而圆周运动正是以太及由其构成的天体的本质属性。最后，他为了避免不同球壳相互影响，又增加了22个同心球壳，使之达到56个。

不过，在同心球模型中，太阳、月亮和行星到地球的距离是固定的，这与观测情况不符。公元前3世纪，阿波罗尼乌斯在坚持匀速圆周运动的基础上，提出了两个改进方案：一是偏心圆模型，即行星（包括太阳和月亮）的运动轨道不是以地球为圆心的同心圆，而是一组偏心圆；二是本轮–均轮模型，即行星在"本轮"上做匀速运动，而本轮的中心在以地球为圆心的"均轮"上做匀速运动。100年后，喜帕恰斯又对本轮–均轮模型做了修改，使之更好地解释行星的运动。

到了2世纪，托勒密经过数十年的观测和推算，在《至大论》中融合了上述两种模型，并提出了"偏心匀速点"，即地球相对于均轮的圆心的对称点，使得各个本轮的中心不是围绕均轮的圆心做匀速运动，而是围绕该点做角速度不变的运动。虽然托勒密继续坚持"地心说"或"地静说"，但他的模型从数学角度来看已经相当完善，其解释和预报天象的能力达到了古典时代的巅峰。在接下来的 1000 多年间，托勒密体系将盛行于拜占庭和阿拉伯，最后在中世纪晚期重返西欧。

3

在基督教看来，古典时代的思想家原本都是异端。不过，为了描述世界，教会也需要既符合生活经验又符合《圣经》教义的理论。13世纪，托马斯·阿奎纳改造了亚里士多德的学说，使以上帝为动因、以人类为中心的地心说成为经院哲学的标准宇宙模型。文艺复兴时期，毕达哥拉斯、柏拉图和托勒密重新获得关注，天文学家便纷纷采用了更加精确的托勒密体系。他们根据观测结果不断进行修正，在本轮上再添加小本轮，导致该体系的圆周数量逐渐增至80 个，变得愈发臃肿和不便。

渐渐地，越来越多的学者对传统世界观感

到不满，却不敢也无力撼动它的整个根基。就在此时，西欧出现了活字印刷术，又发生了地理大发现和宗教改革。视野的拓展和思想的激荡带来了新事物和新观点，开启了一个充满冲突和变化的时代。

1500年前后，正在意大利求学的尼古拉·哥白尼接触到了天文学。他受到毕达哥拉斯和柏拉图的影响，相信天体的运动是简单和完美的，但是托勒密体系显然不够简洁。他还发现，早已有人提出过不同于亚里士多德和托勒密的宇宙观，比如毕达哥拉斯学派认为宇宙绕着一团"中心火"转动，公元前3世纪的阿里斯塔克提出太阳是宇宙的中心。因此，当哥白尼在波兰弗龙堡担任教士期间，他思考如果以太阳为中心，是否就能更合理地描述宇宙的结构。1530年前后，他的新理论开始在学者之间流传，但碍于不符合教义而迟迟没有发表。直到1543年他去世前夕，《天球运行论》才得以问世。

《天球运行论》提出了被称为"日心说"或"地动说"的哥白尼体系。据此，太阳居于中央，水星、金星、地球（带着月球自转）、火星、木星和土星从内到外绕日转动，恒星位于最外侧。就认识论而言，"哥白尼的变革"——摆脱自我中心主义的视角当然是划时代的创举，但在天文学史上，"地动说"取代"地静说"并非如后人所想象的那般轻巧。哥白尼没有能力也没有意愿推翻旧秩序，他只是迈出了第一步。

从很多方面来看，哥白尼更像是托勒密的继承者，而非颠覆者。他既延续了亚里士多德物理学，坚持球体和匀速圆周运动，又沿用了托勒密的天文概念、数学方法和几何表述，包括本轮、均轮和偏心圆，唯独省去了偏心匀速点。尽管他的模型能更好地解释行星的逆行运动和亮度变化，却仍旧以 34 个彼此啮合的圆周为基础，其复杂程度和预报能力较托勒密体系并无优势。"哥白尼的思想飞跃是如此伟大，但他其余的观念和想象却仍然那么传统。"

由于观测不到恒星的周年视差，且无法解释地球运动可能带来的混乱，哥白尼体系尽管受到了学界的广泛关注，却只是被当作一种便于使用的数学假说，而不是宇宙真实情况的反映。取代托勒密体系的新理论首先来自丹麦天文学家第谷·布拉赫。

　　与哥白尼不同，第谷是职业天文学家。他发现过去的星表预报天象已经有很大误差，于是立志加以改进。1572年，仙后座爆发了一颗超新星，第谷的计算结果是它位于恒星天球，挑战了月上世界永恒不变的观点。1576年，丹麦国王克里斯蒂安四世把汶岛赐给第谷做研究，他便在岛上筑起了当时规模最大、设备最齐全的观象台——天堡，在那里一直观测至1597年。

　　经过20年的坚守，第谷将裸眼观测技术推向极致，积累了有史以来最精确、最完整的持续观测记录。依靠强大的数据支撑，他提出了非常符合观测结果的宇宙结构，即地球静止在宇宙中央，太阳和月亮围绕地球转动，其他行星围绕太阳转动。第谷体系是托勒密和哥白尼体系之间的折中方案，兼顾了两者的优势，也顺应了传统的神学和物理学观点。它取代了托勒密体系，成为主流学界和天主教会一度认可的宇宙模型。

　　可惜，第谷体系尽管是最完善的地心说模型，最终还是难免落伍的命运。但是，第谷的功绩不可磨灭，特别是他给后世留下了前无古人的观测数据库。同样重要的是，他选择了一位卓越的继承人——约翰内斯·开普勒。

4

1577年，当一颗彗星出现，第谷认为其位于月上世界，从而能够打破想象的水晶天球之时，开普勒年仅6岁。他出生在德意志南部的符腾堡公国，那里的经济生活不算太发达，还没有摆脱宗教改革带来的信仰冲突。开普勒的祖父和外祖父都是商人，在各自的城镇当过市长，但他的父亲不务正业，后来参加雇佣军而客死他乡，给他的家庭带来了不小的负担。

开普勒是早产儿，从小体弱多病，高度近视，幸亏他天资聪颖，被图宾根神学院录取，在那里树立了成为新教牧师的志向。没想到，就在毕业前夕，他被派往施泰尔马克公国的格拉茨担任数学教师。

在图宾根期间，开普勒开始对数学和天文学感兴趣，并在老师迈斯特林的引导下接受了哥白尼的观点。他在格拉茨继续坚持这项研究。之所以如此执着，主要是因为他受到毕达哥拉斯和柏拉图的影响，相信"上帝参照几何模型创造了世界，以及人的理性有能力认识这一模型"。他决心用一生寻找和证明宇宙神圣而完美的秩序。

开普勒发现，正多面体只有 5 种，它们的内切球和外接球的比例与 6 颗行星的轨道大致吻合。他于是认为，上帝就是按照几何学原理创造宇宙的，太阳则通过"灵"的作用把行星束缚在轨道上。据此，他在 1596 年发表了以哥白尼体系为基础的处女作《宇宙的奥秘》。

他把作品寄给专家同行，引起了已经成为神圣罗马帝国皇帝御用数学家的第谷的注意。后者邀请由于信仰原因被逐出格拉茨的开普勒来到布拉格，最终让他接过了御用数学家的衣钵。据说，第谷生前叮嘱开普勒必须按照第谷体系，而不得按照哥白尼体系构建新的行星理论。

1597 年夏天，比开普勒年长 8 岁的帕多瓦大学教授伽利略·伽利雷也收到了《宇宙的奥秘》。伽利略回信致谢，他透露了自己赞成哥白尼的秘密立场，称开普勒是"探索真理的伙伴"。开普勒对觅得知音激动不已，提议共同支持哥白尼体系，甚至准备公开伽利略的来信。可是，他的热情似乎吓退了伽利略，两人的初次通信就这样戛然而止了。

伽利略生于比萨一个没落的城市贵族家庭，父亲文琴佐是琉特琴师和音乐理论家。作为文艺复兴的摇篮，此时的北意大利虽然受到新航路开辟带来的冲击，但依然是欧洲商业最发达、文化最繁荣的地区。伽利略年少时曾在修道院学习，差点做了教士，后来又想成为画家。家里则希望他成为一名医生，但他由于经济原因未能完成学业。不过，在父亲的影响下，伽利略不仅熟悉了贵族社会的生活方式，也掌握了实证主义的研究方法。他展现出数学和物理学方面的非凡天赋，19岁就发现了摆的等时性，又发明了流体静力学天平，在知识界崭露头角。

1589年，伽利略成为比萨大学的数学教师，1592年又前往帕多瓦大学任教。威尼斯共和国提供了宽松的学术氛围和发达的工商业网络，使他迎来了一段在理论和实践方面都非常高产的时期。他在自建的工坊里发明了比例规、水泵、测温仪和军用罗盘，并将科学成果转化成商业利益和政治资源。正当他在物理学和工程学道路上迈进的时候，一件新事物彻底改变了他的人生轨迹。

5

1608 年，尼德兰眼镜匠利普希用两枚透镜制作出能够放大远处物体的仪器。次年，消息传到意大利，伽利略立刻意识到这项发明的军事和商业价值，于是利用威尼斯的便利条件，很快就在工匠的配合下制作出倍数更高、成像更清晰的望远镜，并向威尼斯及各国权贵进行了推销。不过，伽利略没有料到望远镜的真正潜力，直到秋冬之交的某个夜晚，他有意无意地将放大 20 倍的镜筒对准星空，才发现了一片未知的天地。

伽利略不是天文学家，但新仪器为他带来了无与伦比的优势。几个月间，他通宵达旦地守在望远镜前，先后发现了月球表面的凹凸不平和木星的四颗卫星，颠覆了人们对宇宙的认知。为了保住发现权，他迫不及待地出版了《星际信使》，一开始却遭到同行的质疑和嘲讽；

为了实现回归宫廷、跻身上流社会的抱负，他又将木星的卫星献给美第奇大公，但还缺少一位专家的鉴定。关键时刻，开普勒伸出了援手。

此前，开普勒利用第谷留下的观测记录，不断完善自己关于宇宙秩序的构想，其间还研究了一颗以他的名字命名的超新星。在计算火星轨道的过程中，他意识到托勒密、哥白尼和第谷体系都存在缺陷，于是毅然摒弃了长期被奉为真理的匀速运动和圆周运动。虽然他仍离不开亚里士多德的物理学，但他通过大胆推论，误打误撞地获得了正确的结果。同时，在吉尔伯特《论磁》的启发下，开普勒将行星运动的原因从"灵"修改为太阳的吸引力，尽管他无法解释力的来源。

1609 年，就在伽利略赶制望远镜的时候，开普勒发表了《新天文学》。他提出了行星运动第一定律（行星沿椭圆轨道绕太阳运动，太阳位于椭圆的一个焦点上）和第二定律（太阳和行星的连线在相等时间内扫过相等的面积），用一种圆锥曲线——椭圆就取消了所有的本轮、均轮和偏心圆，使天空一下子变得不那么完美，却极为简洁与合理。然而，开普勒体系如此具有颠覆性，使得它在接下来的动荡年代未能引起足够的反响。

1610年4月，开普勒收到了期盼已久的伽利略的消息。在无法用望远镜验证的情况下，他果断为阔别13年的伽利略出具了鉴定，甚至公开发表了赞扬后者的评论。开普勒之所以甘冒风险做出担保，既是基于他自己的天文学和光学素养，也是出于对伽利略作为志同道合者的高度信任。

得益于开普勒的力挺，伽利略如愿成为托斯卡纳大公的数学家和哲学家，两人开始了一段频繁通信的时期。伽利略遮遮掩掩地通报了他对金星相位、土星的"跟班"和太阳黑子的观测情况，时刻不忘保护自己的发现权，也没有对开普勒的工作给予足够的重视。更可惜的是，这番互动是如此短暂。随着开普勒1612年离开布拉格，两人的联系很快又中断了。

6

此时，欧洲已经处在三十年战争的前夜，

各地的政治和宗教冲突愈演愈烈。哈布斯堡家族内部矛盾激化，战火一直烧到了布拉格。由于遭遇长期欠薪，开普勒本不宽裕的生活更加艰难，正考虑赴林茨担任数学教师。谁料，在这兵荒马乱之际，他的家庭也横遭打击。到了林茨，他被排除在信仰活动之外，还得设法解救被指控为女巫的母亲。然而，在这远离学术圈的孤独之境，他也没有放弃单枪匹马式的研究。

1619 年，开普勒写出了《世界的和谐》，把宇宙的结构解读为一曲气势恢宏的永恒交响，并在书中提出了行星运动第三定律（行星公转周期的平方与轨道半长径的立方成正比）。1627年，开普勒又以违背第谷遗愿的方式完成了第谷的遗志，《鲁道夫星表》最终将确立开普勒体系的主流地位。此时，他已被逐出林茨，之后短暂地为瓦伦斯坦效力。1631 年，开普勒在讨薪途中病故，结束了颠沛流离的一生。

相比之下，伽利略要幸运得多。他的观测成果很快获得了包括教会学术权威克拉维乌斯在内的广泛承认，他的声望也在 1612 年春季的罗马之行中达到顶点。但是，望远镜尚不能判定日心说和地心说孰是孰非，而哥白尼的学说不再被视作假说的风险却引起了天主教会的警觉。1616年和1619年，《天球运行论》和开普勒的著作相继被列入了禁书目录，伽利略也受到了警告。

1623年，随着友人当选为教宗（乌尔班八世），伽利略认为主张哥白尼观点的时机已经到来。他忘记了自己身处教会的势力范围，其咄咄逼人的态度也为自己树敌甚多。在1632年出版的《关于托勒密和哥白尼两大世界体系的对话》中，他没有按要求将哥白尼体系表述为假说。不巧的是，教宗正由于权威受损而变得敏感，他对伽利略的新作大发雷霆。结果，年届七旬的伽利略被召至罗马受审。他没有为科学殉道，而是在发誓放弃日心说之后被判处终身软禁。

因祸得福的是，伽利略渐渐从打击中恢复过来，重新拾起了搁置已久的力学研究。1638年，已经双目失明的他发表了《关于两门新科学的对谈》，依靠几何学和实证方法阐述了惯性定律、落体运动和抛体运动，彻底摧毁了亚里士多德物理学的大厦。这是他为后世留下的最重要的遗产。

　　四年后，伽利略和开普勒一样在孤独中离世。不同的是，伽利略生前和身后始终备受景仰，他被迁葬至有"意大利先贤祠"之称的佛罗伦萨圣十字教堂，1992年终获天主教会平反。反观开普勒，他生前穷困潦倒，死后就连坟墓也在战乱中不知所终。

7

　　伽利略和开普勒——这两个熠熠生辉的名字常常被当作日心说的共同推动者相提并论。他们都怀着解读"自然之书"的崇高理想，都拥有十年一日、百折不挠的强大意志，也都属于支持哥白尼的少数派——后人有理由想象，假如两人能够携起手来，日心说的胜利是否就能更早到来？

　　令人遗憾的是，伽利略和开普勒尽管有许多共同的朋友，后者也希望两人直接对话，但他们终究未曾谋面，更没有并肩作战。托马斯·德·帕多瓦的故事显示，他们的风格截然不同，他们的关系也要比乍看起来微妙得多。通过分析两人的通信，作者得出结论说，他们代表着两种至今可见的学者类型，"他们的交往之所以不成功，是因为他们不同的性格、各自的抱负和提问的方法"。

从性格上看，开普勒诚实而内敛，耿直而冲动，但他不善于表达，处理问题也不够周全。伽利略则精明、谨慎、虚荣和自负，他能言善辩，懂得包装自己。面对对手，他常常表现得刻薄和无情，不容他人染指自己的利益。结果是，开普勒未能享有与其成就相称的荣誉，伽利略则因为过于高调而栽了一个大跟头。

从抱负上看，伽利略始终怀着出人头地的世俗理想。对他来说，科学既是事业，也是获取声望和财富的手段。他视科研工作为"零和博弈"，甚至不惜挪用或贬低他人的成果。相反，开普勒将科学视为揭示上帝创世密码的神圣使命，众人应当齐心协力，而不是争名夺利。无论是在庙堂还是在江湖，他都坚定不移地践行着自己的道路。

从方法上看，伽利略继承了他父亲的实证

主义和经验主义，反对过度抽象和假设。他将基于实验的科学方法发扬光大，尽管他有时仍将直觉或理论置于实验之上。开普勒的方法比较传统，但他的想象力丰富，判断力敏锐，勇于突破固有的思维范式。伽利略是现实主义者，总是从解决具体问题入手；开普勒则是理想主义者，他的目标直指宇宙的终极奥秘。

后世虽然将两人并称为天文学家，但严格来说，伽利略主要是物理学家。相比之下，他在天文学领域的成就大多是可复制的。在那个"平行发现的时代"，他既不是望远镜的发明者，也不是用望远镜观察星空的首创者。他不追求用观测数据佐证他的观点，也不重视开普勒的椭圆和《鲁道夫星表》。他的不凡之处在于，通过与手工匠和艺术家密切合作，将研究结果精确和系统地呈现出来，使人耳目一新。

开普勒主要是数学家。他依靠深厚的算术和几何功底，先后就宇宙的构造提出了20多条具有独创性的定律。它们大多艰涩难懂，远不如望远镜观测那样直观和动人。可是，就算其中只有三条是正确的，也足以推翻不容置疑的匀速圆周运动。它们不仅否定了托勒密体系和第谷体系，实际上也重构了哥白尼体系。考虑到他的发现历程太不寻常，"如果没有开普勒的发现，天文学的后续发展也许会延迟整整一个世纪"。

除了两人的诸多差异，当时的社会环境也阻碍了他们的深入交往，以至于虽然只隔着一条阿尔卑斯山脉，他们却从未到访过彼此的国度。他们经历了反宗教改革运动高歌猛进、宗教迫害和猎巫运动此起彼伏的时期，又分属于不同的信仰阵营；他们遭遇了一场旷日持久、杀人如麻的欧陆混战，炮火、饥荒和瘟疫不仅破坏了原本脆弱的通信网络，也牵累着个体的命运。在历史大潮之中，弄潮儿有时也只能随波逐流。

8

400 年前，当伽利略端着望远镜寻寻觅觅，而开普勒在烛光下埋头计算的时候，天文学和星相学还没有分家，"自然哲学"还没有摆脱神学的影响。在这场被称为"科学革命"的宏大变革之中，伽利略和开普勒都犯过许多错误。前者将彗星当作大气中的发光现象，把潮汐作为证明地球运动的王牌，而后者倾力打造的和谐宇宙看似玄妙莫测，实则十分牵强。他们虽然都拥护日心说，但各自保留着一些旧观念，导致彼此的观点无法调和。开普勒把力引到了天上，却依然相信运动需要力的作用；伽利略发现了力与加速度的关系，却坚持天体的圆周运动。还要再经过两代人，艾萨克·牛顿才将"站在巨人的肩膀上"发现万有引力，实现物理学和天文学的统一，也就是天与地的统一。

"近代科学既不是通过一次激进的决裂，也不是通过一次突然的启蒙开始的。"不同于教科书中脉络清晰、因果注定的盖棺定论，科学史的叙事是复杂和曲折的。科学的发展是一个渐进和扬弃的过程，就像一艘在航行中不断改造的"忒修斯之船"，其核心部件的更换——比如从托勒密体系到哥白尼体系和第谷体系，再到开普勒体系——几乎总是伴随着竞争和反复。知识领域的每一次重大进步都不是个人的朝夕之功，而是许多人乃至许多代人思考和实验的结晶。

科学是一个追求真理的动态体系，但它既不等于真理，恐怕也不能获得绝对真理。它只是一种建立在不确定性之上的方法，依赖于独立思考和价值引导。伽利略和开普勒能提出许多反驳地心说的论据，却无法证明日心说的绝对正确。他们之所以认定地球围绕太阳运动，是因为他们受到新柏拉图主义哲学的影响，笃信上帝的至善、宇宙的秩序和太阳的特殊。卡尔·波普尔说："每一个科学发现都包含'非理性因素'，或者在柏格森意义上的'创造性直觉'。"

所以，科学革命不是经验取代超验或者理性战胜迷信的简单过程。众所周知，1600年的火刑和1633年的审判塑造了科学史上的最大反派。但事实上，宗教不是科学的反义词，天主教会也不是科学的死敌。它一度保护和推动了科学的发展，此时却在宗教改革与反宗教改革的背景下陷入了教条主义和保护主义，对异端的打击波及了整个思想界。不应忘记，早期的科学家——哥白尼、伽利略和开普勒都是虔诚的基督徒，耶稣会士甚至将不少最新成果带到了东方。

早在1615年，葡萄牙传教士阳玛诺就在北京印制了《天问略》，书中已经提到了用望远镜观测天象的情况。不久，两位德意志人——伽利略之友邓玉函带来了望远镜，汤若望以第谷体系编纂了《崇祯历书》。随后，波兰人穆尼阁甚至在《天步真原》中介绍了哥白尼体系。但是，没有合适的土壤，再好的种子也无法生根发芽。反观西欧，依靠世俗权力的庇护和市场机制的助推，科学长成了一株参天大树。

9

今天，人类已经登上了月球，发射了太空望远镜，不断将已知的宇宙边界向外扩展。除了少数宗教保守分子以外，几乎所有人都已将地球围绕太阳运动视为不言自明之事。我们已经知道，使地球公转的既不是某种自然状态，也不是磁力，而是万有引力；我们还知道，地球和太阳都不是宇宙的中心，太阳系只是银河系一条旋臂上的普通家族，而宇宙中的银河系多得不可胜计。我们不仅观察到恒星的视差，还测出了它们的距离；不仅接收到微波背景辐射，还发现了系外行星、黑洞和反物质；不仅抛弃了亚里士多德的世界观，还推翻了牛顿的世界观——这肯定会让伽利略和开普勒大跌眼镜。

与他们相比，人类已经走出了很远。然而，在真理的海洋面前，我们和他们一样无知，甚至更加迷茫。我们仍在思考他们思考过的问题：时空有没有边界？是否存在多重宇宙？有没有地外生命？上帝是否存在及其存在的方式是什么？今人或许可以提出越来越多的论据，但始终无法给出令我们自己信服的答案。

如今，我们似乎仍处在第二次科学革命的进程之中。100年来，相对论、量子论和许多其他主张试图揭示世界的深层本质，但万有理论的曙光还没有出现。或许，当下热门的"弦理论"和"圈量子理论"就像托勒密、哥白尼、第谷和开普勒体系，可能部分是正确的，也可能都是错误的，抑或像伽利略和开普勒那样，分别只参透了真相的某一个方面。

此刻，我望着北京的夜空——由于高楼大厦的遮挡、雾霾和光污染，天上看不到几颗星星——自觉与宇宙空前的接近，又空前的疏离。古人对星宿如数家珍，而它们现在只是科学家和少数爱好者的专属。现代社会打破了世界的整体感，使个人前所未有地了解自然，又孤立于自然——对照科学事业的初衷，真是莫大的讽刺。

几天前，就在这个世界深陷于新冠肺炎疫情的时候，美国太空探索技术公司（SpaceX）完成了首次商业载人航天任务，令世人距离实现太空梦又近了一步。不过，在我们出征星辰大海之前，应该先看看四周——那些比疫情更加危险的"灰犀牛"正在缩小包围圈：气候变化问题、环境污染问题、生物多样性问题、人口问题、粮食安全问题……科学不是万能的，人类以它的名义制造的麻烦，仅依靠它恐已无法解决。

曾几何时，日心说打破了人的自我中心观念，望远镜使人认识到自身的渺小和局限，椭圆定律则展现了宇宙的意外之美。面对重重危机，托马斯·德·帕多瓦的故事或许有助于读者反思：我们是谁？我们从哪里来，到哪里去？我们与自然的关系如何？我们该怎么做，才能既不辜负 400 年前的先人，也无愧于 400 年后的来者？

2020 年 6 月于北京

60 岁的伽利略·伽利雷，来自奥塔维奥·莱奥尼^①所作铜版画。

40 岁的约翰内斯·开普勒，由汉斯·冯·亚琛① 作于 1611 年。

---

① Hans von Aachen（1552~1615 年），德意志流浪画家和宫廷画家，文艺复兴晚期风格主义代表人物。曾在布拉格为鲁道夫二世服务并获封贵族，作品以寓言、神话和宗教题材为主。

引 言

> 有三件大事发生在近现代的门槛上，并决定了那几个世纪的面貌：欧洲人发现美洲，首次探索和占领地球表面；宗教改革运动，它导致教产和修道院被没收……；最后是望远镜的发明与一门新科学的开辟，后者从包围着地球的宇宙的视角考察地球的本质。
>
> （汉娜·阿伦特）

1580 年秋天，当第二次环球航行的消息传来时，伽利略·伽利雷 16 岁，约翰内斯·开普勒8岁。弗朗西斯·德雷克①和他的船员们绕过了南美洲，一直远航到加利福尼亚。世界地图又一次需要重新绘制了。德雷克与其他航海家在从格陵兰到福克兰群岛②的广阔范围内丈量地球，英格兰、西班牙和尼德兰的庞大舰队则紧随其后，目的是占领异乡土地，瓜分全球贸易。

欧洲通过阿根廷——"白银之地"③的银子发财致富。来自新世界各个地方的贵金属充溢着市场。诸如胭脂虫红贸易这样的经济领域突然腾飞，原因是在海外无数新物种中发现了一种截至当时未知的介壳虫，它提供了一种充裕的新染料。就连枢机主教④也更改了（服饰的）

① Francis Drake（1540~1596年），英格兰航海家和海军将领。早年是海盗，1572年由伊丽莎白女王颁发特许状后成为私掠舰长。1577年意外地发现了"德雷克海峡"，1579年完成继麦哲伦之后的第二次环球航行，1581年担任普利茅斯市市长。1588年率领英格兰海军击退西班牙无敌舰队，但随后在试图摧毁西班牙海军的远征中失利。
② 西班牙语称为"马尔维纳斯群岛"，位于南大西洋。阿根廷和英国就该岛主权存在争议，1982年曾发生战争。
③ 西班牙文"Terra Argentea"，阿根廷本意即"白银"。
④ 俗称"红衣主教"，天主教会中地位仅次于教宗的高级教士，少数在梵蒂冈任职，多数担任总教区或教区负责人。枢机由教宗任命，其组成的枢机团享有选举教宗的权利。

颜色。

　　全球化的浪潮令威尼斯共和国备受压力。他们的船舶无法进入未来之海——大西洋。17世纪来临之际，经由亚得里亚海的绚丽都市进行的交易已经明显少于以往，伽利略·伽利雷将在这里制作仪器，从事物理实验，度过他作为科学家最丰产的岁月。

　　与威尼斯不同，布拉格至少在"黄金般"的几十年间受益于权力关系的转移。出于对土耳其人的恐惧，神圣罗马帝国皇帝将他的都城从维也纳迁往布拉格。鲁道夫二世[①]把艺术家、建筑师、炼金术士和科学家带到了他的宫廷。在被逐出路德宗信徒不再有容身之地的格拉茨[②]之后，数学家约翰内斯·开普勒也来到了这里。

　　在持宗教宽容态度的皇帝的保护下，开普勒得以在布拉格自由地研究一项涉嫌违背《圣

---

①　Rudolf II（1552~1612年），皇帝马克西米利安二世之子，查理五世外孙，1576~1612年在位。性格沉默寡言，兴趣爱好广泛。他与奥斯曼帝国交战多年未能取胜，还被弟弟马蒂亚斯先后夺去了匈牙利、奥地利和波希米亚。

②　Graz，施泰尔马克公国首府，今奥地利第二大城市和施泰尔马克州首府。

经》的科学理论。在坚决反对罗马教廷任何干预的独立的威尼斯共和国，伽利略也享有类似的自由。然而，这里和欧罗巴其他焦点地区的宗教冲突和政治博弈都日趋激烈——很快，欧洲就将在一场残酷的战争中被磨得粉碎。

三十年战争前夕，科学事业经历了一次未曾预料的觉醒。17 世纪初期比自然科学史上的任何其他时段都更能说明，新技术和普遍规律的发现是如何提高知识水平，改变对我们自身和我们在宇宙中位置的认识的。

1609 年夏天，伽利略·伽利雷在威尼斯圣马可广场上展示了一架望远镜，他在几个月间将其改进为一部科研仪器。望远镜把他的兴趣引导至一个意料之外的方向。通过两片透镜，他忽然看见几千颗肉眼不可见的恒星，辨认出月球上的山脉，还能追踪金星的绕日运动。这是科学史上首次以如此惊人的方式表明，推动科学研究的不只是思想观念，还有技术发展。

同样在 1609 年夏天，约翰内斯·开普勒在布拉格发表了其具有指导意义的行星运动定律。

这个思想自由而叛逆的人猜想，将行星固定在太阳周围的是迄今未知的吸引力。此外，他在多年艰辛的计算中发现，行星是在椭圆轨道上绕太阳运转的。开普勒的新天体物理学和他对宇宙中严格数学法则的信仰打开了通往现代天文学的又一扇窗户。

他的宇宙结构和伽利略的观测有力地说明，为什么太阳必须被视作宇宙的中心，而地球则是处于边缘的行星。在同一个历史瞬间，数学之镜和望远镜都发现了地球的新方位。开普勒对宇宙之优美与简约的追求以及伽利略对仪器和实验的嗜好将成为一种研究范式，它试图通过普遍法则描述真相，并通过精准技术介入我们日常生活的方方面面。

本书讲述了新科学的崛起以及与此有关的变革。居于中心的是意大利人（伽利略）和德意志人（开普勒）之间的对话。开普勒对此满怀热情，他也把我拖进了两位主角的思想世界和社交网络。

在他们的书信里，开普勒和伽利略在一条

介于激情澎湃和冷静分析之间、公开的思想交流和保守秘密之间、合作与竞争之间的狭窄山脊上相遇。这番至今较少获得关注的通信提供了关于这两位学者的新认识：在彼此的鉴照下，他们的远见与固执、睿智与无知得以呈现。

这两位光辉人物的对比有助于以特殊的方式揭示，是什么至今推动着研究者放弃熟悉的观点并踏足陌生的领域，以及新事物是如何诞生的。

第一部分　目光透过望远镜

抛光镜片背后的世界

伽利略如何又一次发明了望远镜

　　重大的科学发现常常需要感谢个别研究者
完全投身于某个念头的冒险行动。比如，物理
学家沃尔夫冈·克特勒①将他生命中最具创造性
的岁月用于制造不同寻常的冷柜。他想要将原
子置于一种假定的、为爱因斯坦所预言的低温
状态。2002年春季，我在美国麻省理工学院与
他进行了一场关于他通往诺贝尔奖的漫长征途
的交谈，那至今让我记忆犹新。这也许是因为

---

① Wolfgang Ketterle，生于1957年，德国物理学家。
1995年率领团队首先获得玻色－爱因斯坦凝聚，荣获
2001年诺贝尔物理学奖。现为麻省理工学院教授。

44 岁的克特勒在滔滔不绝之后突然提到了一个无关紧要的词：他的行军床。

这位声名卓著的科学家在他的实验室里放着一张临时的床。在那些夜晚，当他的实验经过几小时的校准和微调终于按计划进行之时，他就会打开这张行军床。如果被磁场诱捕的原子气体在激光的减速作用下，达到仅比绝对零度高千分之几度的温度的话，他和他的同事就不能回家了。这个团队正在与世界上的其他科研小组进行低温竞赛。

这场比赛的胜负只在毫厘之间。但就算是克特勒制造出了宇宙中的最低温，比赛仍在继续。曾经目标远大的马拉松爱好者如今在全力探索未知领域的全貌。超低温下从未完全静止的原子的运动会揭示新的物理规律吗？

那张行军床象征克特勒在这场发现之旅中的耐力和坚韧。对我来说，它象征着不同时代和专业的科学家在其脑力和手工劳动中投入的献身精神和热情。用克特勒的话来说，就是："人在快要力竭而倒下之前，用一部新机器实现了开创性的成就。"

伽利略重燃激情

1609 年夏季，伽利略·伽利雷迷上了制作望远镜。他一天天地搁置那些前景光明的力学实验，唯独摆弄着那些在 1/3 个世纪之前就由眼镜制造商在尼德兰发明的新式放大工具。这个决定把他的研究引导至全新的方向，并将开始一场不断取得新发现的漫长角逐。

此时的伽利略是帕多瓦大学①的数学教授。帕多瓦大学是一所高度国际化的高等学府，它属于威尼斯共和国，其思想氛围也受到附近这个商业都会的影响。1546~1630 年，这里的学生中包括约 1 万名德意志求学者。尽管信仰冲突在欧洲蔓延，天主教大学（如博洛尼亚大学）、路德宗大学（如莱比锡大学）或者加尔文宗大学（如莱顿大学）之间的隔阂加深，不同宗教派别的支持者仍可以在帕多瓦注册入学。

数学不算特别显赫的学科。17 年以来，伽

---

① 帕多瓦大学成立于 1222 年，是意大利第三古老的大学，仅次于博洛尼亚大学和摩德纳大学。16 世纪的帕多瓦大学以医学和解剖学闻名，维萨留斯在此任教，哥白尼和哈维在此求学。伽利略任教于 1592~1610 年。

利略一直在教授相同的几何学和天文学。他的教学任务仅限于几个课时，更费时间的则是他的私人课程。为了供养一座体面的宅邸、定期访问威尼斯和负担妹妹的嫁妆，这位 45 岁的城市新贵讲授关于技术绘图、几何学基础、建造堡垒和机器的课程。

意大利、德意志、法兰西和波兰的贵族们前来拜访这位能说会道的教师。从保存下来的课程清单可以看出，伽利略的家中始终住着至少 10 名学生，其中几人还携仆人同住。他的住所一直门庭若市，有时在不上课的时候亦然。比如，亚历山德罗·蒙塔巴诺（Alessandro Montalbano）伯爵五年来带着两名陪同人员居住在此。如今，他即将参加毕业考试，整个假期都待在帕多瓦。因为那个孤独的学者的缘故！

7 月 20 日前后，伽利略起程前往威尼斯，以便完成一段时间的授课任务。自从居住在帕多瓦以来，他对亚得里亚海边的潟湖之城 ① 产

———————————————

① 指威尼斯，它坐落于威尼斯潟湖的中心。

生了一种特别的亲近感，后者位于大运河两岸的华丽殿宇彰显出威尼斯商人不可胜计的财富。几百年来，他们在这里经营着食盐、胡椒、香料、毛料、丝绸、白银和宝石生意。在文艺复兴时期的曼哈顿——里亚尔托①，云集了来自全世界的银行家及其代理人。金匠和布商在银行街区周围做买卖，水果贩、鱼贩和葡萄酒商也拥有摊位。

就在这种繁忙、令人愉悦的气氛中，伽利略十几年前结识了年轻的威尼斯女子玛丽娜·甘芭（Marina Gamba），并与她生育了三个孩子。这段门第不符的关系从一开始就是秘密的。玛丽娜·甘芭虽然搬到了帕多瓦，伽利略却没有让她住进自宅，而是不受打扰地继续着他的单身生活。此刻依然如此：在威尼斯，他前往贵族友人和从前的学生家里做客，徜徉于船坞和兵工厂②，出入高端沙龙，密切关注世界大事，并注意收集最新的传闻。

① Rialto，威尼斯城内一区域名，长期是国际贸易和金融中心，今有里亚尔托桥闻名于世。

② Arsenal，位于威尼斯主岛东部城堡区，始建于12世纪，被视为欧洲工业时代之前最大的工厂和船坞。

1609 年夏天的一则消息令他感到激动。颇具影响的政治家和学者保罗·萨尔皮[①]可能最先向他详细介绍了"奥恰里尼镜[②]"——一种可以把远处物体放大并送到观察者眼前的工具。

萨尔皮在半年多前就听说了这种"新式观物玻璃"。消息是通过外交圈子透露给他的。正好，从法国寄来的信再次确认，此事不是谣传。春季以来，巴黎的商人已经在售卖低倍望远镜，在米兰已经可以买到"奥恰里尼镜"，甚至教宗已经得到了一件实物！

伽利略想要了解关于该物的更多情况。他无法抗拒技术上的新事物，也拥有足以领会此类仪器价值的远见。伽利略留意市场价格，因为他不是狭义的数学家：他不但受过理论训练，而且是工程学家和发明家。作为发明家，他拥有一项水泵专利，并通过一架流体静力天平和

① Paolo Sarpi（1552~1623 年），主张政教分离，曾领导威尼斯反抗教宗保罗五世的压迫，著有《特伦托公会议史》。

② 意大利文"Occhialini"，意为"小镜片"，是一种新式放大镜。

一台玻璃材质的测温仪——温度计的先驱而赢得了名声，但最主要是通过一件有用的计算工具，即"军用几何罗盘"。

他需要将自己相当比重的收入和声望归功于这件多功能、便于军官操作的圆规状计算辅助工具。他雇用了能工巧匠马可·安东尼奥·马佐莱尼①，后者带着家人与他同住，并用黄铜制作价值不菲的器具。如果是为像托斯卡纳大公②科西莫二世·德·美第奇③那样的客户制作的话，也会使用纯银。除了罗盘，马佐莱尼还为伽利略多年以来坚持进行的力学实验制造仪器。

---

① Marco Antonio Mazzoleni（? ~1632年），父亲是钟表匠。1599年起为伽利略服务十余年。

② 美第奇家族以银行业起家，科西莫·德·美第奇（老科西莫）于1434年在佛罗伦萨建立僭主统治。1530年，亚历山德罗·德·美第奇被皇帝查理五世封为佛罗伦萨公爵。1569年，公爵科西莫·德·美第奇被教宗庇护五世封为托斯卡纳大公，科西莫一世、弗朗切斯科一世、斐迪南一世、科西莫二世、斐迪南二世、科西莫三世和吉安·加斯托内等七位家族成员先后担任大公。吉安1737年死而无后，大公国被哈布斯堡－洛林家族继承。

③ Cosimo II de Medici（1590~1621年），斐迪南一世之子，斐迪南二世之父。1609年继任大公，热衷于赞助文艺和科学事业。

伽利略的一些学生特地前来拜访他，希望学会如何使用罗盘。为此，他写了一本详细的说明书，这是他当时唯一出版的作品。这位45岁的教授还没有发表过任何严格意义上的科学论文。

这本技术指南卖得倒不错。他在一封致托斯卡纳国务卿的信中写道，由于再也找不到样书，他不得不将这篇关于几何罗盘使用方法的文章再版。这件工具在全世界都如此受欢迎，以至当下所有其他同类设备都不再生产了。他已让人制作了几百件。

如果罗盘已经给他带来了丰厚收益，那么可以用来及时看见敌人的军队或舰船的望远镜就有望让人真正大赚一笔。为此，伽利略不仅要在最短时间内制作出一部望远镜，它还必须明显优于那些已在别处完成的同类产品。

为什么他没有早点听到风声？或许现在已经太迟了。因为当伽利略还在威尼斯逗留的时候，已经有位外国商人带着一部望远镜出现在帕多瓦。

在8月的最初几天，伽利略乘车返回帕

伽利略在帕多瓦制作了像"军用几何罗盘"这样的仪器,他在自己的首部出版物中描述了它的操作方法。本图是该书文稿的封面。

多瓦。我们不知道他是否遇到了那位外国人并看见了那件仪器，原因是那个人现在去了威尼斯，打算在那里以1000枚金币①的高价——伽利略年薪的四倍——卖出"奥恰里尼镜"。保罗·萨尔皮却建议威尼斯政府不要购买。应该先等一等，看看伽利略是否能做出一部更好的望远镜。

事实上，富有经验的实验家很快就发现了秘密，他买来所需的抛光玻璃，并告诉萨尔皮自己已经有了设计方案。不到三周，1609年8月21日，他带着一部望远镜出现在公众面前，它令威尼斯政府和所有得以观看的人惊叹不已。

伽利略后来回忆说，在他听到传言之后，他成功利用光的折射原理发明了一部类似的仪器。"首先，我准备好一根铅管，在它的两端各安装了一枚镜片，它们的其中一面是平的，另一面则是一枚凸、一枚凹；然后，我把眼睛凑近凹面，看到物体又大又近，似乎是肉眼看上去距离的1/3，放大了9倍。后来，我为自己制

---

① 德文"Zecchini"，指全欧洲通用的威尼斯金币"杜卡特"。

造了一部更精确的仪器，它呈现的物体可以放大 60 倍以上。"

伽利略的寥寥数语没有使他的实际成就给我们留下印象。人们感到惊奇的主要是，他为什么不同于许多其他尝试者，而是能够在这样短的时间内使望远镜的构造取得如此巨大的进步。比如，他的同胞吉罗拉莫·锡尔托利[1] 同样付出了努力。他详细描述了自己如何穿越了半个欧洲，目的是获得适用于优质望远镜的玻璃透镜——结果徒劳无功。

更加成功的是伦敦的托马斯·哈里奥特[2]。在伽利略开始研究望远镜之前，他已经拥有一部至少可以放大 6 倍的望远镜。他或许是第一位用望远镜观察月亮的科学家。然而，伽利略不但超越了他，而且将整个欧洲的竞争甩在了后面，并在短短数月之内就为望远镜的市场化和他的后续发现确立了决定性的优势。这是一

---

[1] Girolamo Sirtori，米兰耶稣会士和学者，生平不详，只知他在 1612 年完成了一部关于望远镜的书，1618 年出版。

[2] Thomas Harriot，1560~1621 年，英国天文学家、数学家和语言学家，长期在贵族家中担任家庭教师。

次出色的突然袭击，证明了他的科研和创业精神在威尼斯共和国迅猛生长并融合为一。

科学的眼镜

几百年来，威尼斯一直是玻璃工业中心。早在 1270 年，这里就出现了一个拥有特殊章程的玻璃工匠行会。例如，工人被禁止离开共和国，以免威胁（威尼斯的）垄断地位。由于担心玻璃熔炉引发火灾，玻璃生产被转移到穆拉诺岛①，伽利略最亲近的好友之一吉罗拉莫·马卡加蒂②在那里经营一个玻璃工坊。马卡加蒂用花哨的方言给伽利略写了许多言辞粗俗的信，使他回忆起他们一起参加的铺张筵席，或许还向这位受欢迎而好奇的客人做了一些关于威尼斯玻璃工艺的介绍。

14 世纪来临之际，最早的老花镜片已经在威尼斯的工厂里批量生产。人们从吹出的玻璃球中切割出凸透镜。透镜的曲率随着玻璃球的

---

① Murano，威尼斯潟湖的主要岛屿之一，位于威尼斯城东北，曾是玻璃工业中心。
② Girolamo Magagnati（约 1565~ 约 1618），作家和玻璃制造商。

规格变化。通过这种简单的方式，玻璃球可以制造出屈光度在 2~4 之间的眼镜片。

为制造出尽可能清晰、透明的玻璃，马卡加蒂和威尼斯的所有玻璃厂都非常注重原材料的纯度。同前人一样，他们设法从提契诺①的河流中弄到富含硅的细沙，从叙利亚多盐的海岸地区进口风干植物的灰烬，并采用一种安杰洛·巴罗维尔②于15世纪在穆拉诺岛发明的化学提纯工序，以尽可能完全除去玻璃常常带有的黄绿色浑浊。

如水晶般晶莹剔透的穆拉诺玻璃可以算是近代的奢侈品。威尼斯高脚杯，无论是用金刚石雕刻出花纹的，还是饰有熔化后的精美白色玻璃丝的，都和镀有水银的镜子一样畅销。威尼斯日益受到财政亏空的困扰，玻璃工业是这座都市得以弥补部分损失的繁荣产业之一。

自从绕过非洲（好望角）和横渡大西洋以

① 意大利文"Ticino"，德文"Tessin"，瑞士南部意大利语地区名，其名称来自发源于瑞士中部的提契诺河，后者向南注入波河。
② Angelo Barovier（1405~1460 年），威尼斯玻璃工匠。他发明了最早的水晶玻璃，使之成为威尼斯最重要的出口商品之一。

来，世界变大了。西班牙、不列颠和尼德兰的船只在洋面上穿梭，殖民地贸易欣欣向荣，奴隶制度成为有利可图的生意，世界市场上的香料或贵金属价格有时无法控制地起起落落。在这段艰难的全球化时代，威尼斯试图通过出口高质量的产品提振本国经济，其中包括结晶玻璃、玛瑙玻璃或磨砂玻璃。

不过，为了制作一部性能优良的望远镜，伽利略所需的不只是一流的玻璃。他需要彼此曲率精确匹配的玻璃透镜，以便将它们用作目镜和物镜。

此刻，威尼斯吹制玻璃的旧工艺早就过时了。自印刷术发明以来，眼镜片的需求量大增。如今，为了赋予这些镜片预先确定的形状，受过专门训练的眼镜工匠用捣砂锤在一个事先做好的金属磨具里打磨和抛光扁平的玻璃毛坯。

掌握这门技术的不仅是威尼斯的手工业者，还有托斯卡纳、纽伦堡、雷根斯堡和欧洲其他地区的工匠。

第一个由两枚透镜组成的望远镜来自米德

尔堡（Middelburg），一名威尼斯人从 1605 年起在那里经营玻璃工场。此时的米德尔堡是尼德兰第二大城市，仅次于阿姆斯特丹。由于来自南方的难民潮，这座紧邻佛兰德斯①的城市的人口在短短几十年内增加至原先的三倍。在反抗西班牙人的漫长独立战争中，尼德兰人起初在南部丢掉了一座接一座城市，其中包括极其富庶的安特卫普。那里的玻璃工坊的所有者也沦为难民。与许多其他富有的市民一样，这名威尼斯人选择逃离安特卫普，并在米德尔堡建立了一家新的企业。

1608 年秋季，一位德意志眼镜制造商在米德尔堡完成了他人生中最重要的一桩生意。落款为 9 月 25 日的一封推荐信写道，出生于韦塞尔②的汉斯·利普希③设计了一种工具，它"可以使

---

① 又称"弗拉芒"，弗拉芒文"Vlaanderen"，英文"Flanders"，本意为"平原"，今荷兰南部、比利时北部地区，中世纪时期是欧洲工商业中心，亦是法国、英国、勃艮第、哈布斯堡等势力争夺的焦点，在尼德兰独立战争期间沦为战场。

② Wesel，今德国北莱茵 – 威斯特法伦州城市，曾是汉萨同盟成员。

③ Hans Lippershey（1570~1619 年），德意志 / 尼德兰眼镜制造商。

任何远处的事物看上去都显得很近"。短短一周之后，利普希就向海牙的联省共和国议会申请望远镜的专利，并指出它所蕴含的军事价值。他希望获准为它提供"接下来 30 年"的保护。

正当海牙还在举行多场和谈——它们至少实现了在反抗西班牙人 40 年后的一次临时停火——的时候，一个委员会立即着手处理此事。利普希在一座塔楼上展示了他的小镜筒，并被要求制造更多不但能用单眼而且也能用双眼观看的望远镜。另外，人们请求他用水晶而不是玻璃制作透镜，以及对此事保密。他为此获得了一笔金额为 300 古尔登①的预付款，这笔钱足够建造一整栋房子了。

他没有被授予专利，因为俗称为阿尔克马尔的梅修斯的眼镜制造商雅各布·阿德里安松②要求将发明权归于自己。他听说了利普希的专

---

① 中世纪以来中欧地区常用金币的名称，后来也用于银币，亦是荷兰原货币单位"盾"的出处。

② Jakob Adriaanszon（1571~1635 年），荷兰数学家、天文学家和土地测量员，曾担任弗拉讷克大学校长。"Metius von Alkmaar"是他的绰号，其中"Alkmaar"是他的家乡，"Metius"来自职业"测量"——荷兰语"meten"。

利申请，并立刻使他自己的主张生效。早在几年前，他就设计出一部相似的仪器。后来出现的文件甚至还揭示了第三位可能的发明者——光学家扎卡利亚·扬森[1]，他同样来自米德尔堡。

不过，汉斯·利普希成功地率先展示了可供使用的望远镜。三个月后，所期望的双筒望远镜使他又获得了300古尔登，这件工具制造起来异常困难，因为用于双眼的透镜必须以完全相同的方式进行打磨。

尽管利普希的手艺超群，却无法再追溯究竟谁才是望远镜的思想首创者。到了17世纪初，这项发明已经触手可及。许多地方已具备了技术条件，在事后看来，将两片抛光透镜组装成一部望远镜也只是一次并不突出的思想飞跃。而这个点子一旦现身于世，它就变成了商人、发明家和科学家的灵感源泉。

维护形象

按照伽利略的说法，我们需要将他那部样

---

[1] Zacharias Janssen（1585~1632年），荷兰眼镜制造商。除了望远镜，他还被视为复合显微镜的发明者之一。

RECENS HABITAP. 7

spicillis ferantur fecundum lineas refractas E C H.
E D I. coarctantur enim, & qui prius liberi ad F G.
Obiectum dirigebantur, partem tantummodo H I. cō-

præhendent: accepta deinde ratione distantiæ E H.ad
lineam H I. per tabulam finuum reperietur quantitas
anguli in oculo ex obiecto H I. constituti, quem mi-
nuta quædam tantum continere comperiemus. Quod
si Specilio C D.bracteas, aliàs maioribus, aliàs verò mi
noribus perforatas foraminibus aptauerimus, modo
hanc modo illam prout opus fuerit superimponentes,
angulos alios, atque alios pluribus, paucioribufquè
minutis subtendentes pro libito constituemus, quorū
ope Stellarum intercapedines per aliquot minuta ad-
inuicem diffitarum, citra vnius, aut alterius minu-
ti peccatum commodè dimetiri poterimus. Hæc ta-
men sic leuiter tetigisse, & quasi primoribus libasse
labijs in præsentiarum sit satis, per aliam enim occasio
nem absolutam huius Organi theoriam in medium pro-
feremus. Nunc obseruationes à nobis duobus proxi-
mè elapsis mensibus habitas recenseamus, ad magnarū
profectò contemplationum exordia omnes verae Philo-
sophiæ cupidos conuocantes.

De facie autem Lunæ, quæ ad aspectum nostrum
vergit

在《星际使者》中，伽利略介绍望远镜的篇幅几乎未超过一页。与开普勒不同，他从来没有深入研究过光学理论。

式简易的望远镜归功于一次机缘巧合：一位普通的眼镜制造商随意地试验各种透镜，碰巧有一次同时穿过两片透镜观察物体，其中一片是凸透镜，另一片是凹透镜，且与眼睛相隔不同的距离。就这样，他注意到放大效果，由此发明了望远镜。"而我，"伽利略表示，"却是受到这则消息的激励，通过理性思考做出了同样的发现。"

他是在 15 年后的 1624 年这么说的。就算这时也无人知晓他说的"理性思考"是指什么。他难道不也是主要通过简单的测试达到目的的吗？伽利略在此是否把他喜欢进行的事后思考作为了借口？

"我想说，那则消息对我的帮助只是在于，当它唤起了我心中的愿望，便把我和我的思想转向了这件我原本可能永远不会想到的事情；但是我不认为，该消息除此之外还用某种方式降低了发明的难度。我宁可断言，与解决某个从未有人想到过的问题相比，解决预设的、已知的问题需要付出大得多的脑力，因为对于前者来说，偶然因素将发挥更大的作用，而后者完全是理性的功劳。"

就算反复斟酌这番装腔作势的说辞，我们还是不能从中得出更多的东西，除了某人在这里主张他的独创性和塑造他的个人形象以外。对于"理性的功劳"体现在何处，骄傲的数学家始终缄口不言。尽管他在 1610 年宣布将向公众展示"这件仪器的完整理论"，但他从未兑现这一承诺。

伽利略从来没有深入研究过望远镜的理论基础。尽管他如此强调自己与"普通的眼镜工匠"的智识差异，他取得成功的关键却不是对光学现象的所谓深刻理解。不同于他自鸣得意的言论所引发的猜测，这位学者并没有瞧不起眼镜制造商或手工业者。正是由于他利用和进一步发展了他们的技巧，才在改良工具方面实现了决定性的飞跃。

必要的打磨

在鉴别已经问世而尚待完善的仪器的价值方面，伽利略具有超凡的敏感性，科学史家西尔维奥·贝蒂尼[①]写道："通过改进这些仪器并赋予其革命性的用途，他把它们变成了新式科学所需的各种工具。"这既适用于他在别人努力的基础上发明的军用罗盘，也适用于望远镜。

既然掌握了必要的先导信息，就能够不必特别吃力地发现，如果两片透镜分别被打磨成凹透镜和凸透镜，它们就可以产生所想要的放大效果："取一枚焦距为 30~50 厘米的眼镜片，就像一般老花眼患者阅读时佩戴的那种，并使它缓慢地远离眼睛，远处的对象就会显得越来越大，但也越来越模糊，"对望远镜史了如指掌的罗尔夫·里克海尔[②]描述道，"如果同时拿来一枚发散的眼镜片，就像高度近视患者所需的那种，使它紧贴着眼睛，则两枚镜片之间就存在某个特定的距离，使得远处的物体看上去不但清清楚楚，而且呈放大效果。"

在从威尼斯返回之后的首个夜晚，伽利

---

① Silvio Bedini（1917~2007 年），美国历史学家，对早期科学仪器颇有研究。
② Rolf Riekher，生于 1922 年，德国光学专家和科学史家，著有《望远镜和它们的巨匠》（*Fernrohre und ihre Meister*），2010 年被授予德意志联邦共和国勋章。

略就逾越了这道障碍。接着，他系统地寻找更好的透镜组合，以便尽快展示一部堪为典范的仪器。

很快，他发觉不能轻易买到自己所想要的适合优秀望远镜的镜片。戴眼镜的人几乎用不着它们，因此，伽利略要么必须在那些特地为望远镜生产透镜的眼镜制造商的库房里仔细翻找，要么就得自己制作——这样更好。

他先后尝试了三种办法。不同于他的教授同事们，伽利略不仅熟悉图书馆和讲堂，还与威尼斯的手工匠保持联系，并在自己家里设有一个功能完备的工坊。在这个大学还没有科研实验室、科学与技术的关联尚不特别明晰的时代，这将被证明是不可估量的优势。他的工坊成了望远镜研发过程中的支点和枢纽。他喜欢做手工，也掌握使镜片逐渐满足特殊要求的技术。

伽利略亲自动手加工透镜。从一份保存下来的 1609 年 11 月的采购清单中可以看出，他买来了所需要的一切：透镜，镜片玻璃，水晶，用于打磨的矾土、沥青和矿泥，用于使透镜定型的炮弹和一个铁质金属磨具。半年后，他告诉笔友说，他已经想出了用以制造和改进透镜的"一些装置"。

或许，他在自己的实验室里制造了向内拱起的目镜。这枚直接放置于眼前、强烈弯曲的透镜是在一颗炮弹的表面打磨的，当时可以找到任何尺寸的炮弹。由于每次只需要目镜的一小部分就能获得良好的视野，此处的质量要求并没有那么高。

麻烦的是向外拱起的物镜，为此需要一个合适的凹面磨具。就一部望远镜而言，物镜从它的整个表面汇聚光线。对于它的放大效果和成像质量，一个均匀且极度柔和的曲面至关重要。

伽利略的书信显示，他到了晚年仍在致力于获得合适的物镜。1616 年 4 月，他的朋友和赞助者乔瓦尼·弗朗切斯科·萨格雷多 ① 从威

① Giovanni Francesco Sagredo（1571~1620 年），威尼斯数学家和哲学家，伽利略《关于两大世界体系的对话》中的三位主角之一。

尼斯写道，一位名叫巴奇（Bacci）的透镜磨工为他制作了300枚透镜。按照工匠自己的说法，其中有22枚完成得"极好"。"然而，"萨格雷多表示，"我从中没有找到3枚以上根据我的判断能够称得上'好'的，就算那几枚也不够完美。"300枚透镜中只有3枚说得过去！以此观之，寻找合适的物镜几乎就是一场赌博。

伽利略为这场赌博投入甚多。在获取透镜的过程中，他"既不在乎成本，也不在乎精力"。为了设法弄到合适的样品，他先后与威尼斯、佛罗伦萨和那不勒斯最好的手工匠联系，并向他们提供了具体参数。突然间，物镜变得炙手可热。它的价格被炒得如此之高，以至伽利略的母亲在1610年1月试图贿赂他的仆人亚历山德罗·皮尔桑提（Alessandro Piersanti），让他从自己儿子的实验室里偷取"三到四枚"这样的镜片。

遗憾的是，只有一枚肯定出自伽利略的望远镜的透镜保存了下来。这是一枚直径为5.8厘米的物镜，已经破损。依靠现代激光光学技术，佛罗伦萨的久赛普·莫勒希尼（Giuseppe Molesini）和他的同事在一间无尘实验室的光学工作台上仔细检查了这枚透镜。他们用电脑生成的图表显示，透镜表面的形状相当完美，它被打磨得极好——但只是在3.8厘米宽的中央部分。边缘区域的质量不合格，这对眼镜来说无关痛痒，然而对望远镜观测影响极大。

伽利略用务实的办法解决了这一问题。他为望远镜选择了较大的物镜，再用一个环状物遮住它的边缘。他向罗马耶稣会士和数学家克里斯托弗·克拉维乌斯①透露说，人们虽然可以舍弃该遮光物以获得宽广的视野，但这会使远处的物体看上去变得模糊。

采用遮光物被认为是伽利略取得成功的关键之一。瑞士人罗尔夫·维拉赫（Rolf Willach）却提出了一些依据，认为利普希已经在使用类似的遮光物，而且恰恰是这一不起眼的环状物帮助望远镜在17世纪初实现了突破。

---

① Christopher Clavius（1538~1612年），生于巴伐利亚，1555年加入耶稣会。他是当时权威的数学家和天文学家，格里高利历的主要制定者之一，日心说的坚决反对者，也是利玛窦的老师。

为了研究从那时起保存至今的眼镜片和透镜，维拉赫跑遍了整个欧洲。就他考察过的所有透镜而言，生产缺陷越靠近边缘就越多。鉴于眼镜片已实现大量生产，这着实令人惊讶。如此说来，即使是最好的镜片，也无法完全适用于望远镜。

与克拉维乌斯和其他同人相反，伽利略很快就认识到遮光物的实用价值。他再次领先了对手一步。他在自己的实验室里测试透镜的组合，调整它们的厚度和相互距离，并让他的工匠将其组装成精巧的仪器。

如果考虑到，第一个证实伽利略 1610 年的望远镜发现的观测者同样来自威尼斯，便可以料想，他的居住地在其早期成功中扮演了多么重要的角色：在伽利略公开了他的首份望远镜观测记录之后，安东尼奥·桑蒂尼[1]只用了两个月，就在没有工匠师傅的任何帮助下造出了拥有必要放大性能的仪器。

---

① Antonio Santini（1577~1662 年），意大利数学家和天文学家，他最早用望远镜证实了伽利略发现的木星卫星。

从圣马可广场眺望风景

1609 年 8 月 21 日，一些城市贵族来到威尼斯的钟楼脚下。坐落于执政官宫和圣马可广场之间的威尼斯钟楼①是全城最高的建筑物，以 99 米的高度耸入云霄。它的红色砖石笔直地向上伸展，直到它们与包覆着白色大理石的钟架相接。

所有人的注意力都集中在伽利略小心翼翼地举着的那根一臂长、朱红色的管状物。在元老②安东尼奥·普留利③的率领下，高级代表们满怀期待地登上通往大门的台阶，穿过一条狭窄的通道，消失在四方形塔楼昏暗的内部。蜿蜒上行的走道沿着塔楼的石壁拐了八个弯，人们只能偶尔通过透光的缝隙看一眼外面的世界。当他们登上塔顶，重新来到室外，在威尼斯宣告每个工作日的开始与结束的钟铃就悬挂在他

---

① Campanile，始建于 15 世纪末，高 98.6 米，是威尼斯的地标建筑，1902 年倒塌，1912 年重建。
② 元老院是威尼斯共和国的主要立法和决策机关，最初由大议会选出的 60 人组成，之后范围有所扩大。元老任期为一年，可以连选连任，故逐渐被豪门大族把持。
③ Antonio Priuli（1548~1623 年），1618 年起担任威尼斯共和国执政官。

们的头顶上方。

伽利略信心十足地调试着这件新仪器，它由两根可彼此移动的管子组成。他的同伴们正在欣赏塔楼上的绝佳风景，俯视圣马可教堂那五座闪闪发亮、排列成希腊十字①形状的穹顶，让目光掠过执政官宫的屋顶和柱列，在背景处望见兵工厂的高墙和利多岛②，后者是13世纪初那场保卫了威尼斯人的地中海殖民帝国的十字军东征③开始的地方，最后可以看见潟湖的众多岛屿——这是死亡之岛圣米歇尔④，那是玻璃工

---

① 基督教十字架的一种样式，特点是十字架的四臂等长，常见于拜占庭式建筑。
② Lido，位于威尼斯主岛东南，形状狭长，是威尼斯的天然防波堤和城墙，现为威尼斯电影节的举办地。
③ 指第四次十字军东征，由教宗英诺森三世于1198年发起。由于威尼斯负责提供舰船，远征的主导权落入已经失明的威尼斯执政官恩里克·丹多洛手中。后者通过威逼利诱使十字军没有按计划远征埃及和耶路撒冷，而是攻陷了达尔马提亚的萨拉城（当时属于匈牙利）和君士坦丁堡，从而奠定了威尼斯在东地中海的霸业。
④ San Michele，位于威尼斯主岛和穆拉诺岛之间，岛上有建于1469年的圣米歇尔教堂。为了防止瘟疫传入，拉古萨（杜布罗夫尼克）和威尼斯在1370年代先后规定外来船只上的人员在进港前必须隔离，起初是30天，之后是40天，"隔离检疫（意大利文'quarantena'）"一词即源于"40"。同时，威尼斯在圣米歇尔岛设有全世界最早的隔离医院，隔离人员大多有去无回而被葬在岛上。

匠之岛穆拉诺——它们都隐没在远方。这是一幅多么壮阔的全景图！

相比之下，如果透过伽利略的细长镜筒，视野将变得极小，它的开口只有一枚硬币那么大！可是，所有岛屿突然都变得近在咫尺！

"如果将一只眼睛对准镜筒，同时闭上另一只眼睛，我们每个人都能清楚地看见……直到基奥贾[①]、特雷维索[②]和科内利亚诺[③]，还有帕多瓦的钟楼以及圣朱斯蒂纳圣殿[④]的穹顶和立面，"普留利兴高采烈地说道，"甚至能够分辨那些进出穆拉诺的圣贾科莫教堂[⑤]的人……还能辨认出潟湖和城市里许多其他着实不可思议的细节。"

---

① Chioggia，潟湖南端岛屿上的城镇，俗称"小威尼斯"，距离威尼斯主岛约25千米。1380~1381年，威尼斯海军曾在此击退热那亚军队的围攻。

② Treviso，威尼斯以北陆地上的城镇，距离威尼斯主岛约30千米，14世纪被纳入威尼斯共和国版图。

③ Conegliano，位于特雷维索以北30千米，原属威尼斯的势力范围。

④ Santa Giustina，始建于12世纪，16世纪重建，是威尼托地区最大的文艺复兴式教堂。

⑤ 圣贾科莫是位于穆拉诺岛东北方的小岛，原名"San Giacomo in Murano"，现已更名为"San Giacomo in Paludo"。中世纪的岛上设有朝圣者的客栈和一座修道院。

演示之后三天，伽利略在威尼斯政府的会议上展示了望远镜。就在同一天，他在给执政官莱昂纳多·多纳托（Leonardo Donato）的信中写道："殿下最谦卑的仆人伽利略·伽利雷……向您呈上一件新仪器，它是一部望远镜，是对透视法进行奇思妙想的成果，能够将可见的对象送到眼前并呈现得大而清楚，以至某个比如说位于9里①之外的物体，在我们看来仿佛只有1里之遥。"

伽利略将他的望远镜作为礼物送给执政官，并像来自米德尔堡的眼镜制造商汉斯·利普希一样强调了它作为战争器材的意义。用它可以在海上以较平时远得多的距离识别敌方的船体和船帆，"使得我们能够在被敌人发现之前至少两小时就发现对方，而且我们可以通过侦察船只的数量和装备测得敌方的兵力，以便我们做好追击、战斗或者撤退的准备。同样地，无论是从远处的山丘还是在开阔的原野，我们都可

---

① 德文"Meile"，英文"mile"，原意为1000步的长度，其实际数值在不同时期和地区存在较大差异，传统上1德里合7532.5米。

以在陆地上观察对手的防御工事、军营和掩体，如此以最有利于我们的方式跟踪每个敌人的运动和备战情况"。

他对执政官说的话经过了机智的选择。对于威尼斯共和国来说，维护其在地中海的商业利益正变得越来越困难。尽管基督教联盟^①1571年在勒班陀海战中击败了土耳其由 8 万人组成的强大舰队，塞浦路斯岛和威尼斯的其他商业基地还是落入了奥斯曼帝国手中。

威尼斯觉得自己处在东方的土耳其人和无所不在的西班牙人的夹缝中，后者控制着直至教宗国的意大利南部，并在罗马施加政治影响。就连米兰公国也由一位西班牙总督统治。鉴于上述形势，威尼斯政府与过去的尼德兰政府一样，把部分希望寄托在新式工具上。这是光学媒介发展史上的一座里程碑——也是伽利略职业生涯中的一座。

---

① 由教宗庇护五世发起，威尼斯、西班牙和教宗国组成的联合舰队，总司令由西班牙国王腓力二世之弟——奥地利的唐·胡安担任。

惊爆的瞬间

伽利略对于镜片能够放大 9 倍并不满意。这项发明还蕴含着更多内容。对有利可图的订单的期待和游戏般的好奇心驱使他继续发掘这件工具的潜力。他又一次埋首于技术细节，尝试修改绘图中的错误，并测试了大量透镜。

他还没有想到，这件工具将为他揭开宇宙的奥秘。在他的通信中，没有任何地方表明他产生过将镜片应用于天文学的想法。镜筒使他的视野变窄了。伽利略用它可以比别人看得更远，却首先聚焦于最近的事物：望远镜的军事用途和经济价值，他已经开始大批量地生产这件工具。"他为自己争取到领先地位，"科学史家马泰奥·瓦勒利安尼①表示，"只是因为他相信这件仪器将在军事上获得成功。"

从这个角度看，他的情况类似于 1492 年打算向西航行到达印度，结果却发现了一片新大陆的哥伦布，或者是在 16 世纪早期主张信仰自

---

① Matteo Valleriani，柏林工业大学名誉教授，特拉维夫大学特聘教授，著有《工程师伽利略》(Galileo Engineer)等。

由，结果却使教会分裂的路德。伽利略一开始也没有料到，望远镜的科学用途将赋予这项新发明最突出的意义。

我们不知道他是什么时候首次将这件仪器对准天空的，这最初究竟是在测试透镜时的顺手之举，还是他在某个夜晚与那些好奇的学生聚会时的心血来潮。唯一确定的是，他在1609年秋季或冬季的某个时刻，使用一部已经能够放大20倍的望远镜望向星空。

如果用斯蒂芬·茨威格的话说，这是人类历史上那些"惊爆的瞬间"之一。在帕多瓦的屋顶上方，天空呈现出一幅完全别样的图景。伽利略看到，银河是一条由大多不为人知的星辰和星云构成的光带。它们多得无法计算。他夜复一夜地举着望远镜，一会儿看看这里，一会儿看看那里，发现了新的天体，还观察了月球，后者在望远镜的狭窄镜孔里不但显得更大，而且变了模样——从未有人见过的模样。如今，他的捷报接踵而至。

1609年底，他开始仔细绘制月球表面的

图像。1610 年 1 月 7 日，他发现了四颗木星卫星①中的第一颗，并且宣布一部放大 30 倍的望远镜差不多可以投入使用了。直到 1610 年 3 月 2 日，他一直在观测木星的卫星，记录下它们围绕行星的运动。短短十天之后，他的作品《星际信使》（*Sidereus Nuncius*）就已完成了印刷！此时，据伽利略自己说，他已经制作或让人制作了 60 部望远镜。

他以不同寻常的速度发表观测结果，这主要反映出他面临着极大的竞争压力。萦绕在他心头的恐惧至今依然驱使着科学家尽快将他们的劳动成果发表在任何一本学术期刊上：担心可能被别人抢先。

他多次对在最后一个月才补充进去的图片的质量表示歉意："因为我真的不想推迟发表，以免承担别人做出同样发现而抢在我前头的风险。"就这样，伽利略赢得了近代科学初期那场或许最重要的竞赛。

---

① 迄今已发现了木星的 79 颗卫星，伽利略最早发现的四颗被称为"伽利略卫星"，其他卫星比它们小得多，木卫五直到 1892 年才被发现。

很难测算，他自己的实践才能和其他人的知识分别对望远镜的逐步改良和多样化做出了多少贡献。伽利略的叙述不是让这一相互作用变得清晰，而是变得模糊。在《星际信使》中，他既没有进一步介绍使他得以完成发现的仪器，也没有提到任何一名助手或伙伴。

回归实验室

然而，他的行为方式对于晚近的物理学来说具有代表性。不同于许多其他专业领域的科学家，物理学家和天文学家直到今天都是在自己制造设备。其中，那些似乎是作为手工业和工业原料进入他们的实验室的东西——就像伽利略的望远镜所需的玻璃毛坯和抛光透镜——将被整合到新的仪器中。

谁要是去实验室拜访像沃尔夫冈·克特勒这样的科学家，就会在那里遇到许多经验丰富的实验员。他的同事带来了高度专业化的知识，将技术发挥到极致，目的是不断接近绝对零度，直到仅相差千分之零点五度。一些人专注于真空技术，以便尽可能将所有外来原子隔绝在冷阱①之外。另一些人擅长激光研究，他们将相互精准配合的激光束通过多个微小镜面传导至需要冷却的原子上。

只有依靠许多科学家个人的创造力，这样的团队才有能力随时改变和完善技术成分。这构成了物理研究的特殊动力。同伽利略一样，今天的科研人员仍在一次次地对他们的仪器的最终用途感到意外。手段比目的更具有普遍性，可能会在完全不同、不可预见的关联之中派上用场。

望远镜是一件相对简单的仪器。这个例子却已经表明，科学家会在工作中的许多环节遭遇未曾预料的困难：无论是在采购或打磨透镜时，在隐去塑形不合格的镜片边缘区域时，还是在图片出现各种失真问题时。

伽利略没有被这些困难所阻挡，它们反倒激发了他的创造才能。在赢得声望的道路上，他还将以高超的手段克服许多全然不同的阻力。

---

① 置于真空容器和泵之间，通过制造一个低温表面吸附气体或液体，阻止其从系统进入测量仪器，或从测量仪器进入系统的装置。

一架数学的登天阶梯

开普勒的月亮之梦

他把这一切都写在纸上了吗？写满了运算、
关于行星与太阳距离的表格、正弦图表和三角
测量法的几百张纸？

当约翰内斯·开普勒于 1609 年夏天带着他
撰写了六年，又苦等三年才获得出版的《新天
文学》（Astronomia nova）返回布拉格的时候，
他对自己的言语和思想几乎感到陌生。就连他
作为主线提供给读者以便他们在总共 70 章的迷
宫中找到方向的概览图，在他看来也比戈尔迪

之结 ① 更加错综复杂。

如今，撰写数学领域的书籍是个艰巨的任务。"如果不在造句、解释、证明和结论方面保持恰如其分的典雅，这本书就不是数学作品。但如果保持，读起来就会非常吃力。"

潜在受众的范围很小，开普勒对此不抱幻想。"我本人作为数学家在重读自己作品的过程中耗尽了我的脑力。"

这次，富有激情的数学家克服了特别艰难的挑战。自从 9 年前带着家人从格拉茨迁居布拉格以来，他凭借现有最佳的观测数据梳理出了星辰复杂运行的头绪。

那是内心狂热和冥思苦想的几年。他有时觉得可以借助物理学的基本猜想解释行星系统的秩序，接着又完全沉浸于数学。他在思考过程中几百次、几千次碰壁，为了论证链条中的一个微小步骤，他不得不"在起码 40 种情况下分别进行 181 次相同的计算"。

---

① 根据传说，小亚细亚北部城市戈尔迪乌姆的宙斯神庙里有一段绳结，解开之人将成为亚细亚的统治者。亚历山大大帝在远征波斯途中将它一剑斩断，预示着他将获得宙斯的祝福。比喻无法解开的一团乱麻。

要是他至少可以不受打扰地专注于他的作品就好了！不过，开普勒是皇帝的数学家，他在宫廷的任务——提供占星意见并管理其著名的前任、天文学家第谷·布拉赫（Tycho Brahe）留下的丰富遗产——一直妨碍着他自己的研究。"我觉得，它们占用了一半的时间。"这令御用数学家感到不快。

统治者和他的宫廷

当他还居住在布拉格新城^①里的以马忤斯修道院（捷克文"Emauzský klášter"，德文"Kloster Emmaus"）旁边的时候，每天步行前往城堡就需要一个小时。在此期间，他同妻子和三个孩子搬到了老城，从他的住宅前往查理大桥^②只有几步路，越过这座桥便可以很快到达城堡区（捷克文"Hradčany"，德文

---

① 今天的布拉格历史中心区由原先的老城、小城、城堡区和新城等四个独立的部分组成，新城是其中出现最晚和面积最大的，由皇帝查理四世设立于 1348 年，以查理广场为中心。

② 布拉格的地标建筑，建于 1357~1400 年，长 516 米，桥上有 30 尊圣徒雕像。在 1841 年前，它是连接布拉格两岸的唯一桥梁。

"Hradschin"）。

　　这座在几百年间发展起来的城堡之城构成了一个独立的天地。哈布斯堡的权力中心矗立在丘陵之上，周围环绕着波希米亚贵族的府邸。鲁道夫二世刚一登基，就将他的政治基地从维也纳搬到了布拉格。面对土耳其人的威胁，他在这里感觉更加安全。

　　鲁道夫二世的帝国正由于纷繁的利益冲突而分崩离析。自从1555年《奥格斯堡宗教和约》（Augsburger Religionsfrieden）① 签订以来，德意志的信仰分裂已经无法挽回。当天主教和新教的选帝侯邦、公国、伯国、教区首邑和帝国城市需要抵御外敌的时候，它们几乎无法再重归于好。

　　他接过了一个烫手的山芋。作为神圣罗马帝国皇帝，鲁道夫二世有义务捍卫天主教会的利益，但他的波希米亚王国境内的九成臣民是新教徒。他始终感到自己无力承担政府事务，于是对堆积如山的问题坐视不理。虽然他部分

————————

　　① 　确立了"教随国定"原则，帝国境内各邦有权选择信
　　　　仰天主教或新教。

通过他的消极怠工使帝国维持了超过 30 年的内部和平，但他的统治却在崩塌，甚至是在波希米亚——他仅存的世袭领地。

世界各国的大使和公使围住了宫城。西班牙和教宗的外交官特别有影响力，但眼下说了算的却是波希米亚的男爵们，他们像其他许多人一样，想要将皇帝的弱点为己所用。

鲁道夫二世没有接见他们，他宁可将时间用在绘画、炼金术和科学上。他把各地的优秀艺术家和学者请到了布拉格。在宫里，热衷天文学的约翰内斯·开普勒早就不似从前在格拉茨那样是孤身一人。在国际都会布拉格，他与仪器制造者约斯特·比尔吉[1]那样的知名数学家以及马泰奥斯·瓦克海尔·冯·瓦肯费尔斯[2]那样受过科学教育的宫廷参事来往。

尽管开普勒被不停地要求提供占星术的意见，他却不愿意掺和政治事务。鲁道夫二世期

---

[1] Jost Bürgi（1552~1632 年），瑞士钟表匠、数学家和天文仪器发明家，1604~1630 年供职于鲁道夫二世宫廷，曾与开普勒共事八年。

[2] Matthäus Wackher von Wackenfels（1550~1619 年），生于康斯坦茨，帕多瓦大学法学博士，1594 年获封贵族，1597~1612 年间担任帝国宫廷议会参议。

待通过星辰预见土耳其帝国的未来和他自己的命运。开普勒的前任第谷·布拉赫曾经向迷信的皇帝预言说，他将死于一场谋杀。从那以后，皇帝对星相学的兴趣变得更加浓厚。

开普勒在谈到自己时说，他在世界舞台上就像一个普通人。他在简朴的环境中长大，又经过一系列幸运与不幸的巧合才来到布拉格的宫廷。贵族头衔对他来说意义不大。如果能够从宫里争取到属于自己的一部分薪金，他就满足了。

可是，就连这点也被证明是很困难的。帝国的国库一直空空如也。为了筹措资金出版《新天文学》，他需要像把火星纳入井然有序的宇宙图景那样进行长期斗争。

鲁道夫二世原本为出版工程批准了400古尔登的资助，"为了发展我们和我们奥地利家族的光荣先辈对促进天文事业的一贯爱好"。这笔资金不足以完成印刷。经过几番争取，当权者才再次拨付了500古尔登。

这笔款项相当于他的御用数学家一整年的

薪水——只不过开普勒还几乎没有领到他的工资。当皇帝越来越罕见地履行他的支付义务的时候，开普勒一家只好愈加频繁地依靠他的夫人芭芭拉①的微薄积蓄维持生计，这有时也引发了争吵。

他的夫人不想"动用其少得可怜的财产，仿佛她将会因此变得一无所有"。在布拉格有时会被称作"观星夫人"的她对可悲的处境感到伤心，觉得自己被迫节衣缩食。她的丈夫埋头于自己的研究，当她不合时宜地用家庭琐事烦扰他的时候，他就会不耐烦。不过，他开始学会保持耐心，与她友好相处，开普勒如此表示。"确实发生了多次口角和怨怒，但从来没有变成相互敌视……我们双方都很清楚，我们的内心是彼此相通的。"

在群星的丛林之中

1609 年，当他从一场为期三个月的旅行中

---

① Barbara Müller(1574~1611 年)，她是一位磨坊主之女，在 1595 年底认识开普勒之前已经两度守寡并留下了一个女儿。1597 年与开普勒结婚，共育有 3 个子女。

返回的时候，这位数学家既没有与他吝啬的妻子，也没有与皇帝及其负责财政的国库总管发生争执。他在海德堡将其《新天文学》交付印刷，之前还参加了法兰克福的春季交易会。此刻，37岁的他捧着一本大规格的华丽书卷，再次感到9年前来到布拉格是一场幸运的机缘。在这里，他接过了前任——痴迷于测量仪器的观星家第谷·布拉赫——的全部观测数据。

开普勒发掘了这一宝藏。他经过艰苦而琐碎的工作，提取出第谷精确数据的有用部分，并将其与自己的物理假设结合起来。按照他的测算，包括地球在内的全部行星都在椭圆轨道上绕太阳运转。太阳是整个行星旋转系统的发动机：太阳的力量越过巨大的空间距离对地球施加影响。同时，近得多也小得多的月球的吸引力卷起了地球上的海洋，并以这种方式导致了潮起潮落。对此，伽利略将不会表示认可。

《新天文学》以天文学观测、物理学思考、数学描述和开普勒深刻的宗教信念为基础。他出生于施瓦本^①，在大学读的是神学。在他以数学教师身份被派往格拉茨之前，他打算成为一名教士。他对天文学的热情发端于他坚信宇宙构成了一个秩序井然的整体：上帝以理性为准则设计出宇宙，这些准则可以为人类所领悟。作为数学家，开普勒将以辨识宇宙的这一理性结构和把各种不同的天象整合成一幅易于理解的统一图景为己任。

正是在这个方面，在他之前已经有许多学者付出过努力。不过，他们所有人都多多少少在行星运动的丛林中走错了方向。从地球上观察，诸如火星那样的行星会在夜空中划出奇怪的"之"字。行星不断调转它的运动方向，还会短暂地反向行进^②。

开普勒无法接受上帝创世方案包含这样

---

① Schwaben，大致包括今天的德国符腾堡、巴伐利亚西部和瑞士东北部地区。中世纪时，施瓦本公国曾经是法兰克帝国和神圣罗马帝国的一部分，来自施瓦本的霍亨斯陶芬家族在12~13世纪担任皇帝。

② 早期西方天文学把太阳、月亮、水星、金星、火星、木星和土星这七颗不同于相对固定的恒星的"漫游者"统称为"行星"，它们在天球上的移动被称为"行星视运动"，其中行星转向时的短暂静止叫"留"，反向运动叫作"逆行"。

的不规律性。尤其是因为一旦人们严肃看待并进一步思考由尼古拉·哥白尼创立的理论的话，火星的"之"字就会消失：火星及所有其他行星围绕运转的宇宙中心不是地球，而是太阳。并非群星夜复一夜地围绕地球旋转，而仅仅是地球每24个小时就绕轴自转一周。

对于与他同时代的人来说，这是一种奇特的观念。每个人都理所当然地把地球当作世界的中心。日常经验从未表明，地球能够在宇宙间高速飞驰。

不过，开普勒的天文学研究可以证明这一点。他根据当时最准确、最全面的观测数据审视了哥白尼的理论。作为转动的地球上的观众，他为了弄清火星围绕太阳运动的"真实"轨道而进行了在数学上极富挑战的运算。一开始，他得出的结论令人无法接受。

他抗拒着自己的理性，对这些数据进行了反复检查。直到在一场经年累月的战斗——"与火星的搏斗"中，他才实现突破，做出了行星不是沿着圆形轨道，而是沿着不够美丽的椭圆轨道绕太阳运转的论断。而且，这一运动从来不是均匀的——它们还在行进过程中改变着速度。

开普勒与关于宇宙结构的传统观念决裂了，后者深刻影响天文学家的思考超过2000年之久。自从古典时代以来，恒定的圆周运动始终是天上所有运动过程的规律性和完满性的体现。它被视为星辰的"自然"运动，并将永恒不变地持续下去。哥白尼和第谷坚持了这一思想，并将宇宙转变成一组由相互啮合的圆环构成的、漫无头绪的齿轮装置。

开普勒不情愿地与这一思维范式分道扬镳。他急切地试图用与前人相同的数学方法描述这套运动，结果陷入了一重又一重困境。但与伽利略不同的是，开普勒嘲笑自己的错误，目的是在不久之后收获知识进步的喜悦。谁要是从不怀疑，就永远无法确信任何事情，他如此评论理论灌木丛中的最后迷途。

在他于1605年10月写给数学家大卫·法

布里奇乌斯 ① 的信中，他已经看到了渴望的彼岸。"我的法布里奇乌斯，现在我总算有了结果：行星的轨道是一个完美的椭圆。"使他最后获得这一成果的，是对第谷·布拉赫的精确测量的绝对信任。

于是，开普勒将哥白尼的模型注入一套全新的规则之内。他实际上把太阳置于世界的中心，首次把星辰的运动归结为引力，即归结为物理原因，并使每颗行星对应一条明确界定的轨道。他的划时代巨作是近代天文学的基础，80 年后，艾萨克·牛顿将在此基础上提出万有引力理论。

开普勒描述了其经年累月的漫漫征途的所有细节。幸运的是，它现在已经成为过去时了。《新天文学》，这本他奉献给皇帝陛下的书，终于出版了。

皇帝陷入困境

当开普勒打算将作品呈献给鲁道夫二世的

① David Fabricius（1564~1617 年），德意志路德派牧师、天文学家和制图学家，1596 年发现第一颗周期性的变星并命名为"米拉"。他与第谷和开普勒都有密切往来，被后者称为"继第谷之后最精确的天文观测者"。

时候，这位皇帝正在经受他在位期间最严重的危机之一。他与兄弟马蒂亚斯^①的争执不断激化，以致整个帝国的未来危在旦夕。两位哈布斯堡家族成员的相互仇视释放出巨大的力量，它把波希米亚和帝国其他地区的居民煽动起来，并在几年后升级为三十年战争。

马蒂亚斯与奥地利、匈牙利和摩拉维亚的新教阵营结成联盟，以此夺取了其兄长的大部分权力。为了至少保住波希米亚的统治权，鲁道夫二世如今必须向其领地内的新教贵族做出诸多让步。他一直在拖延令人不快的谈判，而且行事相当笨拙，致使波希米亚诸侯以动武相威胁。

1609 年 7 月 9 日，也就是开普勒的女儿苏珊娜七岁生日那天，人们终于达成了一致意见。

---

① Matthias（1557~1619 年），鲁道夫二世的三弟。1577~1581 年担任西属尼德兰总督，1593 年被任命为奥地利总督。1606 年被家族成员拥立为族长和继承人，从此策划推翻鲁道夫，先后夺取奥地利、匈牙利和波希米亚，1612 继任神圣罗马帝国皇帝。由于他采取复兴天主教、镇压新教的政策，并指定堂弟、狂热的天主教徒斐迪南为继承人，最终激起了波希米亚起义，导致三十年战争爆发。

在所谓的陛下诏书[①]中，鲁道夫二世宣布放弃部分权力，并向新教徒保证，他们"有权自由和不受限制地从事宗教活动"。当耶稣会士在反宗教改革运动[②]中到处建立天主教学校和大学，并规劝越来越多的人回归旧信仰的时候，皇帝批准新教徒设立新的"用于宗教仪式的礼拜堂和教堂，以及用于教育青少年的学校"。

在众人雷鸣般的欢呼声中，陛下诏书被高挂在市政厅之上。整个布拉格都开始庆祝。由于信仰而丢掉了原先在格拉茨的职位的开普勒也为这一消息激动不已。"我们凭借上帝的恩典赢得了胜利，"他在给图宾根神学教授斯蒂芬·盖拉赫[③]的信中写道，"人们在教堂和家里公开用德语布道。"

与此同时，宫中的天主教派别大为震动。皇

---

① Majestätsbrief，特指鲁道夫二世 1609 年签发的关于保障宗教自由的文书，共有两封，另一封给了西里西亚。

② 天主教会为应对新教挑战而发起的改革运动，包括对内消除积弊，对外打击异教，成功地稳固了天主教会在欧洲的地位。

③ Stephan Gerlach（1546~1612 年），先后担任帝国驻君士坦丁堡公使馆传教士、神学教授和图宾根修道院院长。信奉路德宗，反对加尔文宗和耶稣会。

帝在蒙受这场羞辱之后还能够支撑多久？有人在暗地里谈论说，他很快就会被取代，有些外交官甚至梦想着重新组建一个由西班牙领导的联盟，进而恢复已经瓦解的查理五世的日不落帝国①。

出现亏缺的不只是鲁道夫二世的至高皇权，还有他在道德上的圆满。除了那封御诏，宫廷中还热议着唐·尤里奥（捷克文"Don Julio"，德文"Don Julius"）的神秘死亡，关于此事的细节正渐渐传开。

在鲁道夫二世的众多私生子女中，唐·尤里奥是他最喜欢的儿子。但随着年龄的增长，皇帝对他的感情越来越淡漠。特别是，唐·尤里奥的性取向变得不太正常。他在自己位于伏尔塔瓦河畔②

---

① 查理五世是鲁道夫二世的爷爷斐迪南一世之兄长，1520~1556 年担任神圣罗马帝国皇帝。其间，哈布斯堡家族势力达到鼎盛，拥有包括奥地利、西班牙、尼德兰、南意大利、突尼斯、拉丁美洲、菲律宾在内的辽阔疆域和被视为无敌的西班牙海军，缔造了史上第一个"日不落帝国"。

② 伏尔塔瓦河（捷克文"Vltava"，德文"Moldau"）是易北河的最大支流，发源于今捷克和德国边境，向北流经布拉格，全长 430 千米。

的克鲁姆洛夫①城堡里的举止堪比一位暴君。

在将自己的一个情人打倒和刺伤之后，他把她丢进了城堡旁边的池塘里。克鲁姆洛夫浴场老板的女儿在这场暴行中活了下来——唐·尤里奥要求她在痊愈后立刻返回。他将她的父亲关入大牢，威胁对他用刑，借此逼迫女孩回到他的身边，这也让她丢了性命。1608 年 2 月，唐·尤里奥残忍地杀害了她，并肢解了她的尸体。

整个欧洲的人们都对这一残暴罪行愤怒不已。鲁道夫二世虽然下令把他陷入疯狂的儿子关押起来，但人们指责他教育失败，并将之归咎于他不够虔诚、他不透明的风流韵事以及他与炼金术士和巫师交往。

唐·尤里奥在谋杀案之后还活了一年多时间，他再也没有洗澡，并用刀威胁他的仆人。在 1609 年 6 月的最后一个星期，他不明不白地死去了。或许是鲁道夫二世命人杀死了他的儿

① 捷克文 "Cesky Krumlov"，德文 "Krumau"，位于伏尔塔瓦河上游，拥有波希米亚仅次于布拉格的第二大城堡，旧城于 1992 年被列为世界文化遗产。

子？于是，唐·尤里奥的可怕行径和皇帝的角色再次被翻出来议论，直至每个细节。

月球之旅

由于发生了戏剧性的事件，鲁道夫二世对他的数学家的作品丧失了兴趣。在纷乱的日常政事中，开普勒伟大的思想成就被埋没了。《新天文学》在布拉格几乎没有引起任何反响。

马泰奥斯·瓦克海尔·冯·瓦肯费尔斯是关注这部作品的少数人之一。这位年长20岁的宫廷参事和开普勒一样来自德意志南部，还在帕多瓦念过法学。他改信了天主教，被皇帝封为贵族，并成为后者在法律事务上最重要的谋士之一。开普勒与他一起猜想，新的宇宙观将会带来什么后果。

瓦克海尔想要知道月球和其他星辰是否有人居住。如果地球只是绕日运转的众多天体中的一个，那么宇宙又为何仅仅是为人类所创造？

后世只是模糊地知晓他们两人在那些夏日里所受到的困扰。不过，他们的辩论被记录于开普勒所写过的最出彩和最简洁的小册子之一。为了使他的朋友瓦克海尔感到高兴，他在当年就写下了《梦月》（*Somnium*，直译为"梦"）。

当伽利略在帕多瓦忙于改进望远镜的时候，年轻8岁的开普勒架起了一部通往月球的思想阶梯。他多年来一直从地球视角出发研究行星的运动。如今他离开了地球这个家园，并以虚构的月球角度对其加以观察。

按照哥白尼的观点，地球不仅绕轴自转，还围绕太阳公转。为了克服我们的日常经验与地球自转之间的差异，开普勒切换了视角。通过将地球的位置转移到他的面前，他向与自己共同旅行的读者传递了地球双重运动的陌生观念。

对于揭示数学的、抽象的科学思维如何开辟令人意外的新认识而言，开普勒的《梦月》堪称典范。这篇绝妙的文章如今几乎不再为人所知，这可能是由于它离奇的情节框架。其中，一个魔鬼出场并担任讲述者。它把去往月球的旅程描述为危机四伏的历险，必须经过特别的选拔程序，因为仅是增加高度本身就会带来致命危险。"我们不带久坐不动的人、身材魁梧的人、耽于享乐的人，而是选择那些在猎马背上过着勤勉生活的人，或者经常乘船前往印度，并习惯于用面包干、大蒜、干鱼片及其他为饕餮之徒所厌恶的饮食维持生计之人。"

从开头的描述中可以看出，进行适合度测试至关重要。"这一初始运动对他而言是最糟糕的，因为他会被猛甩出去，仿佛他被火药的力量炸得飞越群山和海洋一般。"因此，每位月球旅客都必须事先用鸦片制剂加以麻醉。在快速升高的过程中，他主要还得忍受"可怕的寒冷和呼吸困难"。

接下来的旅途就没什么可担心的了。在此，开普勒关于地球和月球相互吸引的观念听起来几乎是现代的。地球对太空旅者的重力作用减弱，月球的作用增加，"使得最后他们身体的质量自行转向了所设定的目标"。不过，着陆时"对月球的撞击过于猛烈"仍会带来危险。魔鬼们作为旅伴，会提前采取保护措施，确保月球旅客在最大程度上实现软着陆。

"当人们从麻醉中醒来，通常会抱怨四肢无力。他们能够从中缓慢地恢复过来，重新具备行走能力。"随着新到客人的复苏，这场 5 万德里即约合 39 万公里的月球之旅宣告完成。在开普勒的笔下，月球从此叫作"勒瓦尼亚"（Levania）。"沃尔瓦"（Volva）则是开普勒为他的母星——地球所想象的名称。

抵达后，目光首先会朝向——在御用天文学家的梦中注定是——高处的星辰。勒瓦尼亚上空的恒星天①看起来和地球上空的差不多。不断往复运动的星座构成了它的主要特征。"因为就像我们看我们的地球，勒瓦尼亚在它的居民看来也保持静止，而群星似乎在做圆周运动。"

不过，位置的改变还是引起了一些变化。开普勒能够轻巧地算出，钟表在月球上走得更慢。太阳每年只会升起和落下 12 次，一昼夜就

① 西方传统天文学认为，宇宙是由多个嵌套在一起的水晶球壳组成的，从内到外分别是月球天、水星天、金星天、太阳天、火星天、木星天、土星天、恒星天和原动天，每个球壳带动其上的星辰运转，而上帝的居所——原动天为所有球壳提供动力。九重天界契合基督教的天堂观念，也体现在但丁的《神曲》中。

像地球上的一整月那么长。这对生存条件具有显著影响。

在漫漫长夜里，"万物都在凛冽的寒风中被冰雪封冻"。接着是同样漫长的白昼，其间"一个放大的、缓慢挪动的太阳不停地洒下光芒"。所有月球居民都必须适应这样的极端条件——一会儿比非洲还要炙热，"一会儿又比地球上的任何角落都更加苦寒"。

当月球旅者在陌生的天体上迈出最初几步之后，他的梦境迎来了戏剧性的高潮。这不禁使人想起发生在360年之后的夏天的事件。在那个夏天，人类历史上首次有宇航员真正登上了月球。

回眸一瞥

1969年7月20日，全世界的电视观众都在热切关注，尼尔·阿姆斯特朗（Neil Armstrong）是如何从着陆舱中爬出，从一架梯子上跳到月球表面，作为第一人在另一个天体留下一个脚印，以及与埃德温·奥尔德林（Edwin Aldrin）一道采集月球岩石，以便带回地球。该组合的第三位成员迈克尔·科林斯（Michael Collins）只能通过无线电获知，美国国旗刚刚在月球上被展开和竖立起来。"你很可能是各地唯一没有看电视的"，美国国家航天局在休斯敦控制中心的一名发言人对他说道。

科林斯密切跟踪着事情的进展，而且先于外界。当阿姆斯特朗和奥尔德林乘坐着陆舱向着月球表面下落的时候，他必须担任阿波罗11号任务唯一留在轨道上的宇航员。此后，他就在大约95千米的高度环绕着一片布满环形山的灰色石漠飞行。

当他的同伴着陆后，科林斯在绝对的无线电静寂状态中度过了大部分时间：在月亮的背后。毫无疑问，他当然更希望能在这一历史性时刻待在下面，迈出从梯子到月球的一小步——它将成为人类的一大步。然而，科林斯在这场旅行中还要完成另一项任务。

在全世界都将目光投向月球的时候，他在回望地球。他看到，它如同一颗飘浮在漆黑宇宙中的蓝白色圆珠。白色的是云的旋涡，深蓝色且发暗的是海洋，而大陆则呈现为较亮、柔和的棕色。科林斯乘坐宇宙飞船绕行了月球大约30圈，他先后30次注视着地球在月球的地平线上升起又落下，并用他的相机定格了这一场景。

三年前的1966年7月，科林斯有一次已经可以在较近的太空中——约800千米的高处观察地球。当时，他为了进行实验而短暂离开了双子座飞船[①]太空舱。在这场引发轰动的太空行走[②]过程中，这位宇航员在操作一部设备时失去了他的哈苏[③]相机。这部照相机从他那里滑落，飞入了太空。科林斯未能从他的旅途中带回任何照片。

1969年7月，他仿佛陷入了狂热。这次，他把两部哈苏相机带上飞船，连续不断地拍摄照片。当电视机前的观众只能看见一片灰蒙蒙

① "双子星座号"飞船是美国第二代宇宙飞船，1965~1966年共进行1次无人飞行和10次载人飞行，科林斯乘坐的是10号飞船。

② 1965年3月18日，苏联宇航员阿列克谢·列昂诺夫实现了人类首次太空行走。美国首位完成太空行走的宇航员是爱德华·怀特，时间为1965年6月3日。

③ Hasselblad，瑞典著名相机品牌，创立于1937年，曾随阿波罗11号飞船登月。

的岩石荒漠的时候，科林斯正在拍摄地出和地落的美妙图片。这些照片成为我们星球的独特之美及其脆弱性的缩影。它们的影响至今没有消退。

在科林斯之后前往月球的阿波罗计划的宇航员们获得了一种与其相似的印象。比如，1971年参与阿波罗15号飞船任务并像科林斯那样待在月球轨道舱里的阿尔弗莱德·沃尔登（Alfred Worden）记录道："现在我明白自己为什么在这里。不是为了把月亮看得更清楚，而是为了回眸眺望，眺望我们的家园——地球！"

开普勒将这样的回眸一瞥作为他的虚拟月球之旅的魔幻瞬间，这充分体现了他的想象力。在他小说的中段，他把目光转向了沃尔瓦，即地球。

"这场最伟大的表演……就是遥望沃尔瓦，他们①把它作为我们的月球的替代物。"它个头巨大。据开普勒测算，从月球上看去，它在天空占据了比我们的卫星大15倍的面积。并且它

———————————————

① 指月球的居民。

不运动，而是保持静止，"就像被钉子固定在天上一样"。

根据在月球上所处位置的不同，人们会看见地球恰好位于中天①或者完全不可见——如果身处背对着地球的半球的话。"对于那些始终看到沃尔瓦处于地平线上的人，它的外观好似远方一座发光的圆形山丘。"

早在 1609 年，开普勒已经用他的思想之眼看到了发光的圆顶在地平线上升起，而 360 年后的科林斯将会用他的照相机拍下这一幕。不过，开普勒还觉察到其他一些情况，因为地球的样子并非始终如一。在远方观察者的眼中，它会变大，又会变小，像月球一般，时而如镰刀，时而如圆珠，"出于相同的原因，即受到或没有受到太阳的照耀"。

开普勒为解释地球在天上的盈亏花费了许多笔墨，接着才谈到地球的另一个属性。它"在固定的位置上自转，并依次展示一系列美妙

---

① 在地球上是指观察者所在地的子午圈和黄道的交点，也就是太阳最接近天顶的最高点，在月球上望地球与此类似。

的斑纹，具体来说，这些斑纹从东向西匀速经过"。由于地球像钟表装置一般极为规律地转动，月球居民可以参照相应可见的斑纹组合区分他们的时间。

这对于他们来说并不困难。我们在地球上只能分辨出月球的朦胧面目，而大15倍的地球则向月球居民展示了更加令人震撼的景象。为了站在月球的视角描述地球，开普勒动用了当时的地理学知识。他首先将地球分为两个半球：由欧洲、亚洲和非洲组成的旧世界，以及与它们隔洋相望的、新发现的北美洲和南美洲。

他在旧世界辨认出一颗人头（非洲），"一个穿着长袍的女孩正俯下身去吻他"（女孩是欧洲，以西班牙为头，以亚洲为长袍），"用向后伸长的手臂招来一只跳着走近的猫"（手臂是大不列颠，猫是斯堪的纳维亚）。他为南美洲选择了一口钟的形象，以最南端的巴塔哥尼亚为杵。这口钟通过一根绳索（中美洲）与北方的大陆相连。

笃信的哥白尼主义者

如果没有航海家的最新发现，这些形象

和画面都是不可想象的。就在开普勒撰写他的《梦月》的时候，不列颠人亨利·哈德逊 [①] 正扬帆驶过曼哈顿岛，沿着后来以他命名的哈德逊河逆流而上，深入纽约以北的内陆超过 200 千米。从北美洲和格陵兰到巴塔哥尼亚和福克兰群岛，哈德逊及其他航海家将广阔的世界绘制成地图。

被一遍遍环绕、几乎丈量至最后角落的地球为开普勒进军宇宙空间提供了牢固的根基。来自新发现的大陆的考察报告或加布里尔·罗伦哈根 [②] 的《印第安奇妙旅行之四书》（*Vier Bücher wunderbarlicher indianischer Reysen*）为他的想象力装上了翅膀，使它在地球以外的可能世界里翱翔。

月球是它最近的休憩之所。对开普勒来说，这颗卫星是以其他方式再次审视他的《新天文

---

① Henry Hudson（1565~1611 年），英格兰探险家和航海家，致力于打通西北航道，以开辟欧洲与东亚之间的最短航线，最后在哈德逊湾被叛变的船员遗弃或杀死。虽然未能成功，但他对加拿大和美国东北部地区的勘探载入了史册。

② Gabriel Rollenhagen（1583~1619？年），德意志作家，他的印第安游记是虚构作品。

学》并解除对哥白尼主义的顾虑的理想地点。从这里出发，地球可以被视为一个整体。

就像后来对科林斯那样，月球之旅对开普勒来说变成了一次地球的发现。阿波罗计划的宇航员在激动的瞬间举起相机以捕捉震撼人心的印象，而开普勒运用的是他所掌握的专业知识。他对数学的深刻理解加上他的天文学和地理学知识，使他能够在宇宙中占据一个新的方位，并算出那里的观察者将看到怎样的景象。

他巧妙地拨动和翻转地球，在其不同相位观察它，并画出月球居民所欣赏的奇特地食和日食。开普勒认真看待哥白尼的想法。他通过投影和反投影进行着这场游戏，以便弱化已经熟悉的视角和阐明不同于地心说的世界观。

在《梦月》中，开普勒以诱人的方式用画面装点着受到数学影响的新式自然科学的突出特征：怀疑眼睛所看到的，从一定距离之外审视自己和自己的观点，变换参照系以获得一幅更加现实的图景。正是转变思想的自由，使数学成为自然科学的一项创新工具。

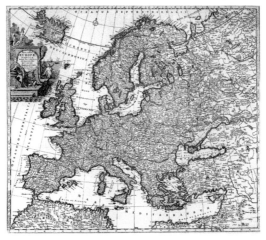

　　在开普勒把欧洲大陆描绘成身穿长袍的女孩时，他可以借鉴常见于 17~19 世纪的著名制图范例。

它打开了看待同一个问题的全新视角。数学家通常拥有现成的、不符合直觉的解决办法。对于想要尽快从 A 前往 B 的人来说，如果可以走上一条更宽阔的坦途的话，绕路或许也是值得的。

同样，对于想要以尽可能简单的方式提前算出地球位置的宇航员来说，可能也值得迂回：转变一下视角。站在太阳的视角，就能够理清众行星的协同运动。如果将太阳置于事件发生的中心，在地球上看来极其复杂的现象就会变得简单。对此还有一个物理学依据，开普勒正确地猜想道：太阳的一股无比强大的吸引力牢牢掌控着行星。这番认识使他成为现代天体物理学的奠基人。

有生命的世界

直到《梦月》的差不多结尾部分，月球也终于作为这样的天体进入他的视野。此时，这位月球空想家的想象力才短暂地闪现出火花。

"尽管整个勒瓦尼亚的周长只有大约 1400

德里 ①，也就是说只有我们地球的 1/4，它还是拥有极高的山峦，极深和极陡的峡谷。"某些地方的地形完全是多孔状的，布满了洞穴和窟窿。

开普勒从小月球较弱的吸引力中得出结论，大得惊人的不只是山脉，还有勒瓦尼亚所产生或在其上四处走动的事物。"生长速度极快。一切都很短命，因为身体的质量会增长到极大。"一些月球生物拥有比我们的骆驼更长的腿，部分拥有翅膀。总的来说，最多的还是蛇形的物种。

"它们多数潜在水中，全部都是天生呼吸极其缓慢的生物，因此能够在水底深处过活。"开普勒想象道，它们在此过程中懂得如何利用潜水装备，并在较长的迁徙或躲避烈日或寒冷的时候使用冷却系统。

读者还将得知，月球背面的天气以保护月球居民不受过度炙烤的云和雨为主，它们有时会覆盖整个半球。这时，小说意外中断了。"当我在梦中前进到这里的时候，一阵疾风骤雨突

① 1 德里约合 7.5 千米，1400 德里为 1.05 万千米，月球赤道周长约 1.0917 万千米。

然袭来，扰乱了我的睡眠，使我无法结尾……"

戛然而止。它给人的印象似乎是，开普勒被自己大胆的想象力吓住了。

在他虚构的月球生物学中，他完全让想象力自由驰骋。他在小说中比在《新天文学》里更进一步：这位科班出身的神学家在此刻画出一个不是以人类为中心、几乎与《圣经》完全不符的宇宙。正是在这篇作品的结尾部分，可以察觉到一些想要逾越既定边界和坚持做自由思考者的倾向。

令他意外的是，他在几个月后就获得了来自帕多瓦的支持。伽利略为他的观点提供了看上去绝佳的证据。透过他的新式望远镜，意大利人果真看到月球与地球相似，其表面布满了高山与深谷。

受到伽利略观测月球的鼓舞，接下来有大量学者开始关注开普勒的《梦月》。这部作品主要的贡献在于，它使地球之外可能存在有生命的世界成为 17 世纪以及贯穿启蒙运动时期的一个热门话题。

于是，不列颠教士罗伯特·伯顿 ① 在 1621 年推出了一篇关于宇宙中的居民的科学论文，并思考开普勒对其他天体上的生命的猜想是否正确。"与我们相比，它们居住在世界上更好的部分吗？世界的主人究竟是它们，还是我们？"赫里福德（Hereford）主教弗朗西斯·戈德温 ② 在他出版于 1638 年的小说《月中人》（*The Man in the Moon*）中参照了开普勒的故事。还有西哈诺·德·贝热拉克③凭借其深受欢迎的《月球旅行》（*Voyage dans la Lune*）证明其熟稔开普勒的天文学。

开普勒自己明确地把他的月球之旅与古典时代的楷模联系起来，首先是与普鲁塔克 ④ 和他的《论月面》（*On the Apparent Face in the Orb*

---

① Robert Burton（1577~1640 年），饱读诗书的牧师和学者，著有文学经典《忧郁的解剖》。

② Francis Godwin（1562~1633 年），英格兰历史学家、作家和教士，他的《月中人》是首部以太空旅行为主题的英语文学作品。

③ Cyrano de Bergerac（1619~1655 年），法国讽刺作家和科幻作家，是埃德蒙·罗斯丹戏剧《大鼻子情圣》的主人翁的原型。

④ 46~120 年，古希腊作家、哲学家和历史学家，代表作为《希腊罗马名人传》。

of the Moon）。不过，月球在 16 世纪仍然是诗人所钟爱的出游目的地。突出的例子是 1532 年出版的文艺复兴时期的畅销书《疯狂的罗兰》（*Orlando Furioso*）。比如，伽利略就对书中阿斯托尔福伯爵[①]想要在月亮上找回罗兰的理智的故事了若指掌。它是意大利每个有文化之人的必读篇目，卢多维科·阿里奥斯托[②]的这篇长诗中的人物也在布拉格的宫廷里为人熟知。

不过，这样的书籍不能与开普勒的相提并论。它们在杜撰梦境、考察报告和天文学教材之间摇摆，包含一些许久之后才问世的科幻小说的特征。数学家开普勒的首要意图是打破思想的樊篱。他在其内容丰富的注释中坚称，他希望用《梦月》达成的目标是"以月球为例论证地球的运动，以此反驳拒绝该看法的人们的普遍异议"。那些注释比正文长得多。开普勒的简短故事包含了 223 处脚注！

原稿的手抄副本在 1609 年之后流入德

---

① 阿斯托尔福和罗兰都是传说中查理曼魔下的圣骑士，两人为表兄弟。

② Ludovico Ariosto（1474~1533 年），意大利文艺复兴时期著名诗人，《疯狂的罗兰》是其代表作。

国，不久又传播至英格兰。它们为开普勒及其家人带来了巨大的麻烦。开普勒表示，图宾根的人们甚至在理发店里谈论此事。污蔑的闲扯演变成谣言中伤，它被无知和迷信吹得越来越大。在长期针对他的母亲卡塔琳娜的女巫审判案中，书中的框架情节被解读得非常糟糕。母亲显然是它的中心人物的原型：菲奥斯希尔德（Fiolxhilde）是一位从事草药生意的女魔法师。她向她的儿子杜拉科托（Duracoto）——开普勒自己——透露了隐秘的技艺和仪式，这才召唤出描述整个月球之旅的魔鬼。

直到女巫审判结束之后，从 1621 年起，开普勒才给他的《梦月》添加注释。在 1630 年去世前，他还亲自将该书交付出版。

他为他的读者留下了最晦暗的词句："面对致命的伤口或饮尽盛有毒液的杯子，会强烈地预感到死亡，但我在发表本文时的预感更加强烈。"

新的宇宙

仰仗目力的伽利略

　　有一些卓尔不群的地方，阿切特里[①] 宽敞
的乡间别墅是其中之一。从那里，伽利略能够
将托斯卡纳丘陵地貌的葡萄园山坡、田野和橄
榄树林一览无余。或者是距离佛罗伦萨更近的
"德尔·奥布雷里诺别墅[②]"。它为科学家提供了
眺望城市的阿尔诺河谷[③]和红色屋顶的无与伦比

[①]　Arcetri，位于佛罗伦萨城南的丘陵地带，现设有天文台。

[②]　Villa dell'Ombrellino，位于佛罗伦萨城西南的贝洛斯
　　瓜尔多山（Bellosguardo），始建于 1372 年。

[③]　阿尔诺河（Arno）是托斯卡纳地区的主要河流，发源于亚
　　平宁山脉，流经佛罗伦萨和比萨，注入第勒尼安海，全长
　　241 千米。河段中游经常泛滥，古罗马历史学家提图斯·李
　　维对此已有记载。最近一次较大的洪水发生于 1966 年 11
　　月，致使佛罗伦萨 2/3 城区被淹，无数文献和艺术品受损。

的视野，只见佛罗伦萨大教堂雄伟的圆顶高耸于其中，跃出所有房屋之上。

伽利略在那些拥有令人难忘的全景视野的别墅里度过了他生命的最后三分之一。而在他人生的中段，人们不只可以在城墙外，也可以在城墙内遇见这位科学家。他来回奔波着。在佛罗伦萨，他住在一座没有那么出名的"带有高高的屋顶平台"的房子里。不过，与他的朋友菲利波·萨尔维亚蒂①偏远的农庄相比，他宁可住在这儿。如果人们告别托斯卡纳而一直将他的人生道路追溯至帕多瓦，也能够在那里见证他多次远离那座大学城。当他不需要讲课的时候，他会住到威尼斯潟湖上去。

作为收入微薄的数学教授，伽利略不得不在初到帕多瓦的几年里满足于逼仄的居室和别人的家具。然而，还没等他首次获得加薪及稳固家庭教师的职位，他就在维格纳利路②租下了一整栋豪宅：一座立面宽阔的三层建筑，它至

---

① Filippo Salviati（1583~1614 年），佛罗伦萨贵族和科学爱好者，在《关于两大世界体系的对话》中作为伽利略的化身登场。

② Via dei Vignali，现已更名为"伽利略·伽利雷路"。

今在相邻的房屋之中显得鹤立鸡群。它足够宽敞，可以接待上流宾客并安置一打学生和他们的仆从。主人为自己建造了一间实验室，闲暇之余就在后房花园里种植自己的酿酒葡萄。这片地产毗邻以热心赞助闻名的科尔纳罗家族①的园林与宅第；再走几步，就可以抵达帕多瓦的圣安东尼宗座圣殿②的门前。

在 1609~1610 年冬季，伽利略富丽堂皇的住宅变成了一座观星台。以他的别墅为基地，45 岁的教授开始了一场在数千年天文史上绝无仅有的宇宙纵览。一下子，大学教师变身为夜间观星者，手工爱好者变成了发现者，望远镜转变为科学仪器。只要他拿起望远镜向夜空中望去，宇宙就向他展现出无法料想的广袤。

在镜片后面，只见曾经一团漆黑的地方闪烁着一片星辰之海，"其数量超过原有和已知

---

① Cornaro，威尼斯的贵族世家，历史上有多人担任执政官。
② Basilica di Sant'Antonio，始建于 13 世纪，是意大利访客最多的朝圣地之一。

规模的十倍以上"。比如，在昴星团①七颗亮星之间的狭窄区域内，还坐落着"超过40颗不可见的星星"。其他星群的情况与之类似。"我一开始打算绘制出整个猎户座，"伽利略回忆道，"可是，星星的数量实在太多，由于没有时间，我便将该计划推迟，直到另有机会。"

围绕银河的构成问题的争论——它曾经折磨哲学家几千年之久——如今可以令人安心地解决了："星系无非是一群数量繁多且密集分布的星辰，因为无论望远镜指向它们中的哪片区域，眼前都会立刻呈现数目众多的星星。"

面对数不胜数的繁星，伽利略意识到天体之间存在着重要差异。到目前为止，恒星与行星被无差别地视为天空中的微小亮点，它们如今可以被毫不费力地区分开来。"行星将它们的小球呈现为完美的圆形，仿佛是用圆规画出的，就像完全为光芒所包裹的小型月亮。"相反，恒星不是圆形，而始终是发光的点，"其形状与用肉眼观察时相同"。

① 又称"七姐妹星团"，位于金牛座，是距离我们最近和最亮的疏散星团之一。

所有这些都是伽利略看了第一眼就多少领悟到的。如果把望远镜递到其他科学家手中，他们应该也能看到相同的事物。与在制造望远镜时一样，这件新工具再次让他陷入了一个难以掌控的竞争状态中：他无法确定自己是不是第一个进行这项观测的人。望远镜已经在市面上流通了一年多。自从他本人在威尼斯推出他的仪器以来，已经过去了好几个月。这些时间足以用来仿造装有两片透镜的镜筒，也足以用来探索夜空。

尽管如此，当伽利略·伽利雷于 1610 年 3 月迫不及待地发表《星际信使》时，他还是在开篇处自信地说道："我将真正重大之事……提交给各位自然科学家观察和思考。我之所以说重大，首先是因为事情本身的崇高，其次是因为迄今闻所未闻的新事物，最后是因为那件仪器，此事经由它的帮助才得以向我们的感官呈现。"

他提出这一主张是有道理的，因为他不只是一位具有发明才能的仪器制造者。他真正的主要工具——眼睛，一开始就比他的竞争对手所见的更多。

此外，伽利略还发现，月球"不是光滑、均质的完美球体，就像一大帮哲学家对它和其他天体的认识那样，而是不均和粗糙的，带有许多低洼和高地，与遍布着山脉和深谷、每个地方都各不相同的地球的外表并无二致"。

月面

关于月球不是完美的球体，而是可能与地球相似的猜想已经有上千年的历史。普鲁塔克已经在他的《论月面》里把月球上较暗的部分解释成海洋，把较亮的区域解释成大陆。这篇古典时期的文献似乎给伽利略和开普勒都留下了深刻印象。他们俩拥有普鲁塔克的相同译本。

如今，他透过望远镜看到了熟悉的月面被放大后的片段，这是一块斑斑点点的圆盘，分布着或亮或暗的区域。许多斑点呈圆形，它们在部分地区是如此密集和引人注意，仿佛"孔雀尾羽上的眼状斑"。在它们中间，伽利略观察到明亮的光反射，但这也许是玻璃透镜成像错

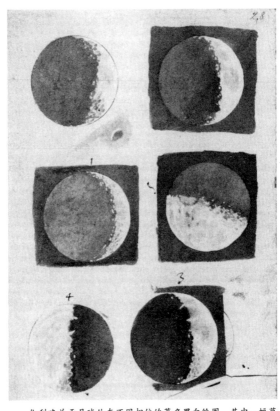

伽利略关于月球处在不同相位的著名黑白绘图，其中一幅草图上画着一座典型的月球环形山。

误的结果。所有这些都意味着什么？

　　不列颠人托马斯·哈里奥特也在思考上述问题，他在伽利略之前半年就用望远镜观察月球，而且可能是首位如此使用这种新仪器的科学家。他的望远镜可以放大六倍，虽然没有伽利略的工具强大，但这位天文学家已经在其意大利同人之前开始了一番大有可为的探索。

　　保存下来的哈里奥特的记录表明，他在1609年7月的观测过程中将月球粗略地绘制在一张纸上，并对它布满斑点感到惊讶。他在月球受到太阳照射的半边和阴暗的半边之间画了一条分割线，即明暗界线。哈里奥特把这条光与影之间的边界线画成弧线。它不是人们对完美的月球球体所期望的那种平滑曲线，而是参差不齐的。哈里奥特把它描绘出来，却没有对这一奇特的发现做出评论。

　　伽利略认真看待明暗界线上的锯齿。他用高山和低洼解释其中的突出物和光反射，认为它们是光影作用的结果，即如果当太阳已经照亮月球的山峰，而谷地依然处在阴影里时，就会产生该现象。

一年后，在读到伽利略的《星际信使》之后，哈里奥特也用一部略优于前一年的望远镜看到了同样的情景。此时，他同样在一幅月球草图上勾画出月球上的山脉。此外，哈里奥特也绘制出一张格外具体但难以追溯准确日期的月球地图。这些他都没有发表。至今不为人知的是，不列颠人究竟是受到了伽利略的启发，还是——同后者进行力学实验的情形相似——与伽利略分别用望远镜完成了发现。

1665 年，不列颠人罗伯特·胡克 ① 以另一件放大工具——在被发明出来 50 年之后才大显身手的显微镜为例，令人印象深刻地描述了这两位科学家面临的困难。胡克用他的仪器窥见了一个直到那时还从未被研究过的微观宇宙。他观察了一只苍蝇，想要了解它的复眼。

"苍蝇的眼睛在一种光照方式下表现为近似一道栅栏，钻有许多孔洞……在阳光下，它们

---

① Robert Hooke（1635~1703 年），英格兰著名物理学家和发明家，他的《显微图谱》使问世已久的显微镜获得了广泛关注。

看起来像一个插满金色销钉的平面；在另一种姿态下，像被角锥体占据的平面，还有一种则像是被圆锥体占据，"胡克在《显微图谱》[①]的引言里写道。

胡克系统地开展他的研究。透过显微镜的透镜，他在不同的光照情形下观察苍蝇的眼睛和其他物体。为了建立统一的认识，他最后必须对这些不同的观察加以总结。

"因此，在我尚未在不同光照条件下以及相对于光源的不同位置进行多次研究并发现真实形态之前，我绝对不会开始描绘。因为对于有些物体来说，分辨一个凸起和一处凹陷、一抹阴影和一块黑斑、一束反光和一片白色是异常困难的。"

胡克自己能够调节光线，而伽利略于1609~1610 年冬季观察的月球则是被太阳照亮的。太阳相当于胡克的灯，不过两者之间有一个关键区别：它是无法调节的。于是，为了弄

① *Micrographia*，出版于 1665 年，是英格兰皇家学会出版的首部重要书籍。

清月球表面的结构，伽利略只好利用自然规定的光照条件。他紧盯月球达数周之久，在此期间，它从不同角度受到太阳的照射。

如果太阳在满月时高踞于这颗卫星之上，所有阴影和轮廓差不多都会消失。在强光的冲击下，月球表面看上去几乎是无结构的。与此相对的是，太阳沿着阴影的边界即明暗界线升起或者落下。月球的山脉在这里投下相应长度的影子。

为了揭示月球的地貌，伽利略与在他之后的胡克采取了同一种方法。他观察并绘制处于不同相位的月球：镰刀状的（蛾眉月）和半圆的（弦月），渐盈与渐亏的，被日光照亮右侧或左侧的。凭借他从力学实验和一项艺术训练中得来的经验，他通过一系列时间顺序的连环画分析月球表面，记录下光与影的交错变幻。

其间，他发现，"前述小斑点的共同点在于，它们全都有一个发黑的、面朝太阳的部分；反过来，它们背对太阳的部分被如同映红的山脊的发亮边界所笼罩。"

伽利略把这一情况比作地球上的日出，"当

我们看到还没有光线注入的谷地时，周围背对太阳一侧的山峰却已经充盈着光辉。"就像地球上的这片山谷中的阴影会随着太阳升起而缩小，同样的情况也能在月球的小斑点处观察到。伽利略甚至认为可以根据投影计算出月球山脉的高度。他估计，那里的山峰比地球上的还要高。

月球上的大斑点的情形与小斑点不同。伽利略完全没法画出它们的轮廓。他以为，月球上的暗区域就像海洋一般平坦，其中既没有凹陷也没有凸起，"以至于，如果人们想要重拾毕达哥拉斯学派的古老观点，即月球相当于第二个地球的话，它的光亮部分就相当于陆地，较暗的部分则相当于水域"。

以艺术家的眼光

伽利略对其印象的文字描述有多么准确，他的绘图就有多么老练。尽管他每次只能透过望远镜看到月球表面的一部分，且各个片段必须像工业组装那样拼接成一个完整的形象，他还是以令人难忘的方式把他所认识的记录了下来。

2005年，一册此前不为人知的《星际信使》在纽约的一家旧书店里被发现。之后，艺术史家霍斯特·布雷德坎普[①]分析了伽利略的月球图像。它不含任何凿痕，而是颜料画。根据多位专家的鉴定结果，它们可能是原作。

布雷德坎普强调，伽利略极富立体感地呈现了千沟万壑的月球表面。"对我来说最不可思议的是，有些人在不具备这种绘图能力的情况下观察月球，但他们没有看见伽利略所看见的。这表明，在认知与绘制之间存在一种直接的条件关系。伽利略做到了看与画的双重认识。"

近代科学紧跟着文艺复兴时期的绘画及其新式的图像语言到来，这肯定不是巧合。正如伟大的莱昂纳多·达·芬奇，他在试图奠定作为科学的绘画的基础时，把他的艺术称为应用数学，并自称为数学家。

---

① Horst Bredekamp，1947年出生，德国艺术史家和图像学家，曾任教于汉堡大学、柏林洪堡大学等，主攻近代艺术。

中世纪的表现手法让我们感到十分陌生，而达·芬奇或拉斐尔[①]、凡·艾克[②]或丢勒[③]的画作在我们看来却如此熟悉。这也是因为透视法和几何学为绘画艺术打开了一扇原本紧闭的世界之窗。艺术家将他所看到的转译为一个由视线构成的系统。按照严格的几何学意义及借助技术辅助手段，这些视线被投射到图像平面上，并在那里组合成一幅图画。

不过，达·芬奇不只是想要记录下眼睛所看到的。他用图像解析人体肌肉的协同作用或者水的流动，拆解目标物体，放大单个片段，将不同的视角融入同一幅图画。绘图对他来说是一件认知工具。达·芬奇留下了数以万计的草图、解剖学和植物学绘图以及力学和流体动力学的系统性研究。

当伽利略在佛罗伦萨念书的时候，达·芬

---

① Raffaello Santi（1483~1520 年），生于乌尔比诺，与达·芬奇和米开朗琪罗并称"文艺复兴三杰"。
② Jan Van Eyck（1385~1441 年），尼德兰画家，尼德兰画派的奠基者，被誉为"油画之父"。
③ Albrecht Dürer（1471~1528 年），德意志画家和版画家，北方文艺复兴的代表人物。

奇的绘画技巧已经进入了教科书，他自己就非常熟悉透视法和投影法。作为学生，他在艺术学院的奥斯蒂略·里奇①处学习了数学，在那里掌握了后来将被他运用于月球绘图的技法。伽利略在佛罗伦萨被尊奉为艺术鉴赏家，他与多年的好友、当时的知名画家卢多维科·齐格里②一起讨论，并于1613年当选为佛罗伦萨绘画学院③院士。

绘图早就进入了医学和植物学领域的科学作品，伽利略把它也发展为天文学的一件认知工具。它在此同样迅速获得了普及。1640年代，比利时数学家米夏埃尔·弗洛伦·范·郎格

① Ostilio Ricci（1540~1603年），意大利数学家，担任过佛罗伦萨绘画学院教授和弗朗切斯科一世·德·美第奇的宫廷数学家。在他的建议下，伽利略的父亲文琴佐同意其子于1580年9月改学数学。除了教伽利略算数和几何以外，他也为包括瓦萨里在内的艺术家讲解过几何，特别是透视画法。

② Ludovico Cigoli（1559~1613年），意大利诗人、画家、雕塑家和建筑师，他在佛罗伦萨推广了巴洛克艺术风格。

③ Accademia delle Arti del Disegno，1563年由瓦萨里、布隆齐诺和阿曼纳提在科西莫一世大公支持下创立，系全世界最古老的艺术学院之一，1784年更名为佛罗伦萨美术学院。如今的学院及其美术馆享誉国际，镇馆之宝是米开朗琪罗的大卫像。

伦^①绘制了一幅绝妙的月球地图，紧接着但泽^②天文学家约翰内斯·赫维留^③出版了一部天文学著作，关于月球的图画在其中扮演了中心角色。

科学的图像

在伽利略用望远镜观测之前，天文学曾经是一门几乎与图像无关的科学。除了偶尔掠过的彗星以外，没有什么需要画下来。夜空由许多微小的星点组成。人们虽然可以将它们分成充满想象力的星座，以便更好地定位，但这并不是科学的任务。天文学家将自己的职责局限在用表格和图记录下星辰的周期性运动。

这与当今的天文学是多么迥异！参观一家现代天文研究所犹如一场感官体验。科学家把他们的工作室和走道布置得如同画廊，展示着

---

① Michael Florent van Langren（1598~1675 年），尼德兰数学家、天文学家和工程师。

② 今波兰格但斯克，位于维斯瓦河入海口，波罗的海沿岸重要的工商业中心。历史上是汉萨同盟成员，在波兰和德意志之间几易其手。

③ Johannes Hevelius（1611~1687 年），但泽市长和天文学家，英格兰皇家学会成员。月面学创始人，有星图传世，其中 10 个新命名的星座沿用至今。

旋涡星系或棒旋星系的前沿照片、太阳最新爆发的场景、土星环或者火星地貌的绚丽影像。譬如，一系列不同年龄的星系的照片启发人们思考，遥远的银河在数十亿年间将会如何演化，小型恒星系统又如何结合成庞大的星系。

欣赏行星家族的影集同样令人难忘。火星的立体照片提供了关于与我们相邻行星的地质发展史。就算是外行，也能够立刻借助这些图片看出火星和地球的相似性：那里有大峡谷，就像在亚利桑那州，有沙漠，就像在非洲，有冰雪，就像在极地，还有火山，就像——不，在地球上找不到像在火星上那么巨大的盾形火山。22000 米高的奥林帕斯山①巍峨高峙，其巨大的破火山口则可以装得下整条柏林环城高速公路。

为了满足不断取得对宇宙的新影像和新认识的愿望，空间探测器如"火星快车"号②和太空望远镜如"哈勃"等被送上征途。在认知的

---

① 火星表面最高的火山，也是太阳系已知最大的火山，坡度极缓，宽约 600 千米，占地约 30 万平方千米。

② Mars Express，欧洲航天局首个火星探测卫星，2003 年 6 月 2 日发射升空，12 月 25 日到达火星轨道。

边界尚未向外扩展得足够远的地方，最后必须由计算机模拟程序代为制作虚拟图片，后者提供了大量信息，通常也能被外行人士接受。

就算伽利略的《星际信使》是用拉丁文撰写的，非专业人员应该也可以看懂它。因此，作为证据的图画具有特殊的意义。这位天生的佛罗伦萨人描绘了在不同相位所看到的月球表面，还将星团、星云和银河的片段定格在纸面上。

解释月球上的斑点是他的一项棘手的工作。他通过反复观察、绘制和思考才认识到多山的结构。其间，他首先尝试借助地球上的已知现象论证月球与地球的相似性，接着又反过来，揭示地球是一个如月球般的天体。

地球也受到太阳的照耀，它所反射的一部分太阳光又落在月球上。通过这一间接照射，月球的暗面获得少许光线。在地球居民看来，它微微透出灰白和苍白色，达·芬奇已经描述过这一现象。

伽利略没有在这场光影互动中耽搁太久。

他计划为此写一篇详细的论文，以便向那些人展示更多证据——他们"声称，必须使地球与众星的圆圈舞保持距离，主要是因为地球既不运动也不发光。但我们将会证明，并用无数自然法则确证……它实际上在运动，而且比月球更亮"。

这部作品——它的标题甚至已被他公布——让人等待了22年。约翰内斯·开普勒将再也无法读到，伽利略是怎样在他的《关于两大世界体系的对话》①中表态支持哥白尼的世界观的。不过，他亲历了具有划时代意义的《星际信使》，它极为惊人地发现了一个不可见的现实，也使天文学被划分为望远镜之前的时代和望远镜之后的时代。

缩小版行星系统

"最最令人惊奇的是，"伽利略写道，"以及首先使我们给所有天文学家和哲学家上了一课

---

① 全称为《关于托勒密和哥白尼两大世界体系的对话》（*Dialogo sopra i due massimi sistemi del mondo, tolemaico e copernicano*），1632年出版，用意大利文写就。

的是，我们发现了四颗前人全然不知且从未观察过的行星。"这四个新天体比月球上的山脉更有力地标志着由望远镜开启的重大转变。伽利略把这四颗卫星献给托斯卡纳大公，将它们称为"美第奇星"。

这个组合是一个极好的模型系统。伽利略成功证明了，这四个天体围绕木星运动，就像月球围绕地球运动。可是，这意味着不是所有星体都在绕地球转动，故而地球并非无可争辩的世界中心。宇宙至少还存在另一个中心。

为了佐证这一论断，伽利略再次开始有计划的行动。他连续几个星期记录下新发现的卫星的位置。由于它们看上去只是木星近旁的小点，在此就不需要任何绘画技巧。令人惊讶的主要是伽利略发现木星卫星的速度之快。他又一次将他的全部注意力集中到一个恼人但乍看起来无关紧要的细节上。他自己描述了此事的过程。

"当我在今年，即1610年的1月7日夜晚开始后的第一个小时，透过望远镜观察天上的星星时，木星出现在我的眼前；又因为我给自己制作了一件出色的仪器，我发觉（由于其他设备的性能较差，之前从未遇到这种情况）它的附近存在着三颗虽然很小但很亮的星体。"他看见其中两颗位于木星东侧，另一颗位于该行星西侧。

虽然他在这个月尚未计划将此事钻研到底，但明亮的星星使他感到惊异，"因为它们看上去刚好位于一条与黄道平行的直线上，而且比其他同样大小的星辰更加闪亮"。

当天，他给安东尼奥·德·美第奇[①]写了一封信。他在信中详细介绍了月球上的山脉，提到这天晚上在木星附近发现的、由于太小而无法用肉眼看见的三颗恒星[②]，只不过是以旁注的形式。

反之，他喋喋不休地诉说着他的仪器的喜怒无常：透镜必须反复用布清洁，还得防止被呼吸污染，镜筒必须始终平稳地端举，免得对准的目标从眼前消失。"应该把望远镜安装在一

---

① Antonio de'Medici（1576~1621 年），弗朗切斯科一世之子，1594 年加入马耳他骑士团，曾赴匈牙利与奥斯曼土耳其作战，之后在意大利多个邦国担任使节。

② 伽利略误以为那三颗卫星是恒星。

个固定的基座上，排除由血管运动和呼吸所引起的手部抖动的干扰。"

第二天，再次用望远镜进行观测就已经令他感到疑惑。"我不知道是出于何种机缘，可是当我在 8 日重新进行同一项研究时，我发现了一种完全不同的次序。三颗小星均位于木星的西侧，彼此较前一天晚上更加接近。"

伽利略停了下来。他开始怀疑。对于这番罕见的变化，是否存在一种令人信服的解释？可能是木星在此期间超越了这些星体。可如此一来，这颗行星的运行就将与星表所记录的不同。

"于是，我焦急地等待第二天晚上的到来。"那是个阴天。木星在 1 月 10 日才重新出现。这次，它的身旁只剩下两颗小星。"我猜想，第三颗是被木星遮住了。"

他在这个夜晚领悟到，运动的并不是木星。"怀疑转变成惊讶，而我现在知道，所发生的变化不是由木星，而是由前述的星体引起的。"

勤奋的夜间工作就这样开始了。从 1 月

7日到3月2日，除了少数几次因为天气糟糕而无奈中断以外，他夜复一夜地坐在他的那部1~1.5米长的望远镜前。伽利略不是在社交活动中度过那些夜晚，而是在黄昏到来前就返回家中。他的学生几乎已经没有机会同他攀谈。

他再次认真制作了时间序列。在帕多瓦的豪宅里，他借助烛光把变动不居的对象的状态、它们的距离和大致的亮度绘制在纸上，登记在小型图表中。"另外，我还注明了观测的具体时间，特别是当我在同一晚进行了多次观测的话；因为这些行星的转动是如此迅速，以至于人们通常在每个小时都能觉察到不同。"

1月13日，他首次看到那4个天体与木星处在一条直线上。因为它们一次次地消失在大行星背后，它们的数量在不断变化。木星被一层厚厚的云雾包裹着，伽利略猜想。他在总共65幅草图中记录了他直至作品最终付印时所观察到的事物。接下来是一番简短而精辟的分析。

根据前述，没有人能够怀疑那四颗卫星围绕着木星运转。它们沿着不同的圆周运动，因为如果它们距离木星太近的话，就会被紧紧压在一起。相反，人们从未发现其中的任何两颗在距离木星较远时彼此贴近。此外还可以想象，在较近轨道上环绕木星的卫星会运动得更快，而拥有较大轨道的卫星需要半个月才能绕行一周。他对于公转周期不是十分确定。因此，他号召"所有天文学家参与研究和确定它们的运转情况"。

根据对他的观测情况的详细记载，伽利略在其科学生涯中首次公开支持哥白尼的理论。他表示，自己如今掌握了一项绝妙的证据，可以用来驳倒那些虽然还能够忍受哥白尼体系中的行星绕日公转，"但对于唯有月球围绕地球转动且两者共同以年为单位绕日转动的想法如此愤怒，以至于坚持将这样的宇宙结构斥为不可能的人"的任何保留意见。现在我们就感知到四颗星体，它们像月球绕着地球一般围绕木星运动，并共同沿着一个大圆以12年为周期绕日运转。

他没有敢再进一步。由于他还缺少证据，为哥白尼宇宙观进行的决定性辩护暂时没有到来。他不希望自己因为猜想而受到指摘。所做出的发现必须要自圆其说。

夜晚为什么会变暗？

开普勒与科学的伟大时刻

鲁道夫二世在他的布拉格城堡里筑起了防御工事。他十分痛苦，对觊觎自己王冠的兄弟马蒂亚斯满怀怨恨。这场兄弟阋墙的真正赢家——波希米亚贵族们在城堡区和伏尔塔瓦河的小城[1]一侧提高了自己的地位。

城堡里的皇帝如同被困在陷阱之中。他有时思考是否应该逃走。或者他应该抗争？其雄心勃勃的堂兄弟、帕绍主教利奥波德大

---

[1] 布拉格小城位于伏尔塔瓦河西侧和城堡区下方，曾经是贵族和富人聚居地，与对岸的布拉格老城风格迥异。

公①鼓励他这么做。后者恨不得立刻将布拉格和整个波希米亚重新天主教化，然后为自己戴上皇冠。利奥波德开始召集一支军队，而皇帝却没有勇气做出政治抉择。

托斯卡纳的一个高级别使团于 1609 年在布拉格逗留，其代表把皇宫里的景象描述得令人伤感。思想混乱和病态的忧郁使皇帝越来越倾向于独处。他把自己禁闭在城堡里，就像监狱里的囚徒，丹尼尔·埃勒米塔②如此描述鲁道夫二世给代表团留下的印象。皇帝不理国政，而是在画家的工作室和炼金术士的试验场里无所事事地游荡。他摧毁了其原先统治的全部根基。

人们将他称为"沉默者鲁道夫"，这不是没有理由的。即使是与他最亲密之人，也无从得知其头脑中的想法。他独自坐在桌前，紧张兮兮，无法忍受吵闹。有时，他会做些雕刻，听听室内乐，斥资购买昂贵的图画和书籍，收藏

---

① Erzherzog Leopold V（1586~1632 年），奥地利大公查理二世次子，皇帝斐迪南二世之弟，曾担任帕绍主教、斯特拉斯堡主教、蒂罗尔和前地摄政。他支持鲁道夫二世对抗马蒂亚斯，但更多是帮倒忙。
② Daniel Eremita，托斯卡纳使团成员。

犀牛角、异域动物的胃结石、护身符和雕花宝石。皇帝相信石头的星辰之力和天上的征兆，他宁可征求占星师的意见，也不愿咨询西班牙大使和其他高级别政客。

开普勒认为自己负有保护他不受预言家和巫师蛊惑的责任。"如果一个狡猾的占星家想要玩弄人们的轻信的话，占星术就会给君王们带来巨大的伤害，"他在给皇帝的一名亲信的信中写道，"我必须努力让我们的皇帝避免这一点。他很容易上当。"

开普勒本人就是宫中最受欢迎的占星师之一。与他的同事经常做出耸人听闻的预言相比，其经过深思熟虑的预测显得颇为不同。各方人士都请求他占卜，比如将在三十年战争中名声大噪的统帅阿尔布雷希特·冯·瓦伦斯坦 ①。开普勒准确地刻画了后者的矛盾性格。

---

① Albrecht von Wallenstein（1583~1634 年），波希米亚军事家，曾担任皇帝马蒂亚斯的侍从，在三十年战争中参与镇压波希米亚起义，在蒂利伯爵死后作为帝国元帅战胜丹麦，之后在诸侯的压力下被解职。复出后力挽狂澜，遏制住瑞典的攻势，但最后因与皇帝斐迪南二世理念不合、涉嫌拥兵自重而被诛杀。

占星预测是一桩棘手的买卖，伽利略就曾于1609年1月伤到了自身。他为托斯卡纳大公进行的一次占卜出现了很大偏差，以致他第一次在美第奇家族的宫廷里失宠了。

最后，当皇位争夺者马蒂亚斯的追随者希望从开普勒那里获知天意时，他也陷入了麻烦的境地。他故意向他们提供了虚假的信息：他对皇帝的一名顾问介绍说，尽管存在对皇帝不利的征象，他还是预测其将会长寿。

他批评许多宫廷星相家行事不负责任和自我表现成瘾。"我认为，"开普勒表示，"占星术不但必须出自评议会，而且需要由那些如今尽力为皇帝出谋划策的人做出；必须使它彻底远离皇帝的视野。"

镜片背后的世界

鲁道夫二世对所有哪怕只与星相学有一丝关联的事物感兴趣。此外，他还沉迷于光学现象，搜集了能够放大或缩小物体的水晶球、透镜、拱形的玻璃镜和水晶石。皇家艺术收藏室占据了四个房间，藏品丰富，还被用于科研和炼金术实验。其中一件精美的藏品是一面直径达 1.9 米的镜子，它被放置在 2.5 米高的支架上。

他的艺术馆里当然不能缺少发明于佛兰德斯的望远镜。通过多位中间商，鲁道夫二世辗转购置了各种最新版本的放大仪器。出自 1611 年的目录列出了 18 种不同的望远镜，其中许多来自威尼斯。

如果可以相信开普勒的说法，皇帝早在 1610 年 1 月就已将一部原始的望远镜对准了天空——那正是伽利略在帕多瓦用望远镜观察月球并完成其对月球表面的奇妙绘图的时候。开普勒并未十分严肃地看待此事。他没有继续关注这根小小的镜筒。他能用这件玩具做些什么？这位天生近视的天文学家对于放大两倍或三倍不抱什么期待。不同于伽利略，他一开始没有看到这项发明的潜力。

相反，他的陛下——皇帝鲁道夫二世则表现得很兴奋：他相信月球上的斑点反映着地球的面貌。开普勒记道。皇帝"执意认为，地球上的景象和大陆被月亮反射，就像被镜子反射一样。他特别提到，他仿佛看见意大利及其两个相邻岛屿的样子被映照出来"。

在开普勒的眼里，这只是他在古典文献中所熟悉的胡思乱想。如果真的如此，当月球在空中运行的时候，镜子画面肯定要发生变化。可是，月球始终向地球居民展示着同一副面孔。

有时，皇帝对天文学的兴趣与其说让开普勒感到高兴，不如说令他不安。忧伤的统治者忙于观察星辰，而将紧急的帝国事务抛诸脑后。为了调解兄弟纷争，西班牙人建议在布拉格召集一场信仰天主教的帝国诸侯和大公们的会议。原因是帝国西部的小公国于利希－贝格①爆发了继承权之争。在这一事件中，德意志新教徒与法国国王亨利四世②结成联盟，后者调集了一支强有力的军队。

鲁道夫二世不确定，在布拉格召集一场这样的会议是否对他有利。他虽然希望能够在此

① Jülich-Berg，位于今德国北莱茵－威斯特法伦州，是由于利希公国（首府为于利希）、贝格公国（首府为杜塞尔多夫）和拉文斯贝格伯国（首府为比勒菲尔德）组成的共主邦联，存在于1423~1795年。

② 1553~1610年，1572年继任纳瓦拉国王，1589年成为法国国王并开创波旁王朝，1598年颁布宗教宽容的"南特敕令"，结束了胡格诺战争。

事中把诸侯拉到自己一边，使他们反对他的兄弟马蒂亚斯，但就在 1610 年 1 月发出邀请之后不久，犹豫不决的皇帝又打算取消这场谈判。

开普勒对未来忧心忡忡。他已经多次向符腾堡公爵和他的图宾根母校求助，希冀在那里获得一个更稳定的岗位，但没有结果。他又指望在维滕贝格大学谋得一个教职，却同样徒劳无功。

整个冬季，他都在期待关于他的《新天文学》的任何回音。同行们会对他的天体物理学做何反应？他们会如何评价能够如此精确地描述火星运转的椭圆轨道？

期待中的反响没有出现。反倒是乔瓦尼·安东尼奥·马吉尼①寄来了两封可笑的信！这位博洛尼亚的天文学家完全没有讨论行星定律，而是揪住一个愚蠢的计算错误不放。

对于如何回信，开普勒深感纠结。他愿意

---

① Giovanni Antonio Magini（1555~1617 年），意大利天文学家、数学家和制图学家，博洛尼亚大学教授，由于坚持亚里士多德的学说而成为伽利略的劲敌。

将马吉尼争取为合作伙伴，因为他打算出版一部尽量可靠的天文数据汇编，后者应包含过去和未来 60 年间的星辰方位——这项计划是他无法独自完成的。

最后，他决定向博洛尼亚的同事求助。他在寄往意大利的信中写道，他已经以火星为起点开始了工作。"如果我坚持下去而不感到厌倦，我就能够在六七个小时之内写出火星一年的星历表……我们是否有可能建立一个稳定和充满信任的合作关系……？基于我们两人所享有的名声，这将使该书更容易销售，并将促进这项事业本身。"

开普勒也邀请受到皇帝欣赏的教授赴布拉格进行一次科研访问，但他无法向后者提供经济方面的保障。鉴于鲁道夫二世的艰难形势，他自己在宫里的地位已经比以往任何时候都更不稳定。

年初，由于被拖欠工资，皇宫的全体仆役在宫中庭院里抗议和辱骂司库。开普勒自己不得不将他的《新天文学》全数变卖。因为皇帝没有支付他的薪水，他一次也未能向数学同行邮寄赠阅本。"由于他让我忍饥挨饿，我感到不得不把所有（书）无一例外地卖给出版商。"可想而知，马吉尼在这样的情况下委婉地拒绝了。

难以掌握的新消息

1610 年 3 月中旬，正当开普勒在布拉格的职业前景显得一片悲凉的时候，他被像野火一般在学术圈传开的消息所震惊：据说，伽利略在帕多瓦用望远镜观察了夜空，他借助抛光的镜片发现了四颗迄今未知的行星①。

新消息使他从冬眠中惊醒。当途经此地的友人瓦克海尔·冯·瓦肯费尔斯告知他此事时，开普勒感到如此困惑，以至有一瞬间几乎无法站稳。忽然间，他开始怀疑自己在天空中所看到的一切，以及就此进行的全部思考和著述。

新行星是怎么回事？而且一下子就是四颗？他的全部紧张情绪在他写给伽利略的一封长信的开头所描述的一阵不由自主的笑声中爆发

---

① 实际上是四颗卫星，但古人以为所有天体都围绕地球运动，仅分为恒星和行星，而没有卫星的概念。

出来：

"我已经无所事事地在家里闲坐了很久，心里始终只想着您和您的一封来信——无与伦比的伽利略啊！在已经结束的交易会上，我公开出版了一本书……它是多年工作的成果。自从我仿佛在最艰巨的征程中获得了足够的声望以来，我暂时放下了研究工作。我认为，必须和众人之中最有才华的伽利略就我公布的新式天文学或天体物理学进行书面思想交流，并恢复始于12年前却已中断的通信往来。

完全出乎意料的是，有信使在3月15日前后给德意志带来消息说，我的朋友伽利略不是在讲授他人的课本，而是在从事一项内容极不寻常的工作，即（略去他的小册子里的其他章节）关于四颗至今未知、通过使用两枚透镜发现的行星。当皇帝陛下的参事和皇家高级侍从的报告人约翰·马泰奥斯·瓦克海尔·冯·瓦肯费尔斯先生阁下在我家门前下车并向我宣布这个消息时，我仔细揣摩自己听到的难以置信之事而受到如此冲击，感到如此心潮澎湃（完全令人意外的是，我们之间存有争议的一个老问题有了结果），以至他出于喜悦而滔滔不绝，我出于羞赧而不厌其详，并且我们都在对该消息的不知所措之中大笑起来。"

对这一幕的描绘反映了开普勒的激动不已。瓦克海尔在家门和马车之间告诉了他这个震撼人心的消息，而在他获知任何细节之前，开普勒已经切身体会到这一历史性瞬间的重大意义。

他笑了。他笑着，仿佛他此刻就站在自己身边，以他人的视角审视自己和自己的处境：如果伽利略是对的，他的双眼就一直在欺骗他。它们只向他展示了真相的一个小片段，而真相要比它广袤得多。还有，这不仅对于他是这样，对于已有几千年传统的天文学的每一位先驱皆是如此，无论他是喜帕恰斯 ①、托勒密、哥白尼还是第谷·布拉赫。如果伽利略是对的，那么就存在一个人类感官之外的世界，而且从现在起需要一件由透镜组成的仪器，才能够窥探"造物主的无尽宝藏"。

---

① 前 190~ 前 125 年，古希腊天文学家和数学家。他曾编制包含 1022 颗恒星的星表，发现了岁差，提出了托勒密定理。

开普勒首先必须探测出这些想法的实际后果。他在别的地方还提到，一股"强烈的不安"向他袭来。他与其子弗雷德里希的教父瓦克海尔一道，让自己的感觉自由驰骋。

四颗新行星？开普勒寻思，是否可能如此大幅"增加行星的数量，而不对我在13年前出版的《宇宙的奥秘》（*Mysterium Cosmographicum*）造成损害"。特别是，这篇关于宇宙的构造、行星到太阳的距离以及它们运动的原因的早期作品如今可能会被证明是错误的。

不确定性令他痛苦。伽利略看到的是怎样的天体？它们只是已知行星的小跟班吗？抑或是它们围绕遥远的恒星运动？至少瓦克海尔支持第二种观点，开普勒在向伽利略做介绍时，把他称为乔尔丹诺·布鲁诺①——也就是那位10年前在罗马被当作异端烧死的云游僧侣——的宇宙观的拥护者——这对于改信天主教的宫廷参事来说有些

---

① Giordano Bruno（1548~1600年），意大利哲学家、数学家和诗人，多明我会修士，神秘主义者。他相信宇宙是无限的，存在着其他恒星系统和地外生命。他之所以被宗教裁判所处以火刑，不但是因为他支持日心说，而且是因为他宣扬泛神论和猛烈批判教会。

敏感①。如果那几颗行星果真围绕恒星运转，"又有什么能阻止我们相信，之后还将发现不计其数的行星，以及我们这个世界本身将会是无穷无尽的……或者存在无数与我们的世界相似的其他世界"。忽然间，一切看似皆有可能。

"既然我们现在被赋予了希望，在我们热切期盼着伽利略的大作期间，我和他的观点即分别是这样。"

三个星期过去了，他们才了解到更准确的情况。最先收到样书的或许是皇帝，他准许他的数学家简短浏览《星际信使》，并要求他迅速做出评价。开普勒只好非常匆忙地扫视了这部"最为稀有的奇迹之作"。他在阅读之后拜访了瓦克海尔，向他介绍关于月球山脉和围绕木星运转的四颗卫星的更多信息。"当我没有带着书去找他，却不得不向他承认我已经读过时，发生了嫉妒和争吵。"

致天上的哥伦布

4月8日，托斯卡纳驻布拉格使节朱利亚

---

① 瓦克海尔·冯·瓦肯费尔斯于1592年改信天主教。

诺·德·美第奇①让开普勒送给他一本样书,并邀请他来访。当数学家前往美第奇在布拉格的分部做客时,大使向他宣读了一则来自帕多瓦的私人消息:伽利略要求开普勒向其坦白他对《星际信使》的看法。

意大利人不需要为此请求两次!"有谁会对这样的消息保持沉默呢?"开普勒迫不及待地想要与伽利略交流思想,后者早在 12 年前就告诉他,自己也青睐哥白尼的宇宙观。虽然他手边没有可用于检验《星际信使》所列举的发现的望远镜,但为了避免显得未加思考,开普勒立刻决定相信,伽利略推开了一扇通向天宇的新窗户。

他把伽利略称为学识渊博的数学家,他的风格已经表明了判断的正确性。开普勒,他应该"拒绝承认佛罗伦萨的城市新贵所看到的事物的可信度吗?对方洞察敏锐,还装备了加强

---

① Giuliano de'Medici(1574~1636 年),出身美第奇家族旁支。1609~1618 年担任教廷驻布拉格大使,其间成为开普勒的好友并帮助他与伽利略通信。1620 年起担任比萨大主教。勿与洛伦佐·德·美第奇的弟弟朱利亚诺(1453~1478 年)混淆。

视觉的仪器，而我自己视力不佳，又没有这样的辅助工具而使用裸眼？我不该相信那个邀请我们所有人观看同一个奇迹的人吗？……或者，通过早早公布真实的行星，愚弄埃特鲁里亚①的大公家族，并用美第奇的名号装点他的荒诞想法，对他来说可能只是小事一桩？"

在开普勒看来，伽利略的出身和美第奇的名号已经为前者认真负责的观测做出了担保。这不太符合衡量科学出版物所应依据的标准。尽管如此，他对《星际信使》的反馈并不表明他有时也会轻信。

开普勒懂得如何恰当地共同思考。他拥有体会他人的经验、抛弃自己的思维模式以及在必要时拒绝热门观点的才能。很快，他就建立起对这件新仪器的信任。他在几乎不了解伽利略如何使用"两片透镜"的情况下，就表现得仿佛他自己想出了它的构造似的。要是他过去就能像现在看得这般清楚，那该多好！

"一部望远镜如此强大，这种想法让许多

---

① 古代亚平宁半岛中北部的民族，拥有独特的语言和文化，后被罗马人征服和同化，此处指托斯卡纳。

人觉得不可思议，"他告诉伽利略，"但是它既不是不可能，也不是新事物。"他提到被误认为是早期发明者的詹巴蒂斯塔·德拉·波尔塔[①]，并详细引述了他对水晶透镜作用的观点。他还向伽利略指出了自己对眼镜片和透镜的研究，他在六年前把它整理在《天文学的光学部分》（*Astronomia Pars Optica*）这本小书里，后者是光学理论领域的一部权威作品。

开普勒猜想，望远镜的构造是某一位勤奋的手工匠偶然发现的。"我这么说，不是想贬抑具有发明才智的机械工匠的名誉，无论他可能是谁。我深知，在纯粹理性的思考与看得见的实验之间、托勒密关于对跖点[②]的讨论与哥伦布发现新世界之间的差别有多大，广泛传播的双透镜管筒和伽利略——你的甚至能够用来穿透天空的艺术品之间的差别就有多大。"

---

① Giambattista della Porta（1535~1615 年），意大利博学家。1560 年，他在那不勒斯创立了欧洲最早的科学社团"秘密学会"（Accademia dei Segreti），但该学会涉嫌从事神秘主义活动而受到教廷调查，1580 年解散。1610 年，波尔塔加入猞猁学会。著有《自然魔法》，主张通过推理和实验揭示万物的隐秘关联。

② 球体同一直径的两个端点，即球面上相距最远的两点。

到目前为止，他自己几乎没有注意到这根装有两片透镜的管筒，如今他毫不掩饰地谈起自己的疏忽。对于看似密不透风和颜色发蓝的大气以及组成天空的真实物质，他抱有完全错误的认识。

"但如今，巧夺天工的伽利略，我赞美你孜孜不倦的努力，它配得上这般赞美。你冲破了所有阻碍，一往无前，让你的双眼加以检验，又——因为真理的太阳经由你的发现而升起——将所有不确定性的鬼魅和它们的夜母一齐驱散，并通过事实说明（人）能够缔造怎样的伟业。面对你的有力证据，我承认组成天空的物质精妙得令人难以置信。"

在这封信接下来的几段话里，开普勒展示了他在光学领域积累的知识。当他开始谈论望远镜的工作原理时，他表现得驾轻就熟。尽管他至今没有机会仔细考察伽利略的工具，他还是详细阐述了在他看来制作透镜时需要注意什么。他在缺少直观认识的情况下仍然明白，一片在球形外壳中抛光的球状透镜无法将所有光线汇聚到同一个焦点上。从边缘处进入的光线将被这样的物镜以更大的角度折射，故而图像会有些模糊。开普勒建议使用由多个透镜组成的系统，或使用一枚双曲平面的透镜作为替代。不过，他具有指导意义的想法暂时不具备可操作性。对于眼镜制造者来说，将球状透镜精准抛光并使之可用于望远镜，已经是一项相当大的挑战了。

开普勒写的越多，就越发流露出他寄予这件仪器的厚望。"我应该告诉你，我在想什么吗？我期望自己能在观察月食的时候用上你的仪器。"不过，发明者目前还牢牢掌控着他的望远镜，维护着他做出更多发现的权利。于是，御用数学家别无选择，只能通过道听途说了解伽利略穿过透镜看到了什么。

新的思想之海

首先是月亮——开普勒在他的梦里为之付出最多并因此怀有特殊兴趣的月亮。通过伽利略的观测，他认为自己的猜测已得到证实，即月球上也有高山和深谷。他对伽利略接连数夜仔细观察（月球上的）投影和光斑表达了应有的敬意。

"你细致入微地考察了月球上早已为人所知的斑点，我对此该说些什么呢？"他坦率承认自己得出过错误的结论。的确，他不同意普鲁塔克认为月球上的暗斑是海洋、亮处则是陆地的观点。但是，"如果你以数学为依据，用清晰和无可辩驳的结论支持普鲁塔克而反对我的话"，他此前表达过的观点现在"完全不"妨碍他"倾听你的意见"。伽利略凭借他的观测和论证使他"彻底信服"。

他再次纠正了一项坚持至今的观点。他无惧于承认"我搞错了"或者"我不知道！"开普勒是一位求索者，并作为求索者以特别的方式体现了近代科学的活力之源：对无法达到绝对确定的觉悟。科学研究不是为了追求终极真理，而是对既有判断刨根问底和借助通行方法检验各种假设。这是一个开放的过程，月面的例子有助于理解这一点。

月球不是自行发光，而是接受太阳光并将其反射回去。亚里士多德将月球视为形状完美

的球体，将它的斑点归因于月球的组成是以太 ①
和空气的混合物。相反，普鲁塔克代表少数人
的观点，即夜空中的月亮与地球一样，也是由
陆地和海洋构成的。

1500 年之后，伽利略和开普勒以全新的眼
光阅读普鲁塔克的《论月面》，原因是对地球的
认识已经发生了变化。人们几千年来一直相信，
未经探索的另一个半球只不过是汪洋大海，而
如今增加了南北美洲这样巨大的陆地。伽利略
和开普勒猜想，具有大理石纹路的月球之上有
着大陆和海洋，这正是对由陆域和水域组成的
地球的直接类比。

今人已经知道，月球上不存在海洋。在
地球上的我们看来较暗的、如今仍被我们称作
"月海"的部分，其实是巨大的盆地，它们可能
在数十亿年前就已经充满了岩浆。它们由深色
的玄武岩组成，而较亮的区域则覆盖着玻璃般

① 哲学史和科学史上的想象物质。亚里士多德认为，月
上世界是由不同于水、火、土、气的第五元素——以太
构成的，它没有质量，天然做圆周运动。近代科学家
认为，以太是一种无所不在的物质，是传递力的作用
或传播光波的媒介，直到 20 世纪才被主流学界视为不
存在。

的硅酸盐岩石。它们共同赋予了月球一副生动的面容，伽利略试图借助观测揭开它的秘密。

伽利略在月球上较亮的区域发现了许多圆形的洼地，开普勒对它们感到惊讶。"你将它们与我们地球上的山谷相比，我也承认存在这样近似圆形的谷地，特别是在施泰尔马克①……不过既然你补充说，这些斑点的数量如此众多，以至于它们使得月球较亮的部分仿佛是一条被划分成各式各样如眼睛一般的镜子的孔雀尾巴，那么就不禁让人猜测，月球上的这些斑点是否另有他意。"

不满足于伽利略所做的比喻，这就是典型的开普勒。他的好奇心驱使他继续探索。他想要知道这些罕见现象的原因，却只能推测众多圆形凹陷的起源："我可以说出（我的）猜测吗，即月球就像一块周围布满无数硕大孔隙的浮石？"

---

① 位于今奥地利东南部，1180 年被神圣罗马帝国皇帝擢升为公国，先后属于巴本堡家族和哈布斯堡家族，一战后成为奥地利的联邦州，首府是格拉茨。

在尝试了这些至少符合物理学的解释之后，开普勒提出一个更具独创性的论点：这甚至有可能是人造建筑，是月球居民挖成的巨大土墙，比如说是用来降低平面和寻找水源的。他们"通过躲在高筑的土墙的阴影里并……随着太阳的运动沿着阴影迁徙"，这些高墙能够保护他们在月球如此漫长的白昼中躲避无法忍受的炙烤。

开普勒的想象力极其丰富，但就此事来说则完全是在暗中摸索。还得经过好几个世纪才能解释它。存续时间最长的观点是，月球上的无数环形山都是火山。直到 1964 年，美国的空间探测器首次向地球发回月球的近景照片，才得以看见月球表面遍布着无数圆坑。不同规模的环形山密密麻麻地排列着：直径范围从 100 千米、100 米到只有 100 厘米——真正的坑坑洼洼。在漫长的岁月里，来自宇宙空间的陨石高速坠落，把没有大气保护的月球表面砸得千疮百孔。太阳系里的这番混乱场景是开普勒、伽利略以及他们身后许多世代的天文学家都无法想象的。

夜晚为什么会变暗？

伽利略和开普勒开始勘探一片完全未知的地域。在划时代的发现之后，御用数学家看到"所有真正哲学的爱好者都被号召起来进行重要推测"。他想要推动一场关于最新观测的广泛讨论，以便将科学从"亚里士多德狭隘的惯常樊篱"中解放出来。

当他面对星空时，他的意图就变得格外清晰。伽利略发现了一群难以想象的、肉眼不可见的星星，它们即使在显著放大之后也仅显现为小点儿，而行星则是小圆盘。这在伽利略看来是次要的，但开普勒认为值得详加考察。

"伽利略，我们应该从中得出一个怎样不同的结论，恒星从内部放出光芒，而致密的行星只能呈现其外表。如果用布鲁诺的话来说，这就意味着：那些是太阳，这些是月亮或地球。"

区分自发光的恒星或太阳和只在外部获得照射的行星和卫星将成为现代天体物理学的基础。开普勒合乎逻辑地坚持这一区别，并提醒伽利略关注一个科学家直到不久前仍在研究却始终难以回答的问题：尽管存在那么多颗恒星，为什么夜空仍是黑暗的？

这个问题终究需要得到解答！对开普勒来说，这就像一次思想拼图。他在脑海中将天上的众多小星——伽利略认为有超过一万颗——拼成一个圆盘，并得出结论说，那个圆盘肯定至少有日轮那么大。

如果事实如此，那么它们加起来难道不应该达到太阳的亮度吗？如此，夜晚不也应该光明如白昼吗？或者是星辰的光亮由于某种原因在半路上丢失了？"也许是空间中的以太使它们变暗了？绝不可能，因为我们看见它们在闪烁，还具有不同的形状和颜色。假如以太的密度构成某种障碍的话，就不会是这种情况了。"

开普勒解决这个悖论的办法是重新赋予太阳独一无二的地位。他从一番联想中得出结论说："我们的太阳远比所有恒星加起来更亮，其比例不可估量，所以我们这个世界不是无穷多的同类群体中的任意一个。"他无法想象一个无垠的宇宙。他的论证意在批评乔尔丹诺·布鲁诺，后者相信宇宙没有开始和终结，不相信创世和末日审判。

一段诙谐的题外话

最后，开普勒在他的信里说起四颗新发现的天体，它们在全部发现中引起了最多的关注。木星这颗行星有四个同伴，"从世界伊始到我们的时代，它们还从未被发现"，伽利略在《星际信使》中写道。

读到这些使开普勒"感到狂喜"。他原先担心宇宙可能大得无边无际，这似乎是没有根据的。"假如你发现这些行星围绕着转动的是某一颗恒星，我就将面对布鲁诺的无穷数量所准备的镣铐和监牢，或者更准确地说，被放逐到那个无垠的空间。"

然而，木星的四颗卫星能够完美地嵌入他对世界结构的设想。当地球和所有其他行星一样围绕着太阳转动的时候，为什么只允许它拥有同伴？御用数学家认为还容得下更多卫星，"火星和金星的卫星，如果你有朝一日发现它们的话"。

除此之外，接下来还会有哪些发现？从所有恒星都是太阳的假设出发，开普勒思考布鲁诺所说的多重宇宙是否仍有可能。还没有人看到过围绕其他太阳运行的行星。"这个问题将会悬而不决，直到一位观测极其精密之人做出这项发现——当然，按照某些人的判断，你的成功向我们预示了它的到来。"

这个疑问一直保留到 20 世纪末。直到 1995 年，米歇尔·马约尔[①]和迪迪埃·奎洛兹[②]才首次在一个遥远的恒星系统中证实了行星的存在[③]。

开普勒书信的结尾说明，伽利略的发现让他的想象力飘向了多么遥远的未来。在伽利略阐释了月球与地球的亲缘关系之后，开普勒忍不住思考："拥有居民的不只是月球，还有木星……如果能有一个传授飞行技术的人，那么我们人类将不会缺少殖民者。过去谁会相信，

---

① Michel Mayor，生于 1942 年，瑞士天文学家，日内瓦大学教授，2019 年诺贝尔物理学奖得主。

② Didier Queloz，生于 1966 年，瑞士天文学家，剑桥大学和日内瓦大学教授，马约尔的学生，2019 年诺贝尔物理学奖得主。

③ 即首次发现围绕主序星运转的系外行星——距离地球约 50.9 光年的飞马座 51b。

在无边的海洋上航行要比在狭窄的亚得里亚海、波罗的海或英吉利海峡上更加平静和安全呢？只要有适合天上的空气的船和帆，人类也将不会畏惧辽远的距离。如此，就当是英勇的旅者明天就会出现，让我们为他们奠定天文学的基础吧，我负责月球的部分，你，伽利略，负责木星的部分。以上是关于人类勇气所创造的奇迹的一段诙谐的题外话，这股勇气在本世纪的人们身上表现得特别突出。"

这段"诙谐的题外话"是在宇宙航行开始之前 350 年说出的。在伽利略的新消息的鼓舞下，开普勒向着未来漫游。在这里，他以比其《梦月》更为大胆的方式，用寥寥数语做了一番勾勒，它们有朝一日将会被儒勒·凡尔纳等小说家扩写成奇妙的故事。

抵御反感一切新事物的、脾气恶劣的批评者

科学史家埃米尔·沃威尔①认为，开普勒对《星际信使》的反馈"在科学史上可能是绝无仅

① Emil Wohlwill（1835~1912 年），德国化学家和科学史家，他于 1874 年发明了沃威尔电解精炼法。

有的"。他令人印象深刻地将新知识与已经熟知的事物联系起来。他立刻指明伽利略的发现在天文史上的地位，努力理清新的概念，表明与传统天文学决裂，为承上启下的科研项目命名，还批评他的同行没有提到任何一位先哲的名字。"尽管如此，你也仍将享有足够的声誉。"当然，只要有机会，开普勒就不会忘记提及他自己的作品。

他在看到《星际信使》之后的几天内就完成了这篇内容丰富的评论。他明白，这是科学界的一个璀璨时刻。随着望远镜的发明，一个崭新的世界观也为自身开辟了道路。由于开普勒无论如何都想把这封信交给复活节过后就要从布拉格起程前往意大利的信使，他急急忙忙写下了以上论述。

他很清楚，对于伽利略的职业生涯来说，他的书信将成为一份格外重要的鉴定书。"既然许多人都想知道我对伽利略的《星际信使》的看法，为了减轻工作量，我决定公开发表我写给伽利略的信件（虽然为了在规定期限内完成，我不得不在各类紧要工作之中匆匆写就），以满足他们所有人的要求。"所需费用由他自己承担。

在有机会检验伽利略的观测之前，御用数学家就公布了他的信函①。他希望，这封信能够帮助他的同行更好地抵御"反感一切新事物的、脾气恶劣的批评者"。

他在一篇后来补录的前言——"敬告读者"中回应了他自己为此受到的批评：他"在提到伽利略时不带任何粉饰……但凡我自己的思想有所欠缺，我就从来没有鄙视或否认过别人的思想；只要我能够凭自己的力量获得更好或更早的结果，我也绝对不会向他人卑躬屈膝或将自己置于从属地位。我也丝毫不认为，我这个德意志人需要对意大利人伽利略如此感恩戴德，以至于我必须以真理或者我内心最深处的信仰为代价，用阿谀奉承报答他"。

事实上，他对伽利略并无亏欠。12年前，开普勒向他提供了自己的第一本书《宇宙的奥秘》，并试图和他交流思想。伽利略在写了唯

---

① 题为"与星际信使的对话"（Dissertatio cum Nuncio Sidereo）。

一一封信之后就中断了联系。即使在发表了此后的全部作品之后，开普勒仍在徒劳地等待着意大利人的反馈，但既没有等来一句认可，也没有一句批评。

不过，开普勒没有对他报以同样的冷遇，没有在自己获得一部望远镜之前闷声不响，而是立刻就站在他的一边。无论是此时还是今后，他都将帮助伽利略抵挡各种攻击，而最初的攻击已经传到了后者的耳边。在一段时间里，开普勒将是唯一公开表态支持伽利略的知名科学家。

志在公侯之堂

伽利略教授成为宫廷哲学家

550 册《星际信使》很快就销售一空。1610
年 3 月 13 日，不列颠驻威尼斯大使亨利·沃
顿①爵士将刚刚出版的"从某个时刻、某个方位
来到您面前的奇特新事物"寄给英格兰国王詹
姆斯一世②。当时，人们在潟湖之城里都在谈论
一个话题，即伽利略要么将流芳百世，要么将
贻羞万代。

---

① Henry Wotton（1568~1639 年），英格兰作家和外交官，
曾担任下议院议员，获封骑士，是约翰·弥尔顿和约
翰·邓恩的好友。

② James Stuart（1566~1625 年），苏格兰女王玛丽一世之
子，1567 年继任苏格兰国王，1603 年继任英格兰国王，
开创斯图亚特王朝。

在质疑和惊叹的混杂声中，人们首先在威尼斯接着在意大利和欧洲其他城市里议论着望远镜和伽利略的观测。许多学者怀疑，伽利略是否真的用他的工具发现了新天体，或者拒绝发表评论。不同的是那不勒斯的赞助人乔瓦尼·巴蒂斯塔·曼索[①]：他已经把伽利略看作是"又一位哥伦布"，并于 1610 年 3 月向帕多瓦的耶稣会士保罗·贝尼[②]致信说：

"就像上个世纪确实能够对发现了至今未知的新世界感到骄傲那样，我对这个世纪将会高歌猛进，发现至今无法想象的新天空充满希望。"正在来临的时代将如此令人惊奇，"以至于人们将会忌妒我们出生在充斥着众多事件的岁月"。

发现前所未见的天体使伽利略的研究被赋予了令当时全部其他科学成就都相形见绌的荣光。沃顿、曼索和《星际信使》的所有读

---

① Giovanni Battista Manso（1567~1645 年），维拉拉戈侯爵，作家和诗人。他是诗人托尔夸托·塔索的赞助人，曾接待到访的约翰·弥尔顿。

② Paolo Beni（约 1550~1625 年），人文主义者，耶稣会士、作家和语言学家，曾担任乌尔比诺公爵的秘书，先后在佩鲁贾、罗马和帕多瓦大学任教。

者很快就认识到，如果这些发现获得证实，就将使默默无闻的伽利略一下子变得像克里斯托弗·哥伦布或阿美利哥·韦斯普西（Amerigo Vespucci）那样声名显赫，而他此时已经被与后者相提并论。

来自新世界

伽利略的同胞、佛罗伦萨人阿美利哥·韦斯普西是航海史中的一位神秘人物。只是通过一连串无法预见的巧合，他才成为美洲的教父①。也许，对他身后的名声最为惊讶的将会是他自己。

韦斯普西曾经是美第奇家族在西班牙的银行分支机构的职员。他以该身份帮助哥伦布为1492年的首次美洲航行融资，并对探索旅行产生了兴趣。几年后的1497年，他自己也作为船员加入了一场远赴海外的探险。

早在首次横渡大洋时，佛罗伦萨人就巩固了他的航海知识，并掌握了如何使用象限仪和

---

① 按照基督教习俗，教父负责在婴幼儿受洗时赐以教名，此处比喻命名者。

星盘确定星辰的高度和船舶的方位。他将自己的观测记录下来，几年之内就向他的雇主、佛罗伦萨的银行老板洛伦佐·皮尔弗朗切斯科·德·美第奇①寄去了多篇旅行报告。

1501 年，韦斯普西代表葡萄牙进行了他最重要的前往大西洋彼岸新土地的科考之旅。此时，他已经不再是默默无闻的船员，而是担任享有特权的天文领航员一职。

沿着陌生海岸一路向南的海上航行十分漫长，陆地的尽头却始终没有出现。韦斯普西开始怀疑他熟悉的地图集。按照绘图，这不可能是印度，更不可能是中国。他渐渐意识到，他和他的船到达了一片新大陆。

很快，佛罗伦萨的人们就从他的笔下读到，"古人对这些地区一无所知，而对每个有所耳闻的人来说，它们的存在都是全新的"。当哥伦布相信自己西行到达了印度时，韦斯普西描述了一个新世界，它唤起了对传说中的亚特兰蒂斯

---

① Lorenzo Pierfrancesco de'Medici（1463~1503 年），出自美第奇家族旁支，银行家和政治家，曾担任托斯卡纳大公国驻法国大使。

的记忆：一个大陆，"在其中生活的民族和动物的密度比我们的欧洲、亚洲或非洲还要高"，一个人间天堂，那里的树木和瓜果非常丰足，人们每天赤裸着跑来跑去，沉浸在感官的欢愉之中。他不加掩饰地描述了当地居民的自由迁徙、放荡的女性的优先权、他们源自古代的习俗和他们五花八门的性行为。

这些都给他的美第奇老板留下了深刻印象。旅行报告以《新世界》(*Mundus novus*)为题出版，经由美第奇家族的渠道传播开来。不久之后，韦斯普西的其余信件也结集发表，并获得成功。

韦斯普西的旅行故事在书籍市场上引发了轰动，它们在最短时间内跃居畅销书之列。很快，"阿美利哥洲"这个名称首次出现在1507年的一张世界地图上，并在后续多次绘制地图和地球仪的过程中迅速普及。就这样，后来居上的、机智的观测者韦斯普西，而不是本来的发现者——他的朋友哥伦布，荣升为新大陆的教父。

"因为起决定作用的从来不只是事实，而

是对它的认知和它的影响",斯蒂芬·茨威格如此评价韦斯普西的声名鹊起。"在后世看来,描述和解释它的人常常有可能比完成它的人更加重要,而在历史力量令人难以捉摸的相互作用下,最轻微的冲击又常常足以引发最惊人的效果。"

如今,伽利略被一次次地与哥伦布和韦斯普西这两位航海家相提并论。苏格兰人托马斯·赛格特[①]在布拉格将他置于哥伦布的地位,弗朗切斯科·玛利亚·瓜特洛蒂[②]在佛罗伦萨唱起一首向韦斯普西和伽利略致敬的爱国赞歌,他视这两人为最伟大的发现者。

到了17世纪初,发现美洲所带来的影响依旧剧烈。伽利略、开普勒和其他受过教育的人阅读关于印第安人以及西班牙、葡萄牙、不列颠和荷兰航海家赴加勒比海、巴西或加利福尼

---

① Thomas Segeth,1580年前后生于爱丁堡,曾在帕多瓦居住多年,作为学者和作家出入皮内利的沙龙,后来亦在布拉格结识了开普勒。
② Francesco Maria Gualterotti,佛罗伦萨一位诗人之子,本人是作家。

亚探险的报告。被翻译成多种语言的作品构成了人们看待伽利略在发现新天体方面取得突破的背景。它立刻由此获得了历史性意义。

伽利略从一开始就意识到了这个机会。"我感到的惊奇有多么无穷，我对上帝的感激就有多么无尽，因为祂唯独拣选了我，作为值得惊叹的、自古隐藏的事物的首位观察者，"他在发表他的观测之前就已经向托斯卡纳的国务卿贝里萨留·文塔①这样写道，并请求其严格保密。

"唯独我"——伽利略必须争分夺秒，才能让这番话变成现实。望远镜既不是一个特别复杂的装置，制作它也并非特别昂贵。对镜片进行必要的打磨，使之可用于研究，这只占用了他自己几个月的时间。为了做出更多的首创之举，继续用新的惊世揭秘让世界屏住呼吸，他现在依次研究火星、土星、金星、水星还有太阳，收集新的观测数据，用冷静和准确的归类

---

① Belisario Vinta（1542~1613年），托斯卡纳大公国第一国务卿，将伽利略招募至佛罗伦萨的主要推动者。他建议把木星的四颗卫星命名为"美第奇星"，而不是伽利略优先考虑的"科西莫星"。

将全体哲学家从聚光灯下挤开。

不同于哥伦布，伽利略没有再让别人把机会抢走；亦不同于韦斯普西，即使是在被别人抢先的领域——比如对太阳黑子的观测，他也动用一切手段，争取使自己不但被当作解释者，而且被视为真正的发现者。

推销一支贵重的管筒

1610年春季，伽利略集中全力于对他来说十分紧迫的事情。他想要实现怀抱已久的职业理想，从他通过改进望远镜获得的技术优势中赚取尽可能多的收益。在他把《星际信使》献给托斯卡纳大公之后，他努力谋求美第奇的宫廷哲学家和数学家职位。

仅在《星际信使》发表一周后，伽利略就询问托斯卡纳的国务卿贝里萨留·文塔，他是否可以使用美第奇大公的联络渠道，以便将望远镜和他的小书寄往乌尔比诺①、法国、西班牙

① 意大利中东部山城，是乌尔比诺公爵和总主教驻地，也是拉斐尔·桑西的故乡。建于文艺复兴时期的城市保存完好，1998年被列为世界文化遗产。

和波兰。枢机主教德尔·蒙特①、科隆大主教和巴伐利亚公爵已经向他索要上述物品。

凭借这一招，他成功地向一些精心挑选的国际接收人——不是科学家，而是世俗和教会的达官显贵提供了望远镜。他的望远镜易于制造，且已经进入市场，这突然间被证明是他的优势。如今，使轰动性的天文发现成为可能的管筒必然要比玩具更受热捧。

通过一番巧妙的推销，伽利略进一步刺激了需求。很快，同样想获得一部望远镜的贵族、高级教士——但也有朋友和学者——从四面八方登门拜访，无论是为了目睹那四颗隐藏的星星，还是为了供自己娱乐。伽利略着实被大量询问——其中一个是开普勒从布拉格发出的——淹没了。

枢机主教博尔盖塞②让人从罗马给他带信

---

① Francesco Maria Bourbon del Monte（1549~1627 年），具有波旁家族血统，其父被乌尔比诺公爵封为侯爵，兄长是数学家古伊多巴尔多·德尔·蒙特。曾供职于美第奇家族，1588 年晋升为枢机主教。他是著名的艺术收藏家，并向伽利略提供支持。

② Scipione Borghese（1577~1633 年），教宗保罗五世的外甥，艺术收藏家，卡拉瓦乔和贝尼尼的赞助人，其藏品可见于罗马的博尔盖塞宫。

说自己希望获得一部仪器，保罗·乔尔达诺·奥尔西尼公爵①和西班牙国王腓力四世②也是如此。法国国王亨利四世甚至推测说，继美第奇星之后，伽利略还将发现更多行星，并将以他的名字命名其中一颗。如果确实如此，他允诺赐予意大利人及其全家享用不尽的财富。

受到如此追捧的伽利略认为，现在是荣归故里、为托斯卡纳大公效力的时候了。这不是因为他在威尼斯共和国生活得不愉快。他在这里度过了17年，他后来有一次将它称为"我生命中最美好的岁月"。但是作为以教学活动、安置学生和出售工具为主要收入来源的教授，伽利略还远没有实现他的梦想。他决定孤注一掷。

多年来，他始终保持着与佛罗伦萨宫廷的联系。他多次蒙受恩准，在夏季的几个月间为年轻的公子科西莫③授课。就是这位科西莫，在

---

① Paolo Giordano II Orsini（1591~1656年），布拉恰诺公爵，诗人和艺术赞助人。
② 1605~1665年，1621年继位，任内被法国击败，葡萄牙和荷兰独立。伽利略向他敬献望远镜是后来的事情。
③ 科西莫二世（1590~1621年），1609年继位。

他的父亲斐迪南一世突然去世之后于大约一年前登上了大公宝座。自此以后，伽利略对自己飞黄腾达抱有很大期望。

1609年2月，他在写给大公的管家的信里就明白无误地阐述了自己的志向：他的谋划和追求始终旨在把他的发现呈献给"我天然的君侯和主人，以便听其发落，任意支配该发明和发明者以及，如果他乐意的话，不但接纳石头，而且接纳矿山，因为我每一天都有新的发现"。如果他拥有更多闲暇和一间设施更加完善的工作室，且不必为销售他的工具操心的话，他还能做出更多惊人的发现。"关于日常事务，最令我厌烦的就是这种娼妓般的苦差事，不得不以随意的价格向每一位客户兜售我的辛劳；可是，为一位诸侯或听命于他的大人物效劳，这永远不会让我厌烦，反而是我所期望和追求的。"

仅仅一年后，他觉得自己已经非常接近目标。他为美第奇大公准备了望远镜作为礼品，不是任意一部，而正是他用来发现木星诸卫星的那一部。他此刻希望科西莫将会原封不动地保存它，不做任何装饰或打磨。

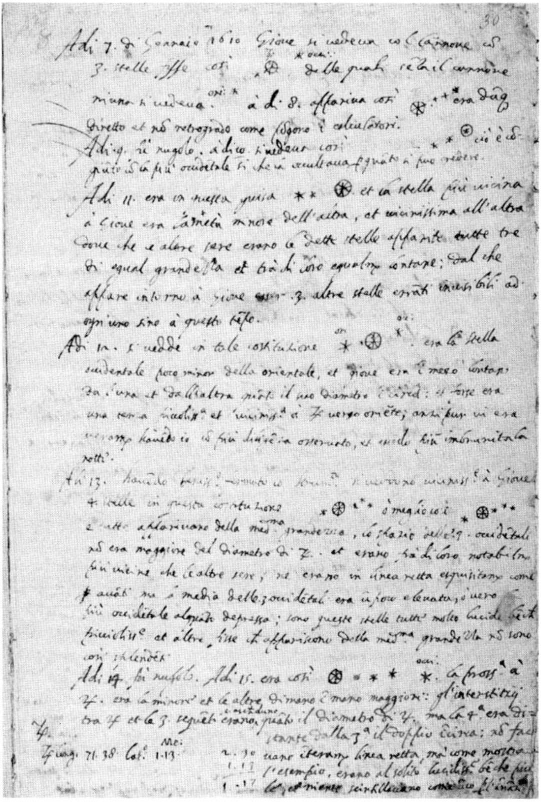

1610年，伽利略夜复一夜地记录下他观测木星卫星的情况。

"星辰的创造者似乎亲自用明确的征兆催促我，为殿下远播之威名而不是为其他任何人选定这些新行星……木星，我是说，木星在殿下出生时已经超越地平线上的浑浊云雾，高居于中天，同它的全体宫臣照亮了东方一角；它从这个崇高的宝座上注视着这场吉祥的降生，使清新的空气里充盈着它的全部光辉和伟大。"

伽利略也把另一对同时发生的事件描述成上天的征兆：科西莫开始掌权与四颗来源于高贵地位之行星的木星卫星的现身。科西莫的名号"将不会变得暗淡，直至这些星辰自身熄灭了光芒"。

罗马皇帝奥古斯都曾经徒劳地试图将他的先辈尤利乌斯·恺撒送入星界，但"当他意欲下令将一颗彼时冉冉升起的新星——它是一颗希腊人所称的彗星或我们所说的长尾星——称作尤利乌斯星之时，那颗星星很快消失了"。彗星熄灭了。不同的是，木星的高贵子嗣被保留给大公，而且它们将永不熄灭！

当伽利略用这种方式讨好大公的时候，他已经从宫廷方面收到了一些积极的信号。复活节期间，大公邀请他前往比萨，美第奇一族正在那里度假。发现者获得了向统治阶层当面展示木星卫星的机会。

求职面试进行得非常顺利。作为暂时的答谢礼，他从大公那里获得了一串配有珍贵圆形挂饰的金项链。离开比萨时，他预计不久就可以开始具体商谈他在宫中的聘用事宜。他原则上只需要再跨过一道障碍：他需要一份关于其发现成果的认证。

从古到今，这样一份质量鉴定都是专业人士的事情。伽利略打算在从比萨返回帕多瓦的途中征求他们的意见。乔瓦尼·安东尼奥·马吉尼和其他学者已经在博洛尼亚等候他的到来。

科学家之间的忌妒心

科学界的专家鉴定是一个适用主观规则的领域。人们对此不能完全指望科研同仁没有偏见。鉴定者大多来自直接相关的专业，而在伽利略生活的时代，这意味着一群人数有限的数学家：他们彼此非常了解。

有些同事是慷慨友善的，比如开普勒，但

还有些只是等着别人暴露弱点，比如马吉尼。人数最多的群体通常由那些一开始完全不表态而将问题搁置，直到出现了足够多的证据（才发话）的人组成。

出生于班贝格的耶稣会士克里斯托弗·克拉维乌斯属于这一有组织的怀疑主义的维护者，他是意大利数学界最具影响力的意见领袖之一。他主要是在 1582 年颁行格里高利历的过程中收获了名声，此后一直在推进他的毕生事业：通过出版一系列新教科书，使数学在整个基督教世界成为科学教育的中心要素。

当《星际信使》出版的时候，克拉维乌斯已经年届七旬。他认识伽利略超过 20 年，很早就看出了他的才能，并至少间接帮助他获得了其在比萨的第一份工作。不过，这位数学教授没有让《星际信使》引发的骚动打破自己的平静。在近 1/4 个世纪过后，他才在偶尔夹杂否定意味的玩笑之外表达了对伽利略的发现的看法：这只需要制造一片"产生星星，使人们可以在其中看到它们"的玻璃。

伽利略非常尊敬克拉维乌斯。他不想与罗

马耶稣会学校的领衔数学家走得太近。一年后，当克拉维乌斯最终确认了木星卫星的存在，却仍然对月球上的山脉表示怀疑时，伽利略觉得，为了自己的关切去叨扰由于高龄和博学而"如此值得尊敬的白发长者"是不合适的。

相反，乔瓦尼·安东尼奥·马吉尼只比伽利略年长十岁。他已经与后者有过多次接触，但主要是作为对手而不是朋友。

当伽利略于1587年谋求博洛尼亚大学的教职时，他在申请一个心仪职位的过程中败给了经验丰富和更有资格的数学家（马吉尼）。五年后，帕多瓦的一个教职出缺，来自帕多瓦的马吉尼又一次与佛罗伦萨人展开竞争。他最希望的就是返回故乡。不过，后起之秀这次抢走了他的位置。

或许这一切还都可以忍受。可是，直到不久前还没有发表过任何作品——这本能够为他确保国际科研排名中的一个靠前位置——的伽利略通过改进望远镜实现了一次令人难以置信的薪资飙升。一个公开的秘密是，帕多瓦的教授此时已经远比他在博洛尼亚的同事挣得多——依靠一件甚至不是他自己发明的可疑仪器！而现在，这位伽利略突然在他的《星际信使》里质疑了天文学的根基，而且仿佛这还不够，也同样质疑了马吉尼一直做着好买卖的占星术的根基。

1610年春季，马吉尼开始有所行动，他动员数学圈和学界反对伽利略。他针对伽利略的行为受到忌妒的驱使。在他下一次商议薪水时，他还将坚决要求参照伽利略的较高收入，并强调自己丝毫不比后者逊色，反而是取得了比他"大得多的成就"。

几个世纪以来，人们都可以在学术环境中遇见这样的堑壕战。看起来，没有什么比一位同行抽中了头彩更令人无法忍受。除了嫉妒，对此还能做出其他反应吗？

学者是"最桀骜不驯和最难满足的一群人——他们的利益永远盘根错节，彼此争风吃醋，深怀妒意和统治欲，抱持片面的观点，每个人都认为唯有自己的专业值得赞助和推动"，在伽利略之后大约两百年，威廉·冯·洪堡于

1810 年 5 月向他的妻子写道。又过了两百年，德国诺贝尔医学奖得主克里斯蒂安妮·纽丝莱恩－福尔哈德[①]站在一位受妒者的立场指出："我一次都没有就某件事获得我同事们的祝贺。当大奖到来的时候，对有些人来说就像在他们身旁引爆了一枚炸弹，他们今天仍放不下这件事。至于报复，就是用各种职务和行政岗位将我彻底掩埋。"

鸿门宴

马吉尼的身旁也落下了一枚炸弹。他觉得自己比其他任何人都更应当接受挑战，揭穿整部《星际信使》的光学骗局。所以对他来说，（伽利略）在博洛尼亚展示望远镜可谓正当其时。

在伽利略从比萨返回帕多瓦的途中，（马吉尼）获得了举办这样一场主场比赛的机会。伽利略在前往比萨时还绕过了博洛尼亚，现在他

[①] Christiane Nüsslein-Volhard，1942 年出生，德国发育生物学家，由于"对早期胚胎发育的遗传控制的研究"而荣获 1995 年诺贝尔生理学或医学奖。

暂缓了旅行——他在比萨取得成功之后或许心情大好，充满了乐观情绪。马吉尼为他安排了一场宴席，精心挑选了宾客，而伽利略需要在饭后向博洛尼亚的学者们展示那四颗新行星。

可是，当伽利略准备好望远镜，在场没有一个人能证实木星卫星的存在。据说，通过透镜看到的全部恒星都有重影。在这种情况下，又怎么能够相信这件仪器呢？

马吉尼的学生马丁·霍尔基[①]旋即向布拉格的约翰内斯·开普勒报告了这次重大挫折："伽利略一无所获，因为现场有超过 20 位学识渊博的男子，但没有一人清楚地看见新行星……大家都表示，是仪器让人产生了错觉；伽利略对此哑口无言，他在 26 日一大早就伤心地离开了，并且他由于兜售了一番鬼话而陷入沉思，没有向为他安排气派和精美宴席的马吉尼先生道一声感谢。"

---

① Martin Horky，波希米亚数学家和物理学家，他不久之后自作主张在摩德纳出版了一部缺乏理论依据的诋毁《星际信使》的作品，声称伽利略编造木星的卫星纯粹是为了牟利，结果被马吉尼逐出了师门。随后他向开普勒求助，结果又受到斥责。

4月的最后一周，伽利略的胜利进军在博洛尼亚的夜幕下戛然而止。他对他的科研工具寄予了过高期望。他本应凭借自己的经验知道，用望远镜观察遥远的天空目标需要经过一番练习。未经训练的特别是老弱的眼睛必须首先适应光照条件、隧道视野、狭窄的画面和透镜的成像误差。如果还想把天空中几个毫不起眼的光斑保留在镜头内并鉴别出它们是围绕木星缓慢运动的卫星，至少需要数个夜晚的耐心观测。

伽利略离开博洛尼亚的时候或许有些沮丧。不过，马吉尼和霍尔基远比他们公开承认的那样更加信任这件仪器，因为望远镜至少在观察地面物体时没有任何毛病。它将博洛尼亚的家族塔楼①和教堂送到了观看者的眼前。

霍尔基向开普勒透露说，他悄悄地留下了伽利略的透镜的印模，用来制造"一部好得多的望远镜"。尽管他撰写了一篇针对伽利略的恶

———————————

① 德文"Geschlechterturm"，中世纪后期起源于托斯卡纳的建筑类型，呈高塔状，主要是豪门大族的居住和防御设施，后来亦可见于北意大利和南德意志地区。

毒谤文，他还是急切地希望自己能够拥有一部望远镜。就连马吉尼也立即从威尼斯采购镜片，并在半年后亲自绘制了木星卫星的位置。

伽利略在返回帕多瓦途中还经受了另一重打击。一些大学教员拒绝再使用装有两片透镜的管筒，哪怕就看一眼。帕多瓦薪酬最高的哲学教授塞萨雷·克莱默尼尼①在其一生中一次也没有用过这种"只会让他头脑混乱"的工具。凭什么偏偏透过几枚镜片就能看见某些真实存在于天上却无法为裸眼所见的事物？伽利略在他的《星际信使》里没有对望远镜的工作原理做出解释。

后来，开普勒将在布拉格以相似的方式体会到，横亘在作为数学家的他与其他学者之间的鸿沟有多么宽。当他要求瑞士人文主义者梅尔基奥·戈达斯特②看一眼望远镜，以便相信月球表面的凹凸不平时，后者表示拒绝。"我宁可

---

① Cesare Cremonini（1550~1631 年），当时亚里士多德哲学的代表人物之一，也是伽利略的朋友，尽管两人的理念存在较大分歧。

② Melchior Goldast（1578~1635 年），瑞士法学家、作家和古籍收藏家。

相信他所说的，也不要上去瞧一瞧。"戈达斯特说道。

在开普勒的帮助下走向成功

伽利略试图通过三场公开讲座平息此事。他骄傲地宣称，整个帕多瓦大学都来参加这场活动了，而就连最尖刻的批评者都被他说服了。很难想象，他在那些日子里的真实想法和心情究竟如何。

极有可能的是，他的感受好比坐了一次过山车——返家后不久，他就收到了他的正式求职信所必需的鉴定书：来自一位备受尊敬的专家的鉴定。这是一份怎样的鉴定啊！

"阁下以及殿下经由阁下应该已经知道，我收到皇帝的数学家寄来的一封信，不，是八页纸的一整篇论文，他在其中同意我在书里所写的一切，没有反驳或质疑任何一处细节，"伽利略于5月7日兴奋地向托斯卡纳的国务卿写道，"相信我，阁下，假如我身在德意志或更远的地方的话，意大利的学者们也会从一开始就这么说。"

对伽利略来说，开普勒此时出具的鉴定无论怎样高估都不过分。德意志人是第一位站在他这一边的知名科学家。通过他的高度评价，伽利略虽然还得为他的观测结果获得承认而斗争，但是他现在可以向他的对手提交一份在思想敏锐和预见性方面都难以逾越的关于其《星际信使》的评论。由于该鉴定出自御用数学家之手，它在专业圈子以外也具有最重的分量。同一年，这份文件就在佛罗伦萨再版了。

他的对手的忌妒心现在丧失了全部攻击目标，伽利略向托斯卡纳的贝里萨留·文塔写道，并在几句话之后告知了他对于薪酬的设想。无论如何，发现者不希望自己被贱卖。他向国务卿描述说，除去大学的月薪之外，他在帕多瓦还通过私人授课和销售仪器取得收入，以及如果大公免除了他的教学任务的话，可以对他有更多的期待。

为了完成他的事业，这些课业原本就只是阻碍，而不是助益。"我对于给公子授课深感荣幸，因此我不愿意再去教别人。取而代之的是，我的书作（始终是献给我们的统治者的）应该成为我的额外收入来源，我的发明亦然。"

伽利略打算完成的作品的规模非常可观：两本关于宇宙的构造和性质的书，三本关于被他称作"全新学问"的位置运动的书，以及三本关于力学的书，还有关于声响和声音、视觉和色彩、海洋潮汐、数学连续统和必不可少的军事事务——要塞修筑实践、枪炮学、进攻与围攻、炮兵学等诸多问题的论文。

"关于头衔，我请求殿下能够为'数学家'的头衔加上'哲学家'；因为我可以引证，我在哲学研究中度过的年份比在数学研究中度过的月份还要多。"

在托斯卡纳宫廷，鉴于伽利略的发现引起了两种对立的反响，人们还将保持一段时间的冷淡态度。不过，按照科学史家马里奥·比亚乔利①的说法，科西莫最后几乎别无选择，只好向伽利略授予其热切盼望的哲学家头衔和一份

① Mario Biagioli，1955 年生于意大利，先后在圣彼得堡欧洲大学、芝加哥大学、斯坦福大学、哈佛大学和加州大学多所分校任教。

丰厚的薪资。

"在欧洲，只要是个人物，就都知道伽利略的发现和写给他们的献词。"伽利略通过美第奇家族的外交渠道向他们中的许多人寄去了望远镜和《星际信使》样书作为赠礼。"在某种意义上，伽利略慢慢地使美第奇家族卷入了一场受到控制的夸富宴 ①"，比亚乔利认为。"当科西莫一开始接受伽利略奉上美第奇星的时候，每一位收到伽利略馈赠的望远镜的国王和女王、公爵和枢机都向他投去考验的目光，他也难以选择一件合适的、足以体现他的慷慨和尊贵的回礼。"

1610 年初夏，伽利略得到消息说，移居佛罗伦萨一事不会再有什么问题了。在美第奇宫廷里任职不过是他的生涯中一座暂时的巅峰。年底之前，他还将做出新的轰动性发现。第二年，甚至教宗保罗五世也将接见这位已经举世闻名的科学家。来自帕多瓦的教授为天文观测实践的后续发展指明了方向。

---

① Potlatch，音译为"波特拉奇"，指原始社会中通过"散尽千金"地大宴宾客和慷慨赠礼的方式证明自己的财富和地位的习俗。

"让我们嘲笑众人的愚昧吧！"

开普勒热情洋溢的书信所获反响存疑

5月过去了，6月和7月也过去了。开普勒一直在等待帕多瓦方面的回音。他放下了自己的所有事务，鼓起勇气抛出未经证实的观点，以便恰如其分地向伽利略备受关注的发现表达赞赏。伽利略沉默不语。

"我称赞了他，"开普勒表示，"不是想抢在任何人之前做出评判，而如果我也需要在此捍卫我自己的理论……那么只要某位比我更加聪明的人无可争辩地向我证明其中的错误的话，我就承诺毫无保留地放弃它。"

尽管没有人证明开普勒犯了什么错误，他

还是感受到来自同行的巨大阻力，原因是还无人能够为伽利略的主张作见证。在写出那封热情洋溢的书信之后，开普勒觉得自己在布拉格的处境日益窘迫。

讽刺的是，我们首先是从伽利略的通信中了解到这一点的。伽利略拥有最发达的关系网。在这段时间里，他始终与驻布拉格的托斯卡纳大使朱利亚诺·德·美第奇保持着联系。他在当地的另一个情报来源是马丁·哈斯达勒①，后者向他通报他的发现在布拉格引起了怎样的反响。

哈斯达勒利用一切机会宣传伽利略"令人钦佩和惊叹的作品"。1610年4月初，当西班牙大使接过一册《星际信使》的时候，他也在现场。紧接着，他就在萨克森使馆的一次宴会上抓住机会，与约翰内斯·开普勒谈起了来自帕多瓦的新消息。

欧罗巴扩充军备，科学界小打小闹

1610年春季，皇宫里的气氛有些紧张。5

---

① Martin Hasdale，其人不详，他与伽利略和开普勒都有联系。

月初以来，天主教选帝侯和大公们率领大量侍从在布拉格举行会议。皇帝仍然希望夺回他在帝国和波希米亚的权力。他打算向他的兄弟报仇，而没有看出在面前这场紧邻法国边境的于利希－贝格公国的继承权争夺之中埋藏着怎样的易燃物。

为了联合起来反对皇帝，法国国王亨利四世与新教诸侯、尼德兰及英格兰国王结成同盟。法国人决定抓住有利时机，开始筹划大举进兵。

虽然帝国诸侯全力调解鲁道夫二世和他的兄弟马蒂亚斯之间的冲突，一个坚强有力的哈布斯堡联盟却始终遥不可及。

皇帝下令通过他的堂弟利奥波德大公招募军队，据说是为了应对发生在于利希－贝格的事件。不过，他同样关心重建他在波希米亚的统治以及在马蒂亚斯的挑战面前稳固自己的地位。鲁道夫二世耍起了两面派：一边与他的兄弟和谈，一边针对后者扩充军备。

当各方正在努力调解纠纷的时候，突然传来了亨利四世遇刺的消息。5月14日，就在他计划发动攻势之前数日，法国国王在巴黎的大街上被一名宗教狂热分子袭击，身中三刀而死。于是，一触即发的欧洲大战暂时被阻止了。法国王位的继承人①年纪尚小，不足以立刻担负起其父亲的角色。然而，玛丽·德·美第奇②迅速调整了其亡夫的政策方针。作为虔诚的天主教徒，她听从意大利顾问的意见。在三十年战争的火焰于1618年从布拉格开始熊熊燃起之前，欧罗巴又得到了几年的喘息时间。

亨利四世之死使布拉格和维也纳之间原本就十分艰难的调解努力彻底停滞了。（法国）君主的遭遇令皇帝恐惧，他的占星顾问也已经向他提出了不利的预言。马蒂亚斯要求鲁道夫二世立刻解散其帕绍③的军队，后者则不打算接受他的兄弟提出的任何要求，尽管资不抵债的皇

---

① 即路易十三（1601~1643年），1610年继位，由母亲玛丽·德·美第奇摄政。1617年，路易十三依靠枢机主教黎塞留的支持推翻了太后的统治，宣布亲政。

② Marie de'Medici（1573~1642年），弗朗切斯科一世·德·美第奇之女，1600年成为亨利四世的第二任妻子。亨利遇刺后担任摄政，执行亲哈布斯堡的政策，引发法国贵族不满。下台后，曾在1619年和1630年参与叛乱和政变，但均被黎塞留挫败。

③ Passau，位于今德国东南边陲，由于因河和伊尔茨河在此汇入多瑙河而被称为"三河之城"，当时是帕绍主教侯邦的首府。

帝本人也搞不清该如何维持这支 1.2 万人的强大雇佣军。这群难以控制的乌合之众将会把他的生活连同半座布拉格城一起毁灭。

皇帝与其兄弟马蒂亚斯之间一位最重要的调解人是科隆选帝侯恩斯特 [①]。作为他的随行人员，数学家埃特尔·祖格麦瑟 [②] 驻留于布拉格宫廷。当然，他也已经读过伽利略的《星际信使》，但持有一种与开普勒截然不同的观点。

当性格活泼的哈斯达勒与祖格麦瑟攀谈并称赞伽利略的发现时，这位数学家从口袋里掏出一封信。它出自他的同事乔瓦尼·安东尼奥·马吉尼的笔下。与许多意大利同行一样，这位来自博洛尼亚的天文学家认为那些新天体是感官的错觉。伽利略或许遇到了和马吉尼本人同样的情况，即后者有一次透过一片染色的玻璃观察太阳，结果忽然看见天上有三个太阳，而

[①] 恩斯特·冯·巴伐利亚（Ernst von Bayern，1554~1612 年），巴伐利亚公爵阿尔布雷希特五世之子，皇帝斐迪南一世的外孙，1583 年起担任科隆选帝侯和大主教。

[②] Eitel Zugmesser，德意志数学家，曾在帕多瓦求学。

不是一个。

祖格麦瑟对伽利略极尽嘲讽之能事。几年前，他曾在帕多瓦听过伽利略讲课，却由于后者在一场剽窃纷争中无所顾忌的表现①而对他从前的教授产生了极坏的印象。他甚至在哈斯达勒面前把伽利略称作他的"死敌"。

当伽利略在博洛尼亚大学演示望远镜失败、未能引发任何关注的消息传开时，祖格麦瑟就更加高兴了。那里没有一个人透过望远镜辨认出那四颗新行星。

"敌人们比以往任何时候都喊得更响"，哈斯达勒在 5 月底寄往帕多瓦的信中写道。他声称自己在此期间得知，马吉尼也给波兰、法国、英格兰及其他地方的学者写了信。科学界的国际通信网络运行得非常顺畅。

在马吉尼于幕后操纵的同时，布拉格的舆论出现了逆转。由于劝告姗姗来迟，那里原本已有不少人对月球上的山脉和新天体产生了兴

① 据本书作者介绍，祖格麦瑟在 1603 年宣称，伽利略制作的比例规是意大利科学家巴尔达萨雷·卡普拉的发明。伽利略诉诸法庭并打赢了官司，却又写了一篇文章抨击卡普拉污蔑和欺诈。

趣。"在祖格麦瑟随着他的主人动身前往维也纳之前，他已经传染了整个宫廷。"按照哈斯达勒的说法，可怜的开普勒无法继续反驳他的对手了。

托斯卡纳大使同样向伽利略指出了开普勒的困境。不过，就连朱利亚诺·德·美第奇也未能达到目的。伽利略虽然给他寄去了其持续观测木星的几项最新成果——大使于 7 月 17 日向开普勒通报了这些情况，但他徒劳地请求伽利略为御用数学家提供一部像样的望远镜，以便宫里的所有人都能够通过它相信木星卫星的存在。

在此期间，人们在布拉格把望远镜传为笑谈，认为它只能产生幻象。当皇帝命令他的中间商从威尼斯采购质量更高的透镜时，开普勒在很大程度上被学者们孤立了。如今，其他人甚至厚颜无耻地从他对伽利略《星际信使》的热情洋溢的评论中挑拣出最适用于批评伽利略的词句，其中包括马吉尼的学生马丁·霍尔基，他抨击威尼斯的天空商人①及其"不健康的星际信使"的小册子正在宫廷流传。

---

① 讽刺伽利略通过科学发现和科学仪器谋利。

伽利略的加密信息

8 月 9 日，在对《星际信使》发表评论近四个月之后，开普勒再次与伽利略联络。他首先表达了他的"迫切要求"——最终能够亲眼透过伽利略的望远镜看一看。宫中仪器的质量虽然足够用来辨认许多星辰，但不足以看到木星的四颗卫星。

霍尔基刚刚发表的作品给开普勒带来了相当大的苦恼。年轻的波希米亚人偏偏把他称为反驳伽利略的证人。"那个人现在想要声称，我提出了反对你的《星际信使》的无可辩驳的理由和证据！"不过，无论是这个"骗子"还是众人的抗拒态度，都没有使他动摇。他丝毫不怀疑伽利略的发现，只是需要证明。

"因此我请求你，我的伽利略，尽快向我提供证人！因为我从你写给他人的各封书信里得知，你并不缺少这样的证人。但是，除了你以外，我无法再举出任何人为我的信函的可信度辩护。您是这项观测唯一的消息来源。"

尽管如此，他还是坚定地与伽利略站在一

起。这个决定做出已久。"我的伽利略，你找到了天上最神圣的事物。其余所要做的，只是鄙夷由此产生的噪声。"

当他还在等待回音的时候，从帕多瓦传来了出乎意料的新消息：伽利略又有了新发现。至于具体是什么，那位固执的观测者没有透露。此时此刻，伽利略还不想将秘密公之于世，他已经通过给信息加密确保了他的优先权主张。落在开普勒案头的字谜如下：

"SMAISMRMILMEPOETALEUMIBUNE NUGTTAUIRAS"

这不是伽利略最后一次与开普勒及其他学者玩捉迷藏。一连数周，皇家御用数学家面对着这串字母冥思苦想。正如他自己所承认的那样，他未能从中理出任何头绪，而只能把它拼凑成"半野蛮的"诗句："两颗圆球，玛尔斯之子，向你们致意。①"或许，火星也拥有卫星？

开普勒再也无法保持平静。大使和哈斯达

:让我们嘲笑众人的愚昧吧！:

---

① 原文为：Salve umbistineum geminatum Martia proles。

勒在向帕多瓦去信时写道，他备受煎熬，急于知道这次发现的是什么。伽利略让他坐立不安。几个月后，他才在皇帝的催促下揭晓了秘密。谜底，也就是那堆字母的正确排列是："我观察到行星中的至高者是三个星体。①"土星有"两个跟班，它们为它的运行提供支持，也从未远离它的左右"。

这真是太有趣了，因为那两个天体实际上根本就不存在！伽利略在土星两侧各看见了一个凸起物，认定是该行星的两颗大型伴星，一边一颗。50 年后，所谓的卫星显出原形，原来是一个环状系统，也是一种全新的天象。根据现代知识，这些环状物是在很久以前由围绕土星的其他天体的残余构成的。

来自帕多瓦的期盼已久的回音

在此期间，开普勒的信抵达了帕多瓦。伽利略在读罢急迫的呼吁之后，终于拿起了笔。这是开普勒 13 年来从他那里收到的第一封信。可以想见，开普勒在打开这封信时，内心是多

---

① 原文为：Altissimum planetam tergeminum observavi。

么激动。

　　对他而言，伽利略凭借望远镜观测成了一门新科学的领军人物。另外，伽利略很久之前，即在写于 1597 年的一封信里，向他透露自己是哥白尼宇宙观的拥护者。开普勒已将他看作是与自己并肩作战的战友。"我们俩都是哥白尼主义者，"他于 5 月向马吉尼写道，并在他对《星际信使》的评论中提到了自己的几乎每一部作品。他希望，自己最终也能作为学者引起伽利略注意。他无比紧张地开始读信。

　　"我最博学的开普勒，你的两封信已收悉。对于你已经予以公开的第一封信，我将在我的第二份观测报告中做出回应"，伽利略写道。"在此期间，我向你表示感谢——在没有亲身检验的情况下，你凭借直率和出众的才智，成为第一个和几乎唯一一个对我的论述给予完全信任的人。"对于他刚刚收到的第二封信，他只想做简要探讨，因为用来写信的时间仅剩下几个小时。

　　可惜，他不能为其提供望远镜，伽利略继续写道。在他将自己的设备奉献给托斯卡纳大公以后，他已经没有存货了。他计划近期搬家至佛罗伦萨，只有在此之后，他才能加紧制作出新的仪器并寄给他的朋友。

"我亲爱的开普勒，你想知道更多的证人。我以托斯卡纳大公为例。过去几个月间，他多次和我在比萨观测美第奇星。之后，他在离开时送给我一件价值超过 1000 杜卡特[①] 的礼物，而且最近以同样高达数千杜卡特的年薪和大公殿下的哲学家和数学家的头衔把我延请至他的家乡。"同时，他没有被强迫负担其他义务。如今，他享有完全自由的闲暇，得以完成其关于力学、宇宙结构及其他一些主题的作品。

"还有，我自己就可以作为证人，我在我们学校被授予 1000 古尔登的特殊津贴——还没有其他数学教授获得过它，而且就算那些行星戏弄我们而消失不见，我仍可以确保终身享受。可是，我却选择搬走，搬到我不得不为了自己的错觉而承受困苦和耻辱的地方去。"

---

① 拉丁文"ducatus"，本意为"公爵"，原指威尼斯 1284~1797 年铸造的金币，以币值稳定著称，14~15 世纪被用作国际结算货币，后来成为多个国家铸币的名称，在欧洲使用至 19 世纪。

伽利略还把大公使节的兄弟列为证人，但没有提出任何专业人士。如果是他的对手搞错了，他又何必需要其他证人！

"让我们嘲笑众人的极度愚昧吧，我的开普勒。你会如何评价我们学校的主要哲学家，虽然我也努力了千百次，还主动向他们提出建议，他们却像毒蛇一般顽固，始终不愿瞧一眼行星、月亮或者望远镜！真的，就像那些充耳不闻之徒，这些人也在真理之光面前闭紧了双眼。"

这令人不快，却没有让他感到惊讶。因为这些人认为哲学就是一本像《埃涅阿斯纪》或《奥德赛》那样的书籍。他们固执地相信，人们不应在世界上或者自然界寻找真理，而是应该通过对照文本。

"我最亲切的开普勒，如果你听说比萨当地高校的主要哲学家在大公面前如何反对我，试图以魔咒般的逻辑理由把新的行星从天上拽下和哄走的话，你将会爆发出怎样的大笑！可是夜幕已经降临，我不能再继续和你深聊。保重，饱学的先生，并继续像至今这般对我友好。"

这封信再次给开普勒的较高期望泼了一盆冷水。他的第一封信完全没有得到回应，对第二封信的答复也彻底令人失望。对于他向伽利略抛出的科学问题，后者一个也没有探讨。伽利略在从此事抽身时答应说，他将在第二版《星际信使》中表明立场。可是，它再也没有出版。

伽利略之所以没有把望远镜寄给开普勒，是因为他把后者当作竞争对手，这或许还可以理解。不过，为了表达谢意，他至少可以在选择透镜或观测实践方面向他提供一些指引，就像他不久以后告诉罗马的克里斯托弗·克拉维乌斯的那样。伽利略也没有提出证明木星卫星存在的可靠人士，而是提出了一个外行：美第奇大公，他把木星卫星献给了他。

但最重要的是，伽利略不加掩饰地告诉他，自己现在最关心的是什么：不是开普勒所希望的哲学讨论，而是他能够由于自己的发现获得应有的报偿。一边是1000杜卡特，另一边是1000古尔登——对于几乎不知道该如何维持生计，而且长期哀叹自己不能为出身不错的妻子提供更好生活的开普勒来说，伽利略的自夸肯定非常扎心。

紧跟发现者的脚步

尽管伽利略回避了对话，开普勒却热情得多并已经陷入得太深，他无法再后退一步，与其同仁保持更大的距离。巧合的是，正当他把这封信放到一边的时候，他收到了期盼的望远镜，使得他终于可以亲自守望木星的卫星了。

此前作为谈判代表前往维也纳的科隆选帝侯在 8 月末返回了宫廷。经过长达数月的反复交涉，皇帝与其兄弟距离达成统一协议已经很近。选帝侯的行李中有一部望远镜，而且是一部特别优质的。伽利略亲自将它寄给了他。此时，他把这件仪器借给他所赏识的御用数学家使用几晚。

从 1610 年 8 月 30 日至 9 月 9 日，开普勒有时间检验伽利略的论断。他利用这个机会，一下子排除了对木星是否存在卫星的全部怀疑。

开普勒邀请弗朗斯·滕纳格尔①、本雅明·乌辛努斯②及其他专家轮流进行夜间观测。每一位到场者都需要将其在望远镜里看到的东西用粉笔画在一张板上，之后再对这些结果进行比较。

为数不多的几个夜晚有力地证实了伽利略的结论。就在美第奇家族的哲学家和数学家搬到佛罗伦萨的同时，他再次收到了来自布拉格的好消息。他告诉托斯卡纳大公说，就连哈布斯堡皇帝都亲眼看到了木星的卫星。

伴随着这则新闻，佛罗伦萨传开谣言说，当开普勒首次看见木星卫星的时候，他喊道："你赢了，伽利略！③"然而，开普勒这一次试图保持冷静，他几乎不加修饰地记录下观测结果，就像伽利略在其《星际信使》中所示范的那样。这篇小论文很快也在佛罗伦萨重印。

---

① 全名是弗朗斯·甘斯内布·滕纳格尔·范·坎普（Frans Gansneb Tengnagel van Camp，1576~1622 年），荷兰贵族，第谷的女婿和助手，曾为开普勒的《新天文学》作序。

② Benjamin Ursinus（1587~1633 年），德意志数学家和天文学家，曾帮助开普勒编写《鲁道夫星表》，还推广了约翰·纳皮尔的对数表。

③ 原话为拉丁文"Viciste Galilei！"

"尊贵的读者，这就是我认为必须向你公布的有关那几回匆匆观测的全部内容，以便你要么根据我和我的证人的见证，今后摒除任何怀疑而承认昭然之真理，要么自己设法获得一部良好的、使你通过目睹而信服的仪器。"

勤奋的开普勒再次紧跟伽利略的脚步。在从帕多瓦收到不尽人意的来信的短短几天之后，后者对他而言已经不再那么遥不可及。我们可以从朱利亚诺·德·美第奇大使的信件里得知，开普勒甚至有意接手帕多瓦空缺出的教授职位。他对自己在布拉格的前景不抱希望，因此考虑追随伽利略的足迹。

伽利略似乎也乐意帮助他的德意志同行。他在 1610 年 10 月 1 日通过朱利亚诺·德·美第奇告知开普勒，自己没有耽搁，而是立即给威尼斯写信。他写道，开普勒在帕多瓦享有盛名，人们肯定会想到他——这意味着使开普勒来到自己附近，伽利略对此将非常高兴。

这是一次多好的机会啊！迄今为止，开普勒还从未在一所大学里任教。他的朋友马蒂亚

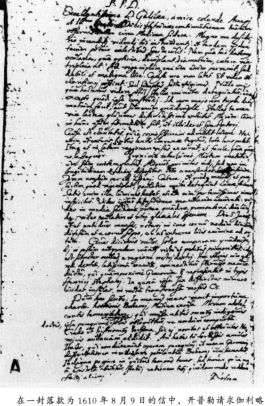

在一封落款为 1610 年 8 月 9 日的信中，开普勒请求伽利略
说明，哪些人能够证明对木星卫星的观测。

斯·瓦克海尔·冯·瓦肯费尔斯和扬·耶森纽斯[①]或者科隆选帝侯的数学家埃特尔·祖格麦瑟都在帕多瓦求过学，而他自己还没有前往意大利访学的经历。被这所令人崇敬的、他素闻其积极氛围的高校聘任，将给开普勒的人生带来又一场全新的转变。相当一段时间以来，他梦想着"赴异乡探险"，同伽利略当面交流，并在帕多瓦和佛罗伦萨之间建立一个哥白尼主义的轴心。

可是，什么也没有发生，该职位将会空缺多年，最后被他人占据。几年后，当乔瓦尼·安东尼奥·马吉尼去世，开普勒收到博洛尼亚大学的邀请时，他拒绝了。"从青年时代起，直到我如今的年纪，我作为德意志人，在德意志人之中享有行为和言论的自由。如果我前往博洛尼亚，这些行为和言论很可能使我——即使不是招致危险的话，也会招致诽谤，引起怀

---

① Jan Jesenius（1566~1621 年），波希米亚医生、政治家和哲学家。他致力于提升外科的地位，担任过皇帝鲁道夫二世和多位诸侯的御医，1617 年当选为布拉格大学校长。他积极支持波希米亚新教势力的斗争，起义失败后被皇帝斐迪南二世处决。

疑，遭受刺探和告密"，他在寄往意大利的信中写道。

对于新教徒来说，博洛尼亚是个危险的去处。与维系着反对罗马的国际同盟的威尼斯共和国不同，天主教的博洛尼亚大学处在教宗的裁判所的直接影响之下。1616 年，该机构查禁了哥白尼的作品。

终其一生，开普勒都不会前往意大利。不过，可以令他高兴一阵的是，伽利略表示愿意在帕多瓦为他说话。后人不确定，伽利略到底对开普勒的支持表现出几分感激，至少他没有寻求拉近两人之间的距离。

一种思想，两种理论

作为美第奇家族的哲学家和数学家，履新后的伽利略不再直接给开普勒写信。他选择最安全、最快捷又符合宫廷礼节的邮寄途径，让邮件经由托斯卡纳大公派驻布拉格的大使投递，而且不再以学者惯用的拉丁文写信，改用意大利文。

伽利略没有回应他的同行的热情。尽管他

至少到1612年夏季为止一直向开普勒通报望远镜观测的最新情况，而且每次都对后者的评价抱以期待，但是当开普勒想与伽利略一起把科研从"亚里士多德狭隘的惯常樊篱"中解放出来的时候，意大利人宁愿独自向前迈进。

特别令人惊讶的是他对于开普勒的科学著作的做法。伽利略完全忽视了后者的伟大成就，这不只发生在他自己做出发现的繁忙时段。甚至在20年后的1632年，当他发表自己公布已久的关于宇宙构造的著作《关于两大世界体系的对话》时，他仍没有理会开普勒的基础知识。

伽利略为什么没有把经过仔细检验的行星运动定律用作自己的论据？鉴于他们俩都为哥白尼的事业而奋斗，这一科学史上至今未决的问题就变得更加迫切了。

伽利略强调观测和经验的重要性。在写给开普勒的信里，他嘲笑了那些拒绝透过他制作的望远镜观看，进而在"真理之光"面前紧闭双眼的人。相反，他声称自己读的是"自然之书"，并以此同过去几个世纪的基本经验联系在一起。

假如佛罗伦萨人阿美利哥·韦斯普西未曾亲自出发去测量它的海岸，他是否还能发现大西洋的彼岸坐落着一个"新世界"？假如在帕多瓦获得博士学位的医生安德烈亚斯·维萨留斯①没有解剖尸体，亲眼验证古典学说，他是否还能用七本书重新描述人体结构？相似地，伽利略用望远镜度量天空，从多个角度剖析了以地球为中心的传统宇宙观。

不过，开普勒的《新天文学》所依据的经验主义同样令人惊叹。作为数学家，他通过艰苦的计算，提取出先前第谷·布拉赫凭借他的精密仪器所获得的数十年的行星观测结果中的有用部分。依靠这些数据，开普勒终于将天文学从众多纷乱交错的球体和圆周中解放出来，并给每一颗行星分配了一条独立、在数学上明确、在物理上有据的公转轨道。

难道伽利略没有认识到第谷所收集的独一无二的数据的意义吗？他为什么没有加入开

① Andreas Vesalius（1514~1564 年），生于布鲁塞尔的医学世家，担任过帕多瓦大学教授和皇帝查理五世的御医。1543 年发表《论人体构造》，开创了近代解剖学，因此受到教会迫害。

普勒具有指引性的工作？甚至，他怎么会满足于一个根本不符合观测情况的哥白尼体系的模型呢？

伽利略走的是自己的路。不同于开普勒，他精通的不是古典天文学，而是力学。他从中汲取的物理学概念无法与开普勒的相协调，但对他本人关于宇宙构造的思想而言至关重要。

关于哥白尼的理论，伽利略和开普勒形成了截然不同的认识。在 17 世纪的门槛上，科学的变革以特殊方式反映在他们个人的思想起点和动机、他们各自的出身和灵感之中。近现代科研的诞生犹如一幅引人入胜但还缺少若干石子的镶嵌画，而他们写给彼此的书信便是这幅画的一部分。

第二部分　意大利人和德意志人

琉特琴演奏家 ①

伽利雷家中的音乐与数学

当文琴佐·伽利雷②在古老的海滨商业城市
比萨定居时，他40岁出头。这座城市对于身为
音乐家的他来说并不是最佳选择。此时，比萨

---

① 琉特琴又译"鲁特琴"，是一种拨弦乐器，状如半个梨
  子，类似曼陀林。13世纪从阿拉伯传入欧洲，在西欧
  兴盛于16世纪，主要用于独奏和声乐伴奏，18世纪后
  被吉他取代。

② Vincenzo Galilei（约1520~1591年），出生于比萨以
  东25千米的小镇圣玛利亚阿蒙特，1560年前后移居
  比萨，伽利略是他的长子。他是活跃于1573~1587年、
  倡导复兴古希腊音乐和戏剧风格的佛罗伦萨卡梅拉塔
  社团（Camerata）的核心成员，为近代音乐发展和歌
  剧的诞生做出了重要贡献。

已经沦为一座沼泽化的偏远小城①，而且始终名声不佳。按照俗语的说法，由于沾染疾病的风险，人们直到不久前仍"只会把他的敌人"派到这里。

在此期间，托斯卡纳宫廷每年会在该城居住数月。科西莫一世下令排干了沼泽，加固了经常被阿尔诺河淹没的河滨大道。大学重新开设，还开辟了一座植物园——这在欧洲是一个全新的事物。奇迹广场——由比萨斜塔、主教座堂和洗礼堂组成的宏伟建筑群坐落于这座重现活力的城市中心。比萨拥有大约一万居民，是托斯卡纳地区仅次于佛罗伦萨的第二大城市。

在这里，文琴佐·伽利雷尝试以音乐教师的身份维持生计。他作为琉特琴师开始了自己的职业生涯。他出身于一个古老的新贵家族，自然在佛罗伦萨的贵族阶层中拥有不少有益于其职业发展的关系。如今，他定期给比萨的学生和贵族授课，并继续保持与宫廷的往来。

---

① 比萨在 11 世纪成为贵族共和国，贸易网络一度遍布东地中海。由于海岸线西移和 1284 年在梅洛里亚岛海战中败给热那亚而走向衰落，1406 年首次被佛罗伦萨军队占领，1509 年被彻底兼并。

他选择迁居可能主要是因为与朱丽娅·阿玛纳蒂①的婚事，后者来自佩夏②，她的部分亲属居住在比萨。朱丽娅比他年轻不少，与她丈夫的生活或许并不轻松，后者对于音乐的热情压倒了许多其他事情：他经常外出，还把他的音乐作品献给别的女性。

作为作曲家，文琴佐偏好通俗的曲调，并把它与但丁、彼得拉克或阿里奥斯托高品位的文学作品结合起来。这种风格的歌曲在美第奇宫廷颇受欢迎，给文学作品谱曲则是佛罗伦萨诸学院里的热门话题。文琴佐积极参加此类讨论。不同于他的多数同行，他不但掌握演奏乐器的高超技艺，而且对音乐理论充满兴趣。

1563年，也就是与朱丽娅结婚后的第二年，他出版了关于琉特琴音乐的首部书籍。这是一部30首曲子的集合，其中一些是他自己创作、献给亚历山德罗·德·美第奇③的，目的是感谢

① Giulia Ammanati（1538~1620年），来自商人家庭。她和文琴佐·伽利雷共育有七个子女。
② Pescia，位于卢卡东北的城镇。
③ Alessandro de'Medici，此人不是1532年成为佛罗伦萨公爵的亚历山德罗，而是未来的教宗利奥十一世的侄子。

后者对自己家庭的支持。他称自己是如此贫穷，只能用他的音乐作为报答。

朱丽娅的亲戚在头几年中多次为这对年轻的夫妇提供帮助，特别是在年轻的朱丽娅于1564年2月15日生下他们的第一个孩子——伽利略之后。在生命的最初十年里，这个男孩在他的姨母家里生活了很久，而他的父亲则常年在外奔波：前往佛罗伦萨、罗马和威尼斯，文琴佐后来也将拜访巴伐利亚公爵阿尔布雷希特五世[1]的宫廷。

"高贵的佛罗伦萨人"

文琴佐是全身心投入的音乐家。他教自己的孩子弹奏琉特琴甚至早于阅读和书写。有朝一日，他的幼子米开朗琪罗[2]将成为巴伐利亚公爵宫中的职业乐师。伽利略从小也常常弹奏琉特琴。当他晚年被宗教裁判所判处软禁和双目

---

[1] Albrecht V von Wittelsbach（1528~1579年），1550年起担任巴伐利亚公爵，他支持天主教复兴，热衷艺术收藏。

[2] Michelangelo Galilei（1575~1631年），琉特琴师和作曲家，主要活跃于巴伐利亚和波兰。

失明时，这一乐器仍将是他的慰藉。

当他的父亲凭借又一部出版物引发关注的时候，伽利略正好 4 岁。在这篇对话形式的作品里，一位琉特琴师借助多个例子向一个外行人阐述了当时的音乐。作者在封面上自称为"高贵的佛罗伦萨人"，该说法后来也将被他的儿子沿用。

文琴佐在比萨一直难有机会施展自己的才华。为了给大学增添更多光彩，科西莫一世将国际知名的医生和哲学家招揽至比萨，但他的努力只取得了有限的成果。前来求学的人始终不多，文琴佐的生源不足，也缺乏学术交流。

1572 年，伽利略的父亲移居到拥有 6 万人的首府佛罗伦萨，两年后又将家人接来。同年，科西莫一世离世，其子弗朗切斯科继任大公——一位潜在的赞助者接掌了权力。他的宫廷是佛罗伦萨精神和艺术生活的中心，文琴佐在那里获得的委托较在比萨更多，还结识了作曲家、音乐家、作家和学者，增强了他对艺术的理解。

伽利略暂时没有多少机会熟悉这座新家园。对他而言，所有新贵子弟通常都必须接受的人文主义教育现在开始了。他将要进入一所修道院学校：瓦隆布罗萨本笃会修道院 ①。

这所修道院位于佛罗伦萨城外约 40 千米的一片森林地带，所在地海拔超过 2000 米。在夏季，当僧侣们赖以为生的酿酒葡萄成熟的时候，这里是个田园般的去处；而在冬季，当严寒钻过高耸石墙的缝隙、侵袭修道院的屋室之时，它就变成了一个苦恶之地。1575 年，文琴佐将其 11 岁的儿子送到这里，交给僧侣照看。此前，伽利略还在佛罗伦萨接受过一段时间的家教。

不知道这个男孩是否对远离家人感到难过，或者他是否很快适应了修道院生活、宗教规章和每天的逻辑、语法和修辞课程。无论是在他的书信中，还是在他的其他记录里，伽利略都没有谈起过他的父母、他的童年和修道院教育。

---

① Abbazia di Vallombrosa，位于佛罗伦萨城东 40 千米，建立于 1038 年，1866 年撤销，现有 17 世纪的建筑存世。

颇具代表性的是，在伽利略流传下来的为数不多的童年记忆中，有一段涉及他和天文学的首次接触。13岁时，他在夜空中看见一颗明亮的彗星，其弯曲的彗尾在几十年后仍历历在目。这恐怕是他与约翰内斯·开普勒所共同进行的最早一次天文观测，后者当时还不到6岁，他在数百公里之外惊奇地注视着这颗长尾星划过。这两个男孩在仰望天空的时候或许都有些恐惧，因为彗星在阿尔卑斯山两侧都被视为上帝的预兆，通常是作为宣告不幸事件的信使，比如一位诸侯的死讯。

在教会的影响之下

修道院至少暂时为伽利略确立了一个新的人生目标。在同本笃会修士生活了三年之后，他打算成为见习修士。他显然能够接受强化集体意识的信仰内容和仪式，或许也为僧侣的渊博学识所打动，后者使修道院的名声远播于佛罗伦萨之外。

有许多重要人物来到瓦隆布罗萨，在1575年就包括后来封为圣人的枢机主教卡洛·博罗

这幅17世纪的铜版画表明，由于被认为是灾祸的使者，彗星总是能够引发关注。

梅奥[1]，他是反宗教改革运动的关键人物之一。在那个天主教会被视为腐朽堕落、枢机的尊贵地位被继承和买卖、主教们在其教区里纸醉金迷而丝毫不把布道放在心上的时代，米兰大主教作为教会的牧者四处奔波，宣传福音，惩治弊端，矫正贵族和教会的败坏风气。

他也是通过裙带关系获得枢机之位的，并作为教宗最喜爱的外甥参与了历时多年的特伦

① Carlo Borromeo（1538~1584年），父亲是阿罗纳伯爵吉尔伯托，母亲来自美第奇家族，舅舅乔瓦尼·安杰洛·美第奇于1559年当选为教宗庇护四世。1560年成为枢机主教，1564年成为米兰大主教，在制定和执行特伦托公会议决议的过程中发挥了主导作用。

托公会议 ①。1564 年 1 月 26 日，伽利略出生几天之后，庇护四世批准了公会议做出的重大决定。教宗的圣谕被视为反对新教、反对路德和加尔文的信徒的坚强堡垒。解读《圣经》必须重新成为天主教会的专属事务。

为了贯彻公会议的决议，一个新的宗教裁判法庭在罗马设立，教宗于 1572 年授权禁书审定院 ② 颁布一份官方的《禁书目录》。不过，哥白尼的作品不在其中，暂时不在。

在尽快将存有争议的公会议决议付诸实施方面，几乎没有第二个人像卡洛·博罗梅奥这般用心。他把关怀灵魂置于其工作的核心，彻底改造了他的大主教区。当瘟疫于 1575~1577 年席卷整个意大利，仅在米兰就造成 1.6 万人死亡时，他创办了一所医院。与这位枢机的善举同样著名的是他面对异端时的严厉无情——包括残酷地迫害女巫。

---

① 天主教会于 1545~1563 年在意大利北部的特伦托召开的重要会议，旨在推动教会改革和应对新教挑战，是反宗教改革运动的里程碑事件。

② 拉丁文 "Congregatio Indicis"，德文 "Index-Kongregation"。天主教会《禁书目录》已于 1559 年发布，共发行 32 版，直至 1966 年废止。

他对瓦隆布罗萨的访问被当作修道院历史上的重大事件记录下来，伽利略和他的同学们正在那里按照严格的教规接受教育。他们中的一些人已经准备好领受宗教使命。伽利略在 15 岁时也憧憬着这样一个目标。直到生命的尽头，他始终坚定地拥护着他的教会，即使在后者指控和判定他传播异端邪说时，也依旧如此。

当文琴佐得知他的儿子的愿望时，他立刻将其接回了佛罗伦萨。于是，对伽利略来说，在这座偏远的修道院中的学业开始得多么突然，它在 1578 年就结束得多么突兀。这将不会是他最后一次屈从于父亲的权威。

父亲为他的长子做了不同的规划。后者应当从事令人尊敬的医生职业，担负起人丁见长的家庭的开支，并为他的两个妹妹赚取体面的嫁妆。然而，文琴佐还不知道该如何支付学医的费用。他努力为伽利略申请奖学金以及比萨的智慧学院 ① 的免费宿舍，但是没有成功。

---

① Collegio di Sapienza，成立于 1408 年，属于寄宿制学校，主要面向经济条件一般的学生。

就这样，15 岁的伽利略暂时待在佛罗伦萨的家中。他有机会了解他的父亲所处的艺术氛围，并得以熟悉这座最负建筑艺术盛名的意大利城市，它的外部形象为美第奇、斯特罗奇[①]、碧提[②] 等权贵豪族华丽的文艺复兴式宫殿所主导。

旧音乐与新音乐

文琴佐在佛罗伦萨找到了一位特殊的赞助人，即乔瓦尼·德·巴尔迪[③]。这位兴趣广泛的伯爵是美第奇家族庆典活动的组织者之一，他亲自举办音乐晚会，创作诗歌，并致力于发展第一所语言学会——秕糠学会[④]，伽利略也于

---

① Strozzi，斯特罗奇家族依靠银行业发家，在美第奇家族 1434 年掌权之前是佛罗伦萨最富有的家族，之后被多次驱逐，最终与美第奇家族联姻。斯特罗奇宫如今是重要的文化和展览中心。

② Pitti，碧提家族依靠地产和贸易发家，家族成员多次出任政府高官。银行家卢卡·碧提是老科西莫夺取权力的重要支持者，他主持修建的碧提宫如今是佛罗伦萨最著名的艺术馆之一。

③ Giovanni de'Bardi（1534~1612 年），韦尔尼奥伯爵，1573 年创立佛罗伦萨卡梅拉塔社团。

④ Accademia della Crusca，成立于 1583 年，是全世界最古老的语言学会，旨在以托斯卡纳方言为蓝本规范和纯净意大利语，1612 年出版《秕糠学会词典》。

1605 年当选为该学会的成员。后来，巴尔迪还将为伽利略的职业发展提供帮助，但他首先用书籍和乐器支持了后者的父亲。

文琴佐从事各种形式的独奏已有很长时间。他弹奏的乐曲依附于歌词，可以表达诸如痛苦或者深仇大恨之类的情感。在巴尔迪的启发下，他开始研究古典文献，想要弄清楚古希腊的音乐和戏剧怎样实现有机结合，当时的歌唱者如何准备他们的角色，以及吟咏者如何用音乐手段刻画不同人物的性格并表达个人感受。

文琴佐创作宣叙调[1]，在巴尔迪的沙龙上朗诵，并在它与同时代的戏剧表演——即兴喜剧[2]之间架起一座桥梁。当伽利略 17 岁的时候，他的父亲撰写了自己的重要作品《关于旧音乐与新音乐的对话》（*Dialogo della musica antica et della moderna*）。音乐学家席尔克·利奥波德[3]介绍说，他在其中提前完成的事业，将在 20 年

---

[1] 又称"朗诵调"，是歌剧、清唱剧、康塔塔等声乐艺术中用以对话和叙述、介于歌唱和朗诵之间的曲调，与"咏叹调"相对。

[2] Commedia dell'arte，又称"假面喜剧"，16~18 世纪盛行于意大利。

[3] Silke Leopold，生于 1948 年，德国音乐学家。

后成为歌剧诞生的起点。文琴佐越来越支持一种富有表现力的、其作曲规则不再像大学里所教授的那样严格的音乐。他主张，给文学作品谱曲时也应当接受非传统的方法。

音乐在 16 世纪的高校里是数学的分支学科。它在自由七艺①的教育准则中与天文、算术和几何并列，这并非偶然，因为天象运行规律所表现出的和谐秩序也反映在人间的音乐中。开普勒在《世界的和谐》(*Harmonices Mundi*)中再次将这个传统思想扩充为一幅宏大的宇宙纵览。在此过程中，开普勒甚至会在一些方面引述文琴佐·伽利雷的作品，尽管后者对音乐持有完全不同的看法并开始重新定义艺术的观念。

古代毕达哥拉斯学派认为，音程可以表现为简单的数学关系，这是古典音乐理论的基础。比如，通过将琉特琴弦的长度缩短一半，就能

① 拉丁文 "septem artes liberals"，古典时代流传下来的教育理念，认为自由人必须学习语法、修辞、逻辑、算术、几何、天文和音乐七门学科，它们在中世纪时是神学、法学和医学的预科，也是"博雅教育"的前身。

够产生八度音程 1：2 的比例关系，而五度音程是缩短至原有长度的 2/3，四度音程的比例则是 3：4。

文琴佐也曾向备受尊敬的威尼斯圣马可大教堂唱诗班指挥吉奥赛夫·扎利诺①求学，后者只使用自然数 1 到 6 就发展出一种协和音程的理论和推导出简单的作曲规则。扎利诺是 16 世纪该领域无可争议的权威，文琴佐则是少数——如果不是唯一的话——敢于公开反驳他的人之一。

文琴佐正确地看出，扎利诺的理论会造成误导。至于原因，可以以五度循环为例，在数学上特别简洁地加以说明：

如果在音阶上每次跨越一个五度，也就是依次落在 C、G、D、A、E、B、F#/Gb、Db、Ab、Eb、Bb、F、C 上，就会在 12 次跨越后重新回到 C。按照顺序，这个 C 正好比循环起始处的 C 高 7 个八度。毕达哥拉斯提出的数列 1、

---

① Gioseffo Zarlino（1517~1590 年），威尼斯作曲家和管风琴师，当时最具影响力的音乐理论家。1537 年成为方济各会修士，1583 年拟任基奥贾主教，但威尼斯元老院说服他留了下来。

2、4、8、16、32、64、128 与跨越 7 个八度相符合。

那么，12 个五度肯定具有完全相同的数量关系，结果却并非如此。如果把毕达哥拉斯关于五度音程的数量关系的 2∶3 开 12 次方，就会得到一个令人失望的近似值 1∶129.746。12 个五度循环大于 7 个八度循环，导致了1∶129.746 与 1∶128 之间微小但听得出的差别，即所谓的毕达哥拉斯音差，它打乱了整个数学音阶：五度循环不符合简单数量关系的理论。

文琴佐通过其他例证公布了当时流行的体系的矛盾之处，并用实验支持他的论据，他在其中测试了不同粗细和材质的琴弦。他批评扎利诺明明知道这些矛盾却闭口不谈，并且为半音程计算出一种新的数量关系。于是，他就接近了建立在无理数之上的现代调音①。

然而在他看来，根本不应该由数学，而只应该由人的耳朵在音乐实践中决定音程是否合适。与艺术相比，科学有着不同的行动方式和

————————

① 按照十二平均律调节后的音调。

目标。他认为，追求过于严格的作曲规则会妨碍音乐的本来目的，即唤起听者的情感。

文琴佐·伽利雷以一种当时非同寻常的方式把理论和实践联系起来。他的思想在佛罗伦萨落地生根，歌剧音乐的先驱们采纳了他的想法。因此，作曲家雅各布·佩里[①]也在诠释1600年10月在碧提宫举行的歌剧首演[②]时表示，为了表达情感，他没有理会特定的作曲规则。

不情愿的医学生

年轻的伽利略或许对他父亲顽强地捍卫他的见解感到敬佩。文琴佐通过高度敏锐的计算向自己曾经的老师扎利诺发起进攻，并以此与各种形式的迷信权威进行论战，这也许给他留下了深刻的印象。傻瓜就是那些在自己没有提出足够依据的情况下就遵从别人的人。他想要直率地给出答案，而不带任何阿谀奉承。伽利

---

① Jacopo Peri（1561~1633年），意大利作曲家，创作了史上最早的歌剧《达芙妮》和《尤丽迪茜》，被视为歌剧的发明者。
② 指《尤丽迪茜》，已经失传的《达芙妮》于1598年首演。

略也将用自己的经验检验他人的知识，并作为学者痛斥那些拒绝睁眼看世界、盲目接受书本知识的人。

很快，伽利略就不情愿地见识到了这类无用之博学的捍卫者。1580 年 9 月，他遵照父亲的命令报名学医，重新回到了比萨。在大学里，他不得不忍受几乎每一本教材都充斥着亚里士多德的学说。关于他在比萨的一位教授吉罗拉莫·博罗 ①，法国散文家米歇尔·德·蒙田的游记里有一个颇具代表性的片段，这正好发生在伽利略于此就读的时期。

1581 年夏季，蒙田在比萨逗留，他参观了斜塔和令其"无比"喜欢的公墓，同时却认为这座城市整体上乏善可陈。在他看来，比萨几乎已经不复存在。伽利略的教授博罗医生同样让他感到苍白无力，他将其描述为 150% 的亚里士多德主义者："他的头号原理是：是否符合亚里士多德的学说是检验一切可靠观点和一切真

---

① Girolamo Borro（1512~1592 年），意大利自然哲学家、神学家和医生，发表过关于潮汐和不等重物体的运动的作品。

理的试金石。除此以外无不是幻想与荒谬，因为亚里士多德已经穷究和道出了一切。"

从这样一种对科学的认知中，伽利略没法学到任何东西。早在学生时代，他就由于多次提出质疑而得到了"好斗嘴和异议者"的称号，他最后的助手和立传者文琴佐·维维亚尼①如是说。至于说这位曾经的修道院学生事实上从一开始就如此叛逆，却是有理由怀疑的。从他的手稿——认真完成的课堂笔记以及对当时流行的亚里士多德学说评注的摘录中，人们没有看出相关内容。

不过，伽利略很快就厌倦了这种学习方式。古希腊医学家的作品让他感到兴味索然。他对艺术的兴趣要大得多，特别是对绘画和音乐。可是，父亲没有那么快就放弃，而是始终盼望有朝

---

① Vincenzo Viviani（1622~1703 年），意大利数学家和物理学家，出身贵族，1639 年成为伽利略的关门弟子、秘书和助手。他协助接替伽利略担任宫廷数学家的埃万杰利斯塔·托里拆利发明了气压计，发现了维维亚尼定理，将音速精确至每秒 350 米，整理和修复了大量古希腊数学文献，参与创办欧洲最早的科学院之一——西芒托学院（Accademia del Cimento，原意为"实验研究院"），并将亲自担任美第奇大公的宫廷数学家。

一日看到他的儿子接过最有名的家族成员——伽利略·伽利雷医生 ① 在几代人之前曾经从事的职业。文琴佐要求 18 岁的伽利略继续医学学业，而且最后还得学习数学。为了提高儿子对此事的积极性，他表示，数学是一切艺术最重要的基础之一。

在第三或第四学年的某个时刻，伽利略首次旁听了数学课。他很幸运，能够聆听其父亲的朋友奥斯蒂略·里奇的课程，后者近年来担任美第奇大公的宫廷数学家。他的讲解远不像伽利略上过的其他课程那般枯燥，而是援引了大量实例：绘画中的透视法，以及土地测量、军用建筑学和工程学领域的问题。

虽然课程是专门针对宫廷里的公职人员的，但是里奇看出了他的旁听生的非凡天赋。伽利略成了其最勤奋的学生之一。受到数学精确性的吸引，他放下了医学书籍，开始潜心研究欧

① 本名伽利略·波奈乌迪（Galileo Bonaiuti，约 1370~约 1450 年），佛罗伦萨医生、大学教授、共和国执委会成员。由于成就卓著，他的名字被后人当作姓氏，使其成为伽利雷家族的始祖。他在佛罗伦萨圣十字教堂的墓碑上刻着"伽利略·伽利雷教授，波奈乌迪家族"（Magister Galileus de Galileis, olim Bonaiutis）。

氏几何。

最后，里奇让伽利略加入了他的私人学生的高级小圈子。除了美第奇公子[①]以外，其中还包括将作为画家取得卓越成就的卢多维科·齐格里。伽利略与他结为好友，并终生与其保持联系。

据他的传记作者维维亚尼所说，如果年轻时的伽利略有机会自己选择的话，他最希望成为画家。可惜，关于他的求学岁月，只有零星手稿被保存下来。后来关于月球和太阳黑子的高超绘图表明，他的想法是认真的，而且他在选择了数学之后也从未放弃绘画。

实验——"万事之师"

文琴佐对所有这些都不感兴趣。他已经年届六旬，为他家庭的未来担忧，而且无法继续为伽利略的学业提供资助。1585年，由于多次申请奖学金未果，他的儿子不得不离开了比萨

---

① 指科西莫一世大公的私生子唐·乔瓦尼·德·美第奇（Don Giovanni de'Medici，1567~1621年），外交家、军事家和业余建筑师，曾在佛罗伦萨绘画学院学习。

大学。在没有毕业的情况下，这个 21 岁的男孩回到了佛罗伦萨的家中。在那里，他的数学才能很快就让文琴佐信服。伽利略继续参加奥斯蒂略·里奇的课程，在几年内就撰写了多篇出色的数学论文，还积极参与其父亲的工作。

文琴佐·伽利雷认为实验是"万事之师"，他已经将他的音乐研究扩充为一项实验性的科研计划。他通过一系列声学测试考察琴弦、钟铃和管风琴声管的发声原理，目的是最终破解毕达哥拉斯学派的数秘术①。

在伽利略的后期作品《关于力学的对谈》②中，有一些关于声学的段落，它们无疑可以追溯到其父亲的实验。其中，伽利略运用对于两人来说都很常用的解析方法剖析了毕达哥拉斯学派对音乐的理解。

由于一根弦的音调能够通过缩短它的长度、

① 毕达哥拉斯学派认为"数是万物之源"，并将数学神秘化，赋予每个数字不同的含义。
② 即《关于两门新科学的对谈》，全称为《关于力学和位置运动的两门新科学的对谈和数学证明》（*Discorsi e dimostrazioni matematiche intorno a due nuove scienze attenenti alla meccanica c i movimenti locali*），1638 年在莱顿出版。

改变它的松紧度或材质等方式升高，对于八度和五度而言，1∶2和2∶3已经不能被视作唯一正确的数学比例。"在松紧度和材质不变的情况下，我们通过将长度缩短至一半而得到八度，也就是说，我们先弹整根弦，再弹半根弦。在长度和材质不变的情况下，我们通过绷紧琴弦而得到八度；但是为此所需的力量不只是双倍，而是四倍；如果它原先被施以一磅的张力，那么我们需要四磅才能得到八度。最后，在长度和松紧度不变的情况下，需要将粗细缩减至1/4，才能得到八度……面对这些精确的实验，像机智的哲学家那样认为八度的形式就是1∶2，这在我看来完全没有根据。"因为人们同样可以将1∶4称为八度的"自然"形式。

伽利略问题专家斯蒂尔曼·德雷克①不是唯一认为伽利略直接参与了其父亲的实验并在后者引导下熟悉了实验方法的人。据此，这位自然科学家就不但从音乐家父亲那里学会了把经

---

① Stillman Drake（1910~1993年），加拿大科学史家，其作品《工作中的伽利略》（*Galileo at work*）是伽利略的经典传记。

验事实作为自我思考的起点，而且也学会了如何利用朴素的方法完成精准测量，以便从中推导数学规律和得出后续结论。

文琴佐的艺术氛围及其与宫廷的联系也影响了伽利略的职业选择。他受到父亲的活跃思想和怀疑精神的熏陶，像后者一样相信经验和实验结果，反对过度假设，并把实践和理论联系起来。

不过，既不是音乐也不是绘画，而是数学为伽利略铺平了自我实现的道路。他能够在比例和逻辑的世界里通过其父亲的考验，而作为数学家甚至超越了后者，并终将摆脱家长权威的束缚。

数学将成为他毕生的支柱。他的把握和他的信念生长于数量的根基之上。他越多地将观测结果和经验转化为他所熟悉的几何语言，就能够越好地分辨仅仅传承下来的知识和通过了检验的学问。

"我想要成为神学家"

开普勒的成长之路：从士兵之子到数学教师

神圣罗马帝国皇帝信仰天主教，符腾堡公爵信仰新教。帝国自由市维尔[①] 的居民则大多是天主教徒，约翰内斯·开普勒的双亲属于城里的新教少数派。如果不只考虑他的最近亲属，情况还要更加复杂：宗教将他的家族一分为二。

1571 年，约翰内斯·开普勒出生在一个信仰完全分裂的邦国。天主教皇帝身处遥远的维也纳，此时距离他褒奖维尔这座约有 1000 居民

[①] 符腾堡地区有数个"维尔"（Weil），此处指维尔德施塔特（Weil der Stadt），一座位于符腾堡公国首府斯图加特以西 20 余千米的小城，它在 1275 年前后成为帝国自由市，1373 年获得司法权和征税权。

的城市坚守信仰还没有过去很久。维尔亦作维勒（Wile）、乌勒（Wyle）、维尔德施塔特或维勒施塔特（Weilerstadt），是施瓦本地区20多个直辖于皇帝的帝国自由市之一。它从皇帝那里获得了征收过路税的特权：每辆货车需要缴纳6芬尼，每辆板车4芬尼。维尔的市民可以用这笔收入平整道路和修缮桥梁。这座城市为城墙所环绕，三座有人把守的城门上方还挂着告示牌，上面写着商人在此必须上缴的所有其他税费：盐税、皮革税、果税、油脂税、布税、炉灶税。

开普勒一家的住宅紧挨着市集广场，朝向宏伟的晚哥特式的厅堂式教堂①的视野此时还没有被稍后建造的市政厅所遮挡。这是一座天主教教堂。然而，对于维尔的路德宗信徒来说，城墙以内没有教堂，既没有教士，也没有属于自己的学校。

他们徒劳地为伸张他们的宗教权利而斗争。

---

① Hallenkirche，它的正厅与侧廊等高，常见于德国哥特式教堂。此处指始建于1200年前后的圣彼得和圣保罗教堂（St. Peter und Paul），它在1848年被法国军队焚毁后重建。

虽然符腾堡公爵站在他们一边，多次颁布针对维尔的经济制裁以施加压力，但城市议会里的天主教多数派并没有改弦更张。开普勒的父母和祖父母不得不前往沙夫豪森①或者其他邻近的城镇，才能够聆听路德宗的布道。

维尔城内的宗教关系错综复杂，帝国几乎各个地区都同样如此。有些人改换了信仰，另一些人则虔诚得陷入了宗教狂热；一方面，新教徒的比重在增加，因为每一次较大规模的瘟疫都会导致超过 1/10 的城市居民死亡，并将从周边地区吸纳多为福音派的新市民；另一方面，维尔城内的反宗教改革运动正变得越来越剧烈。

此外，维尔的天主教徒由于宗教忠诚而受到皇帝褒奖，这没有妨碍他们在信仰问题上时不时走自己的路。比如，他们允许他们的神父雅克布·莫西尔（Jakob Möchel）与其长期的情人结婚，甚至还为他公开举行了一场婚礼庆典。

---

① Schafhausen，不是瑞士北部的沙夫豪森（Schaffhausen），而是维尔德施塔特东南 3.5 千米的小镇，1973 年被并入后者。

市政府对新规定颇为满意，在 1580 年代决定彻底废除教士独身制度，且今后只聘用"有家室的"神职人员。施派尔主教①或许会对此感到愤怒，但也无可奈何。

尽管天主教居多数，维尔的新教徒仍在富裕阶层中占据相当大的比重，开普勒的祖父西巴尔德·开普勒（Sebald Kepler）很快也将跻身其间。他在市集广场的喷泉下方有一家生意不错的店铺，他在那里从事铁、钉子、颜料、蜡烛和布料贸易，还经营着一家小酒馆。

1570 年前后，西巴尔德·开普勒被市议会选为维尔德施塔特市市长，这是一个任期约 9 年的名誉职位。后来，约翰内斯·开普勒将他的祖父描述为"举止狂妄，衣着考究，脾气火爆，头脑顽固，善于辞令，更多地在别人面前而不是为了自己遵循智慧的原理"。西巴尔德·开普勒和他"过分热衷于宗教"的妻子有没有设法让他们的孙子接受一位新教教士的洗礼？

---

① 施派尔主教区设立于 4 世纪，是现在德国境内最早的主教区。主教位列诸侯，其辖区曾经横跨莱茵河两岸，包括维尔德施塔特。

或者这个男孩是由一位天主教神父洗礼，之后再接受路德宗教育的？从开普勒自己的表述来看，后者似乎更有可能。

女巫和妖魔

约翰内斯，简称汉斯。在16世纪，大约有1/3的德意志男子叫这个名字。姓氏有时写作开普勒，或者凯普勒（Khepler）、开普讷（Kepner）、凯佩勒（Käppeler）、科普勒（Köpler）。在法兰克福书展的名录上，这个姓氏第一次出现于1597年：开普勒鲁斯（Keplerus）[①] 在那里被叫作莱普留斯（Repleus）。在伽利略的通信中也有一次出现了"格莱普洛先生"（Signor Glepero），这同样要归因于当时标准写法的随意性。

卡塔琳娜和海因里希·开普勒于1571年5月结婚，约翰内斯·开普勒是他们的长子。同年12月27日，这个男孩出生，据说是个怀胎仅7个月的早产儿。结果是，他将终生受到偏弱体质的折磨。他经常发烧，还抱怨头痛。此

---

① "Kepler"的拉丁文写法。

外，他天生近视，有时会将远处的物体看成是两个或三个。

他的视力问题使他注定不太适合成为天文学家。但是约翰内斯·开普勒将腐朽化为了神奇：他是第一个正确描述人眼视网膜成像并解释近视成因的科学家。相反，他在天文学方面主要研究理论问题，在偶尔需要观测时则借助眼镜片或者暗箱①之类的设备。

从外表上看，约翰内斯更像他的母亲。他在回忆时描述她"娇小、瘦弱、深肤色"，并说她在性格上"喋喋不休和喜欢拌嘴"——这并非恭维地刻画人物，显然也不是讲给公众听的，而是来自他有一次为家人占星的私人记录。

卡塔琳娜来自莱昂贝格②附近的埃尔廷根③，她的父亲梅尔希奥·古尔登曼（Melchior Guldenmann，1514~1601 年）也在那里担任市长并经营着一家酒馆。卡塔琳娜的母亲似

---

① Camera obscura，又称"暗盒"，是一个密不透光的箱子或暗室，它可以把影像更加清晰地投在屏幕上，曾被用作绘画辅助工具，也是照相机的雏形。
② Leonberg，位于斯图加特以西 13 千米，开普勒及其父母于 1575 年搬到这里。
③ Eltingen，位于莱昂贝格以西，现在是后者的一部分。

乎很早就重病缠身。在后来针对"女开普勒"（Keplerin）的女巫审判中，约翰内斯的母亲受到指控说，她是在维尔的一个女巫的庇护下长大的，后者是她的远房姐妹，据说她——和其本人一样——采摘草药和相信魔力，后来被处以火刑。

当时，认为胡作非为的女巫和巫师真实存在的观念遍布所有社会阶层和信仰团体。它的思想温床可见于教宗的巫术诏书[①]、路德的猎巫活动或者加尔文的过度处决[②]，但也可见于差不多直白地表达对人性本恶的执念的世俗文件。

17世纪来临之际，对女巫处以火刑的数量大幅增加，这或许不只关系到宗教恩怨和由此引发的最吹毛求疵的争议。"巫术可以被视为小冰期的范式犯罪"，历史学家沃尔夫冈·贝林格[③]写道。"女巫被认为对天气、农作物歉收、

[①] 拉丁文"Summis desiderantes affectibus（至深祈望）"，德文"Hexenbulle"，教宗英诺森八世颁布于1484年。
[②] 路德和加尔文根据《圣经·出埃及记》中所言"行邪术的女人，不可容她存活"，赞成迫害和处死女巫。
[③] Wolfgang Behringer，生于1956年，德国历史学家，主攻近代早期史，曾在约克大学和萨尔大学任教。

没有子女，当然还包括对伴随危机降临的'非自然'疾病负有直接责任。"

约翰内斯·开普勒出生的时候，世界正处于一个极端寒冷的时期，它导致了德意志历史上最严重的饥荒之一。在 16 世纪最后 1/3 期间，"小冰期"① 多次造成大规模的歉收。刺骨的寒冬之后是春季的洪水和潮湿的夏季，它们会将谷物价格抬高四至六倍。奥格斯堡、纽伦堡等较大的商业城市从远方高价收购黑麦和其他食品，并把面包分发给民众，而乞讨者被看守从城门前赶走。疫病常常肆虐，尤其是 1571 年侵袭了整个符腾堡地区的瘟疫。就是在这段时期，耶稣受难日② 在新教邦国被确立为苦难者的纪念日。

凛冬、雹暴、歉收和诸如瘟疫等传染病被视为天谴。替罪羊很快就能确定：煽动者和不信教者，女巫和巫师，他们招致的恶劣天气糟

① 历史气候学概念，指"中世纪温暖期"之后一段较为寒冷的历史时期，传统上认为它的范围是 16~19 世纪，在不同地区的表现程度有所不同。

② 耶稣被钉十字架而死去的纪念日，时间为复活节前的星期五。

蹋了果实，这与果实被毁的真实原因常常毫无关联。在多数情况下，女性会成为目标。即使指控的依据严重不足，她们还是会遭到可怕的拷打和处决。维尔德施塔特记录在案的 42 场女巫审判均以火刑告终，只有 2 次例外：其中一位妇女在执行判决之前就已死去，另一位是日酬女工玛利亚·维舍琳（Maria Vischerin），她在酷刑之后成功地逃走了。按照城市博物馆馆长沃尔夫冈·许茨（Wolfgang Schütz）的说法，她随后甚至鼓起勇气，向帝国枢密法院①公开起诉了维尔德施塔特。

战争中的父亲

当约翰内斯·开普勒出生的时候，最糟糕的女巫审判还没有到来——他的母亲在受到指控前暂且还可以感到安全。她嫁给了维尔德施塔特市市长的儿子，乍看上去成就了一门好亲

---

① Reichskammergericht，神圣罗马帝国两家最高司法机关之一，另一家是帝国宫廷议会（Reichshofrat）。帝国枢密法院成立于 1495 年沃尔姆斯帝国会议，最初的职能是制止私斗，后来也在特定条件下审理民事和刑事上诉案件。

事。她的丈夫海因里希完成了商业学徒的学业。作为西巴尔德·开普勒的长子，他早晚将要追随其父亲的足迹而接手集市上的生意。对于婚后的共同生活，他获得了稳定的经济基础，新娘则收到了一份更加丰厚的嫁妆。

不过，约翰内斯的父亲是个性急之人。由于一场由他挑起的争执，城市议会已经对他处以一笔数目可观的罚金。这场婚姻也没有让他变得温和。他严厉无情地训斥他的妻子，而当他四处鬼混的时候，卡塔琳娜不得不与"脾气暴躁、顽固不化"的公公和"妒意十足、刁钻刻薄"的婆婆相处，约翰内斯后来如此刻画其祖父母的性格。

这个男孩刚满两岁时，他的父亲就动身远去了。在庞大、混乱、血腥的三十年战争爆发之前，已有多场战事在欧洲肆虐，海因里希·开普勒作为雇佣兵参加了其中一场。当三十年战争结束时，维尔德施塔特也化作火海，开普勒出生的房子——一座屋室矮小、用黏土和稻草筑成的传统木框架房屋被破坏大半。

距离那时还有几十年时间。然而，一些事件已经预先埋下了伏笔，比如卡特里娜·德·美第奇① 于 1572 年在邻近的法国发动的难以名状的血腥屠杀。圣巴托洛缪之夜② 成为那个时代的恐怖写照，上千名胡格诺派教徒沦为牺牲品。

海因里希·开普勒作为士兵参加了另一场焦点冲突：在国际海洋贸易和银行业的新兴枢纽——富庶的尼德兰，君主制和崛起的资产阶级展开了一场公开的权力斗争。在阿尔巴公爵③ 的指挥下，信仰天主教的西班牙人残酷无情地向起义者发起攻击。

---

① Caterina de'Medici（1519~1589 年），佛罗伦萨僭主洛伦佐二世·德·美第奇之女，1547 年成为法国国王亨利二世的王后，1559~1589 年先后作为弗朗西斯二世、查理九世和亨利三世的母亲摄政。她试图凌驾于天主教徒和胡格诺派之上，却无力压制双方矛盾，导致爆发了八次宗教战争。

② 1572 年 8 月 18 日，法国国王查理九世之妹与胡格诺派领袖纳瓦尔的亨利——未来的亨利四世完婚，旨在促成宗教战争的敌对双方和解。在卡特里娜和查理九世的纵容下，巴黎天主教徒从 8 月 24 日夜（使徒巴多罗买的纪念日）开始屠杀胡格诺派，之后又将屠杀扩散至其他地区，估计有 7 万人被杀。

③ Duque de Alba，西班牙贵族头衔，此指第三任公爵费尔南多·阿尔瓦雷斯·德·托莱多（Fernando Álvarez de Toledo），他在 1567~1573 年担任尼德兰总督，以残酷镇压尼德兰革命著称。

尽管海因里希·开普勒是新教徒，他依然接受了西班牙人的招募。为了一笔不菲的报酬，他同意与天主教徒并肩作战。愿意参战的佣兵并不稀缺。欧洲早已从人口一度迅速减少之中恢复过来。尽管存在瘟疫潮和很高的儿童死亡率，16世纪的德意志城市仍得以继续发展壮大，人口众多的南部在饥荒期间有许多人陷入困苦，但也有像海因里希·开普勒一类的莽夫，他们受到刺激的戎马生活、一份稳定的月饷以及胜利时有权分享战利品的吸引而踏上疆场。

卡塔琳娜惊骇不已。雇佣兵被认为是土匪和强奸犯，而臭名昭著的军旅生活也少不了嫖娼和欺诈。但是她未能让海因里希回心转意。她又怀孕了，在较长时间的病痛之后诞下了她的第二个儿子。之后，她拼尽全力，要去前线找到她的丈夫并把他带回家。怀着绝望的勇气，这位年轻的妇人只身前往偏远的战乱地区。

约翰内斯和他的弟弟海因里希一道留在祖父母的身边。在与母亲分别期间，他染上了严重的天花。人们把他的双手绑在一起，以免他抓破豌豆大小、具有高度传染性的水疱。

当卡塔琳娜果真带着她的丈夫回到家中，约翰内斯也挺过了危及生命的疾病时，全家人搬至邻近的莱昂贝格，并在市集广场周围买下了一栋房子。但就算是在这里，海因里希·开普勒也没有久留。他在第二年就回到了尼德兰战争的行伍之中。这场战争还将持续很久，甚至连他的儿子约翰内斯也未能目睹它的结局。

这次，海因里希在异国他乡闯了祸：1577年，他差一点就跟着一群粗野的雇佣兵上了绞刑架。后来，约翰内斯·开普勒将父亲描述为"一个放荡、粗暴、爱惹是生非的人"。不过，他把其糟糕的方面归咎于出生时刻的天体排布："土星与火星构成的三分相①"使他成了一个士兵。

父亲使这个家庭濒临破产。回到莱昂贝格之后，他由于一次担保而丧失了财产，又在一次火药角②的爆炸中破了相。最后，他抵押了埃尔门丁根（Ellmendingen）的"太阳客栈"，再

---

① 星相学术语，指两颗行星的角距离为圆周的三分之一，即120度。
② 装火药的角状容器。

次举家搬迁。不过，他们很快又回到了莱昂贝格。直接说说后面发生的事吧：几年后，海因里希·开普勒又一次申请参战，这次他再也没有回来。后来，这也成了"女开普勒"在其女巫审判中的罪状。她"无疑用恶魔之法"将自己的丈夫赶出了家门，致使后者不得不在战争中悲惨地死去。

从那时起，卡塔琳娜·开普勒必须独自照料两岁的克里斯多夫和年长三岁的幼女玛格蕾特。她患有癫痫的次子海因里希此时已不在家中居住。后者在忍受了多次打骂并被父亲威胁要卖掉他之后离家出走了。他依靠乞讨和当兵活了下来，其间遇到打劫，受过伤，后来又回到了母亲身边。

小汉斯在学什么

就在这样的情况下，约翰内斯·开普勒找到了通往自然科学的道路，这确实令人惊奇。尽管反复搬迁使得家庭生活疲惫不堪，父母试图在莱昂贝格扎根对他来说却是一桩幸事。因为与维尔不同，符腾堡的新教地区实行普遍的义务教育。符腾堡公爵在 1559 年的"大教法"①中甚至承诺向 200 名学生长期提供奖学金，直到他们大学毕业。

皇帝的参事拉撒路·冯·史文迪②在 1574 年起草的备忘录中描述了此类教育促进活动的更重要的背景："印刷术为世界打开了辨别善恶的眼睛，揭示了许多事物的奥秘，特别是宗教问题上的弊端，它们都无法再被掩藏于众人的双眼和心灵之外，或者被恐惧和惩罚从其中驱逐，世界也不会再任凭简单、无知和仅仅由古老的外部纪律和仪式所推动、引导和强制，而是愿意在教义周密、完美的宗教中获得引导和教化。"

人文主义和印刷术在欧洲激发出前所未有的教育热情，新教徒和天主教徒建立了大学和学校。在符腾堡，学校体系按照大公"为了荣

---

① 教法（Kirchenordnung）一般指在宗教改革期间皈依新教的地区重新制定的教会法，多数颁行于 1555 年《奥格斯堡宗教和约》订立之后。

② Lazarus von Schwendi（1522~1583 年），南德意志政治家、外交官和将军，世袭男爵，人文主义者。他曾作为皇帝马克西米连二世最重要的参谋起草了多篇主张宗教宽容和加强皇权的备忘录，但未能付诸实施。

耀上帝和管理公共利益"的指示而扩大。邦内各地都在发掘合格的新生力量，既是为了培养神职人员，也是因为需要聪明的头脑来处理日渐增多的行政事务。

约翰内斯·开普勒是个有悟性的孩子。老师们称赞他的天资，尽管他认为自己是"同类人中习惯最差的"。他花了五年时间才从拉丁文学校的头三个年级毕业，原因是父母宁可让他们的长子种田，也不愿送他上学。在结束拉丁文学校的学业后，父母暂且让他继续种地。

年轻的他记录道，他在童年时对体力劳动的抵触非常强烈，以及他在学校里从一开始就特别刻苦以逃避农活的辛劳。

或许是他的老师让父母和祖父母相信，这个弱不禁风的孩子不适合田间劳作，而学校教育有望使这个有天赋的男孩成为一名教士。最早看出这一机会的或许是他的祖父和外祖父。西巴尔德·开普勒支持他的孙子争取一份奖学金，而外祖父古尔登曼把一片牧场的收入转让给这位年轻的大学生。不过，在主要由符腾堡学校制度为他铺设的道路上，这只是迟到和相对微薄的帮助。

当约翰内斯·开普勒完成了最初几个学年后，由于成绩出色，他不需要家长提供特别支持就能继续学业。他在 200 名遴选者之中通过了考试，被阿德尔贝格[①]和毛尔布隆修道院[②]学校录取，之后获得了图宾根神学院[③]的奖学金。

在阿德尔贝格和毛尔布隆的福音派神学院里，他穿着僧衣，过着与世隔绝的生活，夏季每天凌晨 4 点就开始唱诵赞美诗，还必须忍受简陋的伙食和少量的睡眠。他只准用拉丁语和他的同学讲话。他被要求检举伙伴的违规行为，他这么做的时候不无痛苦。当他作为成绩优异的好学生受到瞩目的时候，就会被他的对手们

---

① Kloster Adelberg，建于 1178 年的普利孟特瑞会修道院，1565 年转为新教机构并设立学校。

② Kloster Maulbronn，1147 年建立、1534 年撤销的熙笃会修道院，1556 年按照教令设立的新教学校也是荷尔德林和黑塞的母校。它是阿尔卑斯山以北保存最完好的中世纪修道院，1993 年被列入世界文化遗产。

③ Tübinger Stift，1536 年由符腾堡公爵建立，旨在为邦国培养路德宗神职人员。神学院是独立机构，但与图宾根大学关系密切。它是许多重要的神学家、哲学家和作家的母校，著名校友包括开普勒、荷尔德林、黑格尔和谢林。

冷落，但当别人受到表扬的时候，他自己同样会心生妒意。

在学生宿舍里，他始终生活在竞争与怀疑的氛围中。他在奖学金生中有许多敌人，"阿德尔贝格的伦德林（Lcndlin），毛尔布隆的施潘根贝格（Spangenberg），图宾根的克雷伯（Kleber），毛尔布隆的里布施托克（Rebstock）、胡塞尔（Husel），图宾根的陶贝尔（Dauber）、罗哈德（Lorhard）、耶格（Jaeger）——一个亲戚、约翰·雷吉乌斯（Joh. Regius）、穆尔（Murr）、施派德尔（Speidel）、蔡勒（Zeiler）……"开普勒在此处只列举了多年的对手。我们在这段时期没有读到关于友情的内容。

由于他有些不留情面的直率和自我批评，我们对于开普勒的个人命运、他与父母和同学的关系或者他的婚姻的了解要比伽利略的多得多。尽管他容易受到伤害，他的机智还是一次次地诱使他用"挖苦的笑话"攻击和激怒他的同学，使自己成为对方攻击的靶子。与他们的争吵着实使他病倒了，更不用提他反复说起的其他身体病痛：皮肤起疹子、溃疡、发烧、头痛。

调和家庭、学校和宗教的日常生活的对立和矛盾，这远远超出了他的能力。他对自己的出身感到羞愧，同时却在同学的诋毁面前保护他的父亲，他被来回撕扯于自我苛责、自鸣得意、自我贬低和自高自傲之间，将自己描述为虔诚得近乎迷信，并给自己施加责罚。

出生在一颗不祥的星辰之下？

他寻求认可的愿望之强烈，母亲的影响之深刻，也体现在他37岁时所创作的《梦月》中。尽管有许多想象的元素，文章简短的框架还是具备了自传的特征，它读起来就像是对最终与母亲化解恩怨的渴望：故事的主角是男孩杜拉科托（Duracoto），他显然被开普勒等同于自己。在杜拉科托3岁的时候，父亲去世了，而母亲赶走了他。为了一件微不足道的事情，她将无用的孩子卖给了一个水手。

小男孩病倒了，但最后结识了天文学家第谷·布拉赫，并在他的关照下掌握了天文学知识。"就祖国而言是个出身寒微的半野蛮人的我①，通过这种方式熟悉了那门上帝的学问，它为我铺平了向更高处登攀的道路。"

三年过去了，杜拉科托渴望回到他的家乡。"我觉得，人们会出于我习得的知识而乐意在那儿接纳我，还可能把我提升至某种显要的地位。"而且，在经受了一生的良心折磨之后，年老多病的母亲确实对她儿子的归来感到极度喜悦。她想要知道杜拉科托所经历和听说过的一切，并了解到许多有关天文学的情况。

此时，母亲向他透露了她自己的秘密魔法。她最后对他保证说，她现在准备好接受死亡了，"因为她可以将其至今独有的学问留给儿子继承"。

从这段插曲中，可以看出约翰内斯·开普勒与其母亲的矛盾关系直到成年都让他痛苦，这在其他任何地方都没有表现出来。当他早已成为他所处时代最伟大的科学家时，他依然期

---

① 之所以如此说，是因为德意志人在西欧长期被视为不开化的日耳曼人。

望获得她的认可。她是最早把天上的彗星指给那个还不满 6 岁的孩子看的人。在《梦月》中，他作为经验丰富的天文学家回到她的身边，并用自己的学识与她达成和解。

他从未完全抛弃继承自母亲的对超自然力量的信仰。他终其一生都明白，除了物理作用力之外还潜藏着左右人类命运的其他力量。约翰内斯·开普勒在手中握有两条线索。他神奇地扮演着两面派，同时推动了天文学和占星术的革新。

他对于星相学的偏好还使他能够完全赦免其全家的过错。就算母亲"喜欢斗嘴"，父亲

开普勒在年轻时以他的准确生辰为依据，为自己绘制了一幅占星图。

"品行不端"，祖父"脾气暴躁"，祖母"习惯
说谎"，他们还能怎么办呢？他们不就是出生在
了一颗不祥的星辰之下吗？

感到不快的神学学生

对认可的追求驱使他取得了不平凡的成就。
"这个人，"开普勒描述自己说，"天生注定要在
别人望而却步的艰辛中度过他的大半生。"他以
"火一般的热情"着迷于"最离奇的物质"，在
孩提时代就学会了格律，尝试创作喜剧和背诵
最长的《圣经》诗篇。作为学者，这将会把他
引向突破了当时知识边界的宏大宇宙谜题。

早在上学期间，数学就是他在所有学科之
中最喜欢的。他钻研了许多问题，仿佛这些谜
题还没有获得解答，"但他事后肯定会发现，它
们早就被解决了"。然而，如果不考虑他卓越的
数学成就，这门课在他的学业中只扮演了次要
角色。作为修道院学生，他主要研究的是神学
问题。

基督教的分裂使他"深感忧虑"，诸教派
的分歧令他不安。比如，当马丁·路德教导说，

耶稣基督的血和肉被真正分享时，一位（天主教）神父则斥责加尔文主义者的圣餐学说，后者认为耶稣在圣餐时的临在只是精神上的。[1]

为了检验哪一种观点最合理，这位奖学金生退回到孤独的埋头苦读之中。他最后得出的结论正是："我后来从布道坛听到、被当作加尔文（教义）加以摒弃的。于是，我认识到必须调整我的观点。"但是他不想真正这么做，结果是他的信仰在某些问题上偏离了路德的学说。

雅可布·安德烈[2] 和其他神学家在 1577 年重新阐释了路德宗教义，并将他们的注解汇总在《协和书》[3]。在此基础上，符腾堡的新教徒收紧了教会管理，其严格程度堪与反宗教改革

---

[1] 耶稣在最后的晚餐时说，饼（面包）是他的身体，酒是他的血。于是，基督徒领受圣餐的饼和酒，以示与耶稣基督同在。对此，天主教认为，基督的身体和血在圣餐时真正变成了饼和酒（变体说／变质说）；路德认为，变质并未发生，但基督的身体和血确实存在和结合于饼和酒之中（同体说／同质说）；瑞士宗教改革家茨温利（Ulrich Zwingli）认为，饼和酒只是象征和纪念（纪念说）；加尔文调和了路德和茨温利的观点后认为，不是基督的身体和血存在于饼和酒，而是圣灵"临在"于饼和酒（临在说）。

[2] Jakob Andreä（1528~1590 年），德意志宗教改革家。

[3] Konkordienbuch，路德宗教义经典结集，初版于 1580 年。

一方的天主教西班牙人相比。随着年龄的增长，约翰内斯·开普勒愈发强烈地感受到教会国家的消极面。

神学家的教条主义，无论是哪种信仰，都令他反感。难道不是路德排除了教士的中介身份而宣布，个人依据其良知直接对上帝负责吗？他在此类问题上逐渐养成了一种批判性的、保持终生的自由思想，尽管后者使他陷入了极大的困境。虔诚的开普勒坚持他自己的解读，即使它不是从教会机关中产生的。他是一个不愿循规蹈矩的人，一位在新教传统下感到不快的思想者。

人们将会指责他持有加尔文宗和天主教的思想，将会逼迫他签署路德宗的《协和信条》①或者皈依天主教。他的人生将包括被驱逐、被开除教籍和失去以学者身份在大学获得相应职位的机会。他的一大愿望就是能够在异乡漂泊许久之后回到他在符腾堡的故乡，这始终未能实现。与成功跻身佛罗伦萨精英圈、很快谋得

① Konkordienformel，1577 年达成，旨在消除路德宗内部的教义分歧，被收录于《协和书》。

大学席位的伽利略不同，开普勒终其一生都是个局外人。他在任何地方、任何集体都没有真正找到家的感觉。

放逐到格拉茨

就在他即将获得教会职务的时候，他的人生经历了一次无法预见的转折。在他尚未毕业之时，图宾根大学评议会推荐他担任格拉茨新教教会学校中一个刚空缺出来但不十分热门的职位。这位倔强、能干的神学学生将会在那里作为数学老师开始职业生涯。

在大学读书期间，开普勒的几何学和天文学成绩优异，他很欣赏欧几里得的数学，甚至已经写出了一篇为哥白尼学说辩护的论文。可是对他来说，这一切只不过是为其神学生涯所做的部分准备。他从未考虑过放弃已经走上的神职之路而成为数学家。

承蒙上帝的恩典，大学学习对他来说变得如此亲切和宝贵，"以至我从来没有想过中断学业，那种情况曾经多次在我身上发生，"他向神学院解释道。虽然他没有拒绝被派往格拉茨，但至少获得了今后允许他返回的可能性。既然他的年龄和外表还不适合进行布道，他希望在格拉茨能够有机会参与教会事务的实践训练，并在个人层面通过研读《圣经》继续提高自己。

这个愿望很虔诚。开普勒将永远不会成为牧师。他在格拉茨很快适应了新角色，在一个他只掌握基础知识但显然拥有超凡天赋的领域证明了自己。"我原想成为神学家"，他在几年后向天文学家米夏埃尔·迈斯特林①写道，后者是图宾根时期对其未来发展最重要的大学教授。"我焦虑了很久。现在的情况却是，仿佛上帝也经由我在天文学方面的努力而获得了礼赞。"

---

① Michael Mästlin（1550~1631 年），德意志天文学家和数学家，开普勒的老师，并帮助开普勒撰写了《宇宙的奥秘》。

试金天平

伽利略追随着阿基米德的足迹

伽利略和开普勒，一位深受佛罗伦萨的艺术环境的影响，另一位深受符腾堡的神学教育的影响，两人的职业生涯都从数学教师开始。做出此种选择的人必须意识到，自己只会被少数人理解。因为16世纪的数学教育在形式上更加符合作家汉斯·马格努斯·恩岑斯伯格（Hans Magnus Enzensberger）对于今天的评论：没有任何别的领域存在如此巨大的文化"时差"。"可以冷酷地断言，绝大多数人……从来没有超越古希腊数学的水平。"

不过，数学的发展并非如此迟滞。伽利略

和开普勒都没有对未来的工作做充分准备，他们首先将目光投向了过往的天才：欧几里得、阿基米德和阿波罗尼乌斯 [1]。

阿基米德在近代来临之际被视为古往今来最敏锐的数学家。人们认为他是天象仪和杠杆的发明者，据说他借助滑轮组，独自一人就使古典时代最庞大的船舶——至少3000吨的彩船"叙拉古号 [2]"号顺利下水。他仅靠思想的力量就让船动了起来——这是此前几百人也未能完成的任务。

如果考虑到16和17世纪的诸侯和教宗们的夸张愿望的话，这类故事依然具有吸引力。每一位新教宗——通常出身于某个富有的意大利贵族世家——都想把他的家族形象以及被马丁·路德称为罪恶之城巴比伦的国际都会罗马修饰一番。反宗教改革时期的罗马不仅获得了一副崭新的面貌，这里还竖起了新的高大物体：

---

[1] Apollonius（前262~前190年），古希腊数学家，本轮－均轮系统的提出者，著有《圆锥曲线论》。

[2] Syrakosia，相传是阿基米德在公元前240年左右为叙拉古国王希伦二世制造的三桅桨帆船，排水量约1000吨，由于体积太大而被送给埃及法老托勒密三世，因为只有亚历山大里亚港能容得下它。

1586 年前后，为了在圣彼得广场上竖立起重 300 吨、高 25 米的方尖碑①，总共动用了 900 个人、150 匹马和接近 50 辆绞车。

阿基米德的趣闻可谓脍炙人口。据说，直到公元前 212 年叙拉古城最终被攻克之前，这位老人凭借其精准调试的投射武器，几乎以一己之力阻挡了罗马军队。传言，阿基米德使用了巨大的凹面镜，目的是将日光聚焦到敌方的舰船上并将其烧毁。

许多统治者都想拥有这样的神奇武器，哈布斯堡皇帝鲁道夫二世也不例外。他在意大利订购了巨大的镜子，并在 1610 年 8 月让人询问伽利略，后者在造出望远镜之后是否也揭开了阿基米德的反射镜的奥秘。

①　梵蒂冈方尖碑是一座无字的方尖碑，据传由罗马首任埃及总督柯内留斯·伽卢斯（Cornelius Gallus）竖立于亚历山大里亚，后被皇帝卡利古拉运回罗马并放置于城市西北的盖与尼禄竞技场（Circus Gai et Neronis），即后来使徒彼得殉道之处和圣彼得大教堂所在地。由于方尖碑妨碍了兴建新的圣彼得大教堂，教宗西克斯图斯五世 1585 年征集搬迁方案，建筑师多梅尼克·丰塔纳（Domenico Fontana）的方案获选。次年，方尖碑被移至圣彼得广场中央，系当时的一项庞大工程。

这个例子说明，熟悉阿基米德的科学知识的人也能够作为数学家获得关注。伽利略在22岁时就已经目标明确地选取了阿基米德的众多趣闻之一。根据古罗马建筑学家维特鲁威[1]的记述，这是关于希伦二世[2]的金冠的故事。

浴缸中的阿基米德

希伦命令一位工匠打造一顶纯金的桂冠，作为献给诸神的供品。当后者完成他的作品时，国王得到举报说，这名工匠为了中饱私囊，用白银替换了部分黄金。希伦请阿基米德调查此事。

"就在阿基米德思考这件事的时候，他碰巧走进了一间浴室。跨入浴缸的时候，他发觉浴缸内流出的水的体积正好等于他的身体浸入浴缸的体积。"于是，他想出了一个天才的主意，他"兴奋地跳出浴缸，赤裸地跑回家中，大声

---

[1] Marcus Vitruvius Pollio（前90/前70~前20/前15年），古罗马工程师和建筑师，著有《建筑十书》。

[2] Hieron II（约前306~前215年），叙拉古贵族，曾在伊庇鲁斯国王皮洛士帐下效力，通过政变夺取叙拉古王位，在第一次布匿战争中支持罗马。

喊道，他找到了正在寻找的东西……尤里卡！尤里卡！"[①]

根据维特鲁威的说法，阿基米德称出了王冠的重量，又分别弄来一块重量完全相同的金锭和银锭。他给一只碗盛满水，把金锭放入，检查有多少水溢出，然后又用银钉和王冠分别实验了一回。由于王冠的确含有白银成分，它所占据的体积大于纯金而小于纯银。"于是，他计算出……黄金中掺入了白银，并确切地证明了金匠的贪污行为。"

伽利略对这则故事表示怀疑。维特鲁威所描述的流程"非常粗略和不准，如果允许这么说的话"。他自己研究了阿基米德很长时间，并思考后者借助水"最准确地"查明两种金属的混合的可能方式。最后，他找到了一个解决办法。

如果两个金属块的重量相等而体积不等，它们就会排出不等量的水，维特鲁威正确地看到了这一点。因此，它们在水中受到的浮力有

① 古希腊文"ηὕρηκα"，意为"我找到了！"。

所不同，换句话说：它们在水中的称重结果不等。

伽利略先后把不同的金属块悬挂在杠杆式天平的一端，分别在空气中和水中称量它们。凭借这个"流体静力学天平"，他能够可靠地确定金、银以及某种金银合金之间的差别。

为了记录非常微小的差异，他将一根头发般粗细的黄铜丝缠在天平的臂上，并使得盘绕的铜丝将全长分隔为多个相等的部分。通过这种方式，就能够轻巧地测出各个配重物悬挂时产生的距离。另外，伽利略还在铜丝上安放了一把尖锐的三棱刀。"因为这样就能够部分通过听音、部分通过手触感觉每根金属丝的阻力，从而轻易地计数前述的丝线。"

在他的父亲听来，伽利略的测量技术肯定如同音乐一般。文琴佐·伽利雷最近距离地见证了他的儿子在实验方面的进步，或许父子俩此时共用着一间工作室。当琉特琴演奏家和音乐理论家文琴佐·伽利雷测试不同长短、粗细和松紧度的肠弦、铜弦和金弦的音高时，数学家伽利略·伽利雷正用缠上铜丝的杠杆式天平为他的新职业做准备。

从经验到实验

按照维特鲁威的说法，阿基米德所依据的是一种简单的感官经验：水从浴缸中溢出。伽利略不相信这番描述，因为无法以所需的精确度测算出漫溢的水量。在他看来，如此粗糙的程序配不上阿基米德。伽利略自己的实验要精确得多。它明显有别于日常经验，没有那么直观，而且具有更强的理论基础。阿基米德关于浮力的学说使他得以用数学重新阐述初始问题，并从中推导出一个新的测量方法："流体静力称衡法"，首先是在空气中，然后是在水中。

伽利略将会反复运用这种理论与实验相结合的自然考察法。他从熟悉的经验中逐渐进行抽象。流体静力学天平只是一个相对简单的例子，而且这件仪器并不是新事物。

"伽利略与其同时代者有可能彼此独立地获得了他们的结果，但是如果认为他们借鉴了更古老的文献资料，也没有什么不合理"，托马斯·伊贝尔[1]在一篇关于天平史的研究论文中写道。此外，流体静力学天平据说是12世纪由物理学家阿尔－卡齐尼[2]制造的。相关知识也许沿着贵金属贸易的商路从东方传播到了意大利。

伽利略本人将流体静力学天平视为伟大的阿基米德的发明，如今它的光辉应该也为他增添了一点光彩。因为他的目标是获得邻近大学的教席，或许还将在某个时刻被宫廷所聘用，就像他的老师奥斯蒂略·里奇那样。不过，为了使他更有机会获得这样的职位，他还得用其他方式展示他的数学才能。

幸运的是，阿基米德是一个几何原理的丰富源泉。伽利略深入钻研其关于重心的著述，渐渐熟悉了阿基米德的科学，并掌握了古希腊人的几何学语言。相反，他和开普勒几乎都不怎么使用代数，尽管后者正在经历一轮重要的

[1] Thomas Ibel，德国历史学家，著有《上古和中古时期的天平》。

[2] Al-Khazini（1077~1130年），拜占庭被释奴，跟随塞尔柱突厥主人来到梅尔夫（今土库曼斯坦马雷）并接受教育，后成为天文学家，代表作是献给桑贾尔苏丹的《桑贾尔星表》，著有关于静力学和流体静力学的《智慧平衡之书》。

蓬勃发展。

此时在欧洲，印度－阿拉伯数字已经取代了古罗马的计数符号。罗马数字虽然便于凿进石头，但不难想象它们在计算中显得多么笨拙。

16 世纪的畅销书籍以我们今天熟悉的形式介绍了四则运算，比如德意志算术家亚当·里斯①的作品。佛罗伦萨也有许多学校教商人在不使用算盘和算珠的情况下进行笔算。这虽然在一开始没有给简单运算或复式簿记省下多少时间，但是新的书写方式开辟了未曾预见的、在数字之间建立关系的可能性，即呈现为数学方程式的形式。

该领域的先驱之一是吉罗拉莫·卡尔达诺②。这位 1501 年生于帕维亚的数学家和星相学家在他的《大术》（*Ars Magna*）里求解二次、

① Adam Ries（1492~1559 年），德意志数学家和算术教师。他被德语世界视为"近代算术之父"，其用德语和阿拉伯数字创作的算术教科书沿用至 17 世纪。

② Girolamo Gardano（1501~1576 年），意大利医生、数学家、物理学家、星相学家和哲学家。他作为医生蜚声全欧，曾在博洛尼亚教授医学，最早对斑疹伤寒做出临床描述，最早提出了二项式定理和古典概率论。

三次和四次方程式。他能用负数进行和正数一样的计算，而且不回避复数。

伽利略几乎没有参与代数的快速发展。他纯粹几何的证明会让今天精于代数的读者感到陌生，我们会觉得他的记数在某些场合显得烦琐。另外，他对数学的好奇心常常会在令纯粹数学的爱好者感到兴奋之处戛然而止。

对于阿基米德来说，纯粹数学是知识的最高形式。他用精巧的证明和关于无穷的思想让他的同人目瞪口呆。当今多数物理学家只把数学视作辅助工具，而他的观点有时却正好相反：阿基米德不怕运用物理学知识破解数学难题。于是，不等臂天平的杠杆原理就引导他获得了一个求抛物线（弓形）面积的极其美妙的证明①。

伽利略不会成为第二个阿基米德。他把严格论证和归纳数学定理的任务留给了其他

---

① 阿基米德在不懂微积分的情况下，用杠杆原理得出：抛物线与一条弦围成的弓形面积是以该弦为底、以平行于底的切线的切点为顶点的内接三角形的面积的4/3。

人。他在奥斯蒂略·里奇以实用为导向的课程上认识到了数学的重要性，几何学对于艺术、建筑以及理解技术和物理现象的重要意义令他着迷。因此，他无法对阿基米德的全部著作感到同样振奋。在研读大师的作品时，他最喜爱的是《论浮体》和《论平衡及重心》。

他将自己最初几篇论文稿件有选择地寄给了几位国内和国外的数学家。他想尽一切办法获得推荐信，并与古伊多巴尔多·德尔·蒙特侯爵[1]以及罗马耶稣会数学家克里斯托弗·克拉维乌斯建立联系。尽管如此，他一开始还是在围绕博洛尼亚大学一个刚刚空出的数学教席的竞争中失利了。获得该职位的是另一个人：年长9岁的乔瓦尼·安东尼奥·马吉尼，他特别精通地理学和天文学，未来将成为伽利略的对手。

---

[1] Guidobaldo del Monte（1545~1607年），意大利数学家和天文学家，枢机主教德尔·蒙特的兄长，伽利略的好友和赞助人。

砷与尖端研究

在新职位的框架内，马吉尼每年都会做出星相预测，并被任命为曼图瓦的统治者贡查加[①]的宫廷星相学家和公子的老师。尽管天主教会根据特伦托公会议的决议取缔了占星术，依然有很多人相信星辰的影响力。多数教会和世俗统治者会定期征求星相学家的意见。

对于在占星师和预言家的年度集市上包装自己，伽利略没有花费太多功夫。不过，他也想从星辰中预知他自己的孩子们的未来。由于传言他以星相学家身份从事秘密活动，甚至宗教裁判所也在 1604 年首次注意到了他。在大公夫人的催促下，他最后撰写了一篇极具争议的占星报告。其中，他预言她的丈夫斐迪南一世将会长寿。短短三个星期之后，大公就去世了，而伽利略在美第奇宫廷谋得职位的前景一下子变得黯淡。直到望远镜的发明才使他重获希望。

与当权者打交道时常伴有许多风险。大约

---

① Gonzaga，贡查加家族 1328~1708 年统治曼图瓦，费德里戈二世·贡查加于 1530 年被皇帝查理五世封为曼图瓦公爵。

就在伽利略申请博洛尼亚大学教职失败的同时，他还不得不面对其父亲文琴佐在宫中失宠，原因是佛罗伦萨的权力关系在一夜之间改变了。

文琴佐·伽利略把他的一些音乐作品献给了托斯卡纳大公夫人。美丽的比扬卡·卡佩洛[①]在成为大公夫人之前早已是弗朗切斯科一世的情妇，后者当时已经与另一个女子结了婚。

弗朗切斯科的弟弟斐迪南痛恨他的嫂子。他在尚未步入青春期的时候，就已经被任命为枢机主教，此后在罗马居住。他在那里坐拥一座仆从超过百人的豪华宫殿。1587 年 10 月，当他在佛罗伦萨附近一所别墅里与其兄嫂会面时，大公和大公夫人先后病倒了。两人死去的时间只相隔 24 小时——尸检报告称死因是疟疾。

2004 年，人们再次打开了美第奇家族的墓室。佛罗伦萨大学的毒理学家弗朗切斯科·马利（Francesco Mari）认为，在弗朗切斯科一世

---

① Bianca Capello（1548~1587 年），威尼斯新贵出身，以美貌和聪慧出名。她随第一任丈夫私奔至佛罗伦萨，后得到美第奇家族的庇护。弗朗切斯科一世于 1570 年谋杀其夫，1579 年与其结婚。

的上颚骨的组织样品里发现了毒杀的痕迹。根据他的观点，检测结果显示为砷中毒。

当时，一般用作鼠药的砷是剪除对手的常用手段。它无臭无味，也几乎不会留下可见的痕迹。例如，数学家和星相学家吉罗拉莫·卡尔达诺的长子詹巴蒂斯塔（Giambattista）就用一块含砷的糕点杀死了他的妻子。

1560 年，詹巴蒂斯塔·卡尔达诺在受到监禁和拷打之后被斩首。他最后招认了罪行，尽管人们未能在其妻的遗体内证实砷的存在。直到 1806 年，一位柏林药剂师才找到一种能在死者体内检测出"使国王加冕的粉末"①的办法。

这样的刑事调查可能会相当棘手。如果事情——就像弗朗切斯科一世和其妻比扬卡·卡佩洛案——已经过去了几个世纪，对骨骼、头发等进行的检测就会引发许多疑问。马利的结果是有争议的，死于 1587 年 10 月 19 日和 20 日的两人究竟是不是砷中毒的受害者，始终没有得到澄清。

无论怎样，斐迪南成了新任大公，并娶了

试 金 天 平

① 旧时的德语俗语，指王位竞争者常用砒霜毒杀对手。

富有的继承人克里斯蒂娜·德·洛林[1]。对婚礼的筹备工作让佛罗伦萨全城屏住了呼吸——唯独以比扬卡·卡佩洛的崇拜者闻名的作曲家文琴佐·伽利雷被排除在外。此时的宫中响起了另一种音乐。

教授在比萨

现在，文琴佐的全部希望都寄托在他的长子身上。后者渐渐走进了佛罗伦萨贵族和知识阶层的社交圈。刚满 24 岁的伽利略敢于在佛罗伦萨科学院登台，在那里发表关于意大利最著名的文豪的演讲，具体就是"论但丁地狱的形状、位置和大小"。

伽利略直截了当地将但丁的作品转化成准确的几何学语言。他冷静地向听众介绍了对地狱世界的详细测量，计算出地狱入口以及用来惩处淫欲、饕餮、吝啬、暴怒之人和异教徒的各层地狱的深度。

---

[1] Christine de Lorraine（1565~1637 年），洛林公国公主，法国国王亨利二世的外孙女，1589 年嫁给斐迪南一世。其子科西莫二世 1621 年死后，她与儿媳妇共同担任托斯卡纳大公国摄政。

即使在这里，他也援引了阿基米德。以后者论球体和柱体的书籍为武器，他向路西法①的居所打入了一枚精心计算的楔子。紧接着，他用卷尺穿越了所有恐怖壕沟和冰封地域，以便从世界的另一端重新走出和仰望星空。

他在佛罗伦萨科学院的大胆亮相和他此前出色的小作品得到了回报。1589年，他再次申请比萨的一个教席，并获得了批准。

在此过程中，古伊多巴尔多·德尔·蒙特侯爵提供了全力支持。他作为军事工程师为美第奇效力，而他的兄弟在斐迪南一世登基之后接过了代表美第奇统治者的枢机主教之位。这样，侯爵就能够双倍地发挥对伽利略有利的影响。在佛罗伦萨权力更迭的同时，伽利略家中也完成了世代交替。

在由于经济原因被迫中断学业四年之后，伽利略·伽利雷以高校教师的身份回到了比萨。新职位对他来说意味着职业生涯的一次显著飞跃。只不过与同事们相比，他的工资较少。作

---

① Lucifer，《圣经》中的堕落天使，《神曲》中的地狱之主。

为数学教师，他的收入还不到一年前来到比萨的哲学家雅各布·马佐尼①的十分之一。

不过，伽利略几乎不需要授课，而且他的教学任务比较轻松。据说他向大学新生们传授了欧几里得几何学和天文学的基础知识。其间，他主要借助克里斯托弗·克拉维乌斯和其他天文学家的非公开文稿，他自己起初对天文学不抱太大兴趣。更吸引他的是当时被划为自然哲学的物理学，他之所以致力于后者，也是因为需要通过教授委员会的考核。

他父亲的研究和他用流体静力天平做的实验向他表明，人很容易被表面现象误导而得出草率的结论。整个亚里士多德物理学为此提供了大量实例，而伽利略则发现了通向他开创性的数学和实验方法的许多入口。

新的数理科学

如果亚里士多德相信，重的物体下落得较

---

① Jacopo Mazzoni（1548~1598年），意大利哲学家和文学家，1588~1597年在比萨任教。他是秕糠学院的创立者之一，日心说的支持者，伽利略的好友。

快而轻的物体较慢，且速度与它们重量的增加成正比，他大概是以日常经验为出发点的。作为实验家，伽利略不必费太多力气就能证明这是错误的——亚里士多德在这里虽然将落体运动归结为某种简易的原理，但没有以真实的计量为依据。

他再次求助于阿基米德，具体而言是后者的著作《论浮体》，并比较了在空气中和水中的落体运动。有些物体在水里完全不下沉，而是上浮，空气对落体施加的阻力则要小得多。于是，不同重量的物体在空气中的下落速度就彼此接近。

这番比较使伽利略得出结论，即所有物体在真空中都将以相同的速度下落。他自己虽然无法制造真空以检验该理论——这要等他的学生和在佛罗伦萨宫中的接班人埃万杰利斯塔·托里拆利①去实现——但是通过使摩擦力一类的

---

① Evangelista Torricelli（1608～1647年），意大利物理学家和数学家，水银气压计的发明者，在数学上进一步发展了卡瓦列里的"不可分原理"。他陪伴伽利略度过了其生命的最后几个月，之后接任托斯卡纳大公的首席数学家。

作用力在实验中减弱并在脑海中排除，他便找到了既简单又能用数学加以描述的运动规律。

由经验、数理教育和有针对性的实验所形成的组合开启了通往现代自然科学的变革。只有依靠上述共同作用，伽利略和其他科学家才得以在物理学领域登上一个新的认知高度。

关于方法转变的另一个例子是伽利略进行过多次的斜面实验。如果把一个近似完美的球体放在一个光滑、略斜的表面上，它就会自然地开始向下滚动。假如沿着反方向施加推力，上述运动就会在某个时刻回归静止并调转方向。但是，如果平面既不向上也不向下倾斜，而是完全平坦，又会怎么样呢？伽利略认为，这样它的速度就不会改变，球体的运动将会永远持续下去。

这个观点的勇敢之处不只在于现实中总是存在某种使运动减缓的阻力，以及伽利略因此很难用实验证明他的论断。的确，对于存在着某种无须借助外力便可以持续下去的运动形式，仅仅这种想法就令当时的人无法接受。

不过，伽利略不是唯一进行这些实验的人。"与伽利略的名字相联系的科学革命的时代也是做出平行发现的时代，"科学史家于尔根·雷恩 [1] 如是说。有理由被视为"英格兰的伽利略"的托马斯·哈里奥特独立于他发现了自由落体定律，并对抛体运动进行了非常相似的计算。不过，哈里奥特从未发表他的成果，而伽利略直到他 74 岁时才发表。他关于力学的著作将把他的毕生事业推向顶峰。

伽利略将会以其在实验室中研究自然、进行计量、绘制图表和从中推导数学规律的方式方法著称。在此过程中，他始终需要对干扰因素如根本无法量化或难以量化的摩擦力或空气阻力保持警惕。就因为如此，他有时更相信实验，有时则宁愿相信他的直觉或理论。然而，后者在他看来享有更高的地位。他不怕在关键时刻忽略那些可能摧毁其艰难构建的理论框架

---

① Jürgen Renn，生于 1956 年，德国科学史家，1994 年起担任柏林马克斯·普朗克科学史研究所主任，柏林洪堡大学和柏林自由大学名誉教授。

的实验结果。

他最后会声称，"哲学这部大书"是用数学语言写就的。伽利略的著名言论表明，他认为最重要的知识来源是什么，以及他自认为在多大程度上超越了亚里士多德的经验主义：只有数学家能认得用以撰写哲学之书的符号和几何图形。"如果没有数学，就是在一座黑暗迷宫中无谓地乱跑。"

伽利略在开始进行斜面实验的时候很可能已经是比萨的数学教授。这些实验对发现自由落体定律至关重要，但不同于传说，后者并不是伽利略在"比萨斜塔"上做实验时发现的。对于此类研究来说，一块石头从塔顶落到地面所需的三秒钟太过短暂。它们无法用当时的钟表进行可靠的计量。

比萨大教堂的蜡烛吊灯的故事被讲述给每一位到访比萨的客人听，但它同样属于传说。据称，还是学生的伽利略就从吊灯的晃动中得出了摆动定律。无论何时走进大教堂，我们总能遇到正在专注地仰视屋顶的旅游团。但经过考证，那盏灯至少是在伽利略的学生时代结束之后才被安装在那里的。

与开普勒一样，伽利略也不是什么"神童"。他对落体和抛体运动的敏锐洞察力是在走过了许多弯路之后才获得的。对于物理学、数学和所有其他创造性文化而言，这些弯路都具有代表性。伽利略在佛罗伦萨和比萨期间还没有树立明确的目标。他更多是在他的父亲也出入其间的宫廷环境中形成了一种嗅觉，能够判断出其他人特别为科学的哪些方面所吸引。他反复探讨诸如试金天平或者但丁地狱的规模之类的颇受欢迎的课题。到了晚年，他还动手制作水泵和算术仪器，探究天空出现的一颗新星，并致力于研究奇特的磁石。

"近代早期的好奇心成为消费主义的一个变种，"科学史家洛琳·达斯顿[①]表示，"好奇心和奢侈品贸易追逐着新鲜事物，因为今天的奢侈品——茶叶、鞋子、白面包——将变成明天的必

---

① Lorraine Daston，生于1951年，美国科学史家，曾在哈佛大学、普林斯顿大学、哥廷根大学等任教，柏林马克斯·普朗克科学史研究所荣休主任。

需品；同理，面对没有节制的好奇心，任何知识在短时间内都会变得枯燥乏味。"伽利略涉足领域的复杂多样也能够在这一背景下得到解释。他始终在发掘新奇和珍稀的事物，但同时从未割舍他对于宫廷的抱负。

他的力学，即那些使他的运动理论最终成形的概念和公式，是从由歧途和正确却部分被再次抛弃的路径所组成、如今已很难理清的网络中产生的。伽利略在高龄时才写出的科学代表作无一提到这段漫漫征途。哲学家汉斯·布鲁门贝格[①]表示，所有的弯路都被遗忘了，看起来仿佛只有最短的捷径才获得了"理性的验讫章"。"严格来讲，其他一切偏右、偏左和过头的都是多余的，都难以经受对其存在合理性的质疑。"

---

① Hans Blumenberg（1920~1996 年），德国哲学家和史学家，隐喻学奠基人。

天空与婚姻的秘密

开普勒从恒星中看出了什么

　　当约翰内斯·开普勒于 1594 年复活节期间与他的姻亲①一起到达格拉茨时，他首先需要调整自己的日历。他在途中损失了 10 天时间。几年以来，施泰尔马克已经在实行一种新的计时规则。

　　这 10 天旨在补救积累了数个世纪的误差。由尤利乌斯·恺撒颁行的传统历法的闰日实在太多了。相反，新的格里高利历虽然还是每四年置一闰日，但对于以世纪为单位的较大间隔

---

　　①　本书作者表示，只知此人名叫 Hermann Jäger aus Metzingen，其余不详。

则常常不用置闰。如此，就算经过了 3000 年，新历与太阳实际运行情况也只有一天的差别。

尽管有这样的优势，开普勒原来的大学教授、数学家米夏埃尔·迈斯特林还是起草了措辞激烈、反对改革的论战文章——不是基于科学的理由，而是因为新历是由教宗发布的。身为路德宗教徒，他坚决主张帝国的新教地区获准保留它们的旧历。

开普勒被强行拖入了这场论争。在图宾根的神学学业中断之后，22 岁的他接受了在天主教的施泰尔马克的一所福音派学校教授数学的艰巨任务。此外，据说他从这时起每年都要创作一本星相日历，即一部写有天气预报、播种和收获的实用指南、健康提示和来年政治事件展望的预言集。这类日历受到欢迎，它是广大社会群体除《圣经》之外所接触到的唯一文字作品。

对于作为日历编写者的开普勒来说，清楚、准确地掌握计时情况是不可或缺的，特别是被所有其他基督教节日当作参照物的复活节的日期。复活节至今在历书上居无定所，而通过尼古拉·哥白尼就已经应教宗请求而参与其中①、1582年大功告成的历法改革，教会节日至少被控制在了特定的时间范围之内。

开普勒想要以符合事实的判断加入辩论。"那一半德意志到底想干什么？"他询问他的图宾根教授。"它还想同欧洲隔绝多久？"正是天文学家需要对秩序和美深思熟虑，因为这是自然的要求。"如果上帝喜欢用数量上的完满装点世界，那天文学家为什么不在历法上追求某种完满呢？"

无论是此时，还是多年后面对雷根斯堡的帝国会议，他都徒劳地主张在新教邦国引入格里高利历。迈斯特林和新教一方的其他代表都不为所动，这是帝国内部分歧无法弥合的例证之一。两套不同的历法将在德意志并行100多年，直到1700年3月1日，这在开普勒看来实在荒谬。他坚持推行格里高利的改革，导致他在同样信奉路德宗的人群中不受待见。

① 哥白尼曾在博洛尼亚求学期间研究天文学，之后长期担任普劳恩堡（今波兰弗龙堡，当时属于波兰王国的附庸瓦尔米亚侯国，1520年被尚未更名为普鲁士公国的条顿骑士团占领）大教堂的教士。1515年，教会曾就历法改革问题征求哥白尼的意见，后者已于前一年草拟了一份日心说的思想概要，但是没有发表。

占星术和大胆预测

他的占星工作也很棘手。他虽然在学生时代就开始零星地写作占星报告，但从未想过依靠对天下事的大胆预测维持生计。然而，这正是格拉茨的人们期望他做的。

开普勒显然拥有优秀的建议者和一点必要的运气。他预测1595年将会发生严寒天气、土耳其人入侵和农民造反。他在年初认为，这些到目前为止都是正确的。"我们国家出现了闻所未闻的严寒。阿尔卑斯山区的许多牧民冻死了。"另外，土耳其人这几天纵火烧毁了维也纳以南直到新城的整个地区。年内，农民暴动也随时间的推移朝着无政府主义的方向发展。

不过，他劝告读者不要过于相信这些预言。"在两个对手之间，上天无害于强者，而无助于弱者，"他在1598年的历书中写道，"此时以良策、民众、武器、勇气自强的人，也会使上天站在自己一边。"

开普勒斥责那些认为具体事件可以被预测

之人的"可怕迷信"。特别是，政治进程在他看来没有被写在星辰之上。尽管如此，他和当时的大多数人一样，坚信恒星和行星的分布会影响人的命运。

从开普勒与星相学的纠结关系以及他试图调和占星术与基于计算的天文学来看，他身处一个从托勒密延续至吉罗拉莫·卡尔达诺的传统之内。卡尔达诺是16世纪最卓越的数学家之一，不过他在代数领域的成就仍无法与他作为星相学家的重要性相提并论。

"别人告诉我说，我是在堕胎未能成功之后，于1501年9月24日降生的"，卡尔达诺在其畅销自传《我的生平》（*De vita propria*）开篇处写道。但因为木星正在上升，"金星成为整个星空格局的主星，所以我只有生殖器官受了伤，导致我从21岁到31岁无法与女人发生性行为，并因此经常哀叹我的悲惨命运而忌妒其他所有命数更加幸运的人"。

卡尔达诺相当坦诚地描述了他的火暴脾气和保持超过40年、未曾中断一日的对国际象棋与赌骰子的嗜好。同他为著名人士所做的占星一样，他在自我剖析时也运用了无数适用范围狭窄的规则：第170条，"水星在白羊宫将带来善于言谈的天赋。"第171条，"水星在天秤宫或水瓶宫将提供其他星相无法比拟的才智。"

尽管有这些指导原则，对他而言，占星术并没有简单的配方。辨识星辰的方位不足以推导出预言。星相家更需要依靠广博的经验基础，并在工作中引入心理学知识。在卡尔达诺看来，世界是一个巨大的有机体，整个宏观宇宙都在尘世生活中反映出来。通过这种方式，他把客户纳入一种宇宙关联之中。

不过，他也勾勒出了占星术的边界。"他坚持托勒密的观点，即环境和其他因素很可能改变，有时甚至会逆转由星辰的提示所确定的事件进程"，历史学家安东尼·格拉夫顿[1] 在评论卡尔达诺时写道。

---

[1] Anthony Grafton，生于1950年，美国近代史学家，普林斯顿大学教授，曾担任美国历史学会会长。

星相学，一个"傻乎乎的小女儿"

开普勒部分认同他的著名前人的观点。他也收集了数百条占星结果，并像卡尔达诺一样，首先用占星方法测算自己的性格。

"此人完全具有狗的天性，"他在 1597 年冬天这样描述自己，"其一，身体灵活、瘦削、匀称……他喝水较少。他自己非常容易得到满足。其二，他的性格很相似。首先他（就像狗在主人那里）始终能得到上司的欢心，他在各方面都依靠别人，为他们服务，如果被斥责也不对他们发怒，会想方设法重归于好……他在聊天时缺乏耐心……他的体内藏有难以控制的极度草率，这当然来自金星与火星构成的四分相[1]、月球与火星构成的三分相。"

不同于卡尔达诺，他认为占星术的价值远不如天文学。"这星相学实在是个傻乎乎的小女儿……但是上帝啊，假如她的母亲——高度理性的天文学没有这个傻女儿，她又将置身何处？世界难道不会更傻得多……"，他在其作品《第

---

[1] 星相学术语，指两颗行星的角距离为圆周的四分之一，即 90 度。

三方调解》[①] 中记道。天文学家的收入是如此微薄，"以致当女儿一无所获的时候，母亲注定要挨饿"。

星相学是开普勒的饭碗。它巩固了他的数学家职位。作为数学家，他不得不终生在一个还没有制度化的学科中艰难度日。

"尽管哥白尼已经彻底颠覆了对宇宙结构的认知，开普勒在格拉茨却一直被迫从事占星术，这仅仅表明，近代科学既不是通过一次激进的决裂，也不是通过一次突然的启蒙开始的，"意大利历史学家欧金尼奥·加林[②] 写道。

近代科研的自我发现经历了漫长和非线性的过程。许多事情在回顾时看起来偏偏是矛盾的。开普勒和伽利略一方面同迷信做斗争，另一方面却从事占星术。他们与亚里士多德的经院哲学展开激烈辩论，在许多问题上却坚持着后者。他们试图实现物理学和天文学的统一，

[①] *Tertius Interveniens*，作于 1610 年，开普勒的星相学代表作，他在书中既反对一概排斥占星术，也反对全盘接受占星术。

[②] Eugenio Garin（1909~2004 年），意大利哲学家和历史学家，佛罗伦萨大学、比萨高级师范学院教授，著有《意大利人文主义》《文艺复兴时期的文化》等。

却对彼此具有指导性的物理学概念熟视无睹。与他们广博的学识同样突出的是，他们恰恰在其认为自己最重要的成就上失败了。

上帝创世的几何学方案

他们与教会的冲突和他们同时忠于基督教信仰也属于这片紧张区域。两人遵循着一种思想传统，即造物主是在两本书中阐述其意志的：《圣经》和"自然之书"。当《圣经》最晚随着宗教改革而变得意思模糊，使整个欧洲都陷入了关于如何正确解读它的纷争时，开普勒和伽利略认为，他们作为数学家的任务在于把"自然之书"当作独立作品加以诠释。他们在研究自然的过程中偏离经院哲学越远，也就越有力地摆脱对《圣经》特定章节的传统解释。

开普勒的全部科学创作都建立在以下信念之上，即上帝参照一个几何模型创造了世界，以及人的理性有能力认识这一模型。在他未能完成他的神学学业之后，寻找一项对宇宙的和谐的描述就成了他的一种礼拜仪式，这场寻找始于 23 岁，始于格拉茨。

一开始，他只是出于服从义务而接受了担任地方数学家的安排。他还没有放弃返回图宾根并成为教士的希望，尤其是因为他作为新教徒在施泰尔马克显然前途不利。年轻的大公斐迪南①正准备将他的邦国打造成帝国内部的天主教堡垒。

开普勒在福音派教会学校里觉得很不自在。第一年只有几个学生前来听他的数学课，不过学校领导没有因此责怪他。到了第二年，就彻底没有人参加这位要求严格的讲师的课程了。据他自己所说，他的讲课风格冗长烦琐，充满了插入语，"令人反感，或至少错综复杂和难以理解"。现在，偏偏是他必须停开数学课，改为高年级讲授修辞学和阅读维吉尔的作品！

他已经无法继续在格拉茨待下去，他在第一年结束后写道，并设想作为某位贵族的有偿旅伴转到一所高校。或许他梦想去意大利，但

---

① 即后来的神圣罗马帝国皇帝斐迪南二世（1578~1637年），皇帝斐迪南一世之孙，内奥地利大公卡尔二世之子。1590年继任内奥地利大公，1619年成为皇帝。他推行绝对主义和反宗教改革政策，结果引爆了三十年战争。

他最希望的还是回到图宾根。

为了更接近一点这个目标，他继续自己在那里开始的研究，钻研着数学和天文学。最后，他把自己的精神"倾注"在天文学上，目的是理解宇宙的比例。

他的动力何在？开普勒拒绝道："我们也没有问，鸟儿希望从歌唱中得到什么好处。我们知道，唱歌对它来说就是一种乐趣，因为它就是为了唱歌而被创造出来的。同样地，我们不应该问，为了探究天空的奥秘，人的精神为何要付出这么多辛劳。我们的塑造者在感官之外嵌入了精神，不只是让人维持生计……也是让我们从用眼睛观察到的事物出发，深入它们存在和变化的原因，哪怕这没有什么用处。"

上帝按照理性的标准构造了世界，又创造了用以理解祂的创世之完满的人的精神。比如说，为什么没有无数颗行星，而只有当时已知的六颗？为什么它们的距离和运转速度是如此而非其他？

以上就是促使开普勒进行研究的问题。在钻研数学之初，他就已经关注从整体上观察世界，关注像上帝创世计划一般的宏大事物。看透创世计划就是他作为研究者的全部追求。在此过程中，他曾经的教授和他自己的直觉把他引向了一条决定性的路径。

哥白尼的学生

"当我6年前在图宾根勤奋地与大名鼎鼎的米夏埃尔·迈斯特林老师来往时，我就已经感到，迄今关于宇宙构造的惯常看法在许多方面都很笨拙"，开普勒说道。相反，哥白尼的观点从一开始就令他"陶醉"。根据后者，行星的运动只取决于少数几个前提条件。

尼古拉·哥白尼在1543年出版的《天球运行论》[①]中取消了地球作为宇宙中心的优越地位。根据他的理论，地球不在宇宙的中央，而是绕着自己的轴旋转，此外还与其他行星一道围绕一个距离太阳很近的几何中心运转。

---

① 拉丁文原名 "De revolutionibus orbium coelestium"，意译为 "论天球的旋转"。"天球" 是承袭自古希腊天文学的概念，哥白尼的学说也没有否定水晶天球的存在。因此，约定俗成的中文译名《天体运行论》既不符合字面意思，也违背了作者的本意和成书时的普遍观念。

开普勒认为，哥白尼学说关键的优势在于，它仅通过地球的运动就能解释大多数天文现象。譬如，为什么几千颗星星夜复一夜地自东向西绕着地球转动？哥白尼能够用一个简单的假设给出答案：我们自己作为天象的观者正在以自西向东的相反方向运动。

此外，行星运行中的许多不规则现象也能够在哥白尼的模型中获得解答。也就是说，地球在其中不但自转，而且围绕太阳转动。它需要一年才能公转一周，故所需时间长于距离太阳更近的水星和金星而短于外围的火星、木星和土星。由于存在上述不同的运转周期，众行星在地面上的观察者看来就不是匀速掠过天空，有时甚至还会向后退。

比方说，如果地球在内侧轨道上超过了外侧的火星，后者的运动方向看起来就似乎发生了逆转。从地面上望去，它会划出一个"之"字。不过，这个现象可以用与下述情形相同的原因解释，即在行驶的马车里看见路边的树木正向后方奔去。

在开普勒看来，这番对行星运动的解释是

可信的。至少就质的方面来说，所有天文现象都能通过这种方式从少量假设中推导出来。"这样，那个人就不只把自然从那一大堆恼人而无用的天球中解放出来，他还开辟了一座始终用之不竭的宝库，即真正上帝对于整个世界和所有物体的如此崇高秩序的认识"，数学教师热情地说道，并开始探索哥白尼模型中的行星数量、距离和公转周期背后的原因。

一个由柏拉图立体 ① 组成的世界

按照开普勒的首部作品《宇宙的奥秘》的论述，他的方案开始于一场轻松的解谜游戏。他玩着数字的把戏，追随各种新奇的念头。"我把两颗小得看不见的新行星推到木星和火星之间以及金星和水星之间，并赋予它们公转周期。"虽然这些假想的行星未能帮助他找到行星的距离和速度方面的规律，但值得注意的是，开普勒此时已经考虑到，或许还有行星未被发现。

"最后，我在一个毫不起眼的情况下接近了

① 即正多面体，由柏拉图提出而得名。

真相。"他记下了确切日期：1595 年 7 月 19 日，他在数学课上突然碰到一个大有可为的几何模式。意料之外的收获让他再也无法平静，他夜以继日地忙碌起来。他着迷于数学的逻辑而猜想道，一个完美的宇宙最初有可能是以五种柏拉图立体为蓝本设计出来的。那么，宇宙的结构将会产生于五个规则的、由等边和等角的面构成的多边形，包括为人熟知的正六面体或正四面体。

对此，开普勒最关注的一点是：恰好存在五种柏拉图立体，既不多也不少。他从欧几里得的研究中得知，除了正四面体和正六面体之外，还包括正八面体、正十二面体和正二十面体。这个数字成为他写作整部《宇宙的奥秘》的依据。

哥白尼体系正好囊括六颗行星：水星、金星、地球、火星、木星和土星。按照亚里士多德的宇宙观，它们对应于环绕太阳的六个球壳。这六个天球之间可以放得下五个柏拉图立体：比如，在木星球壳的周围放入正四面体，后者又被土星的天球所包裹。如果这就是上帝建造

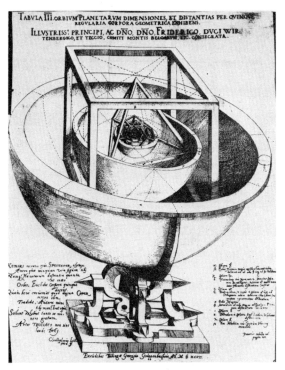

由相互嵌套的正多面体组成的开普勒行星模型。行星之间的距离关系反映在不同球体的半径上。

宇 宙 的 奥 秘 ： 开 普 勒 ， 伽 利 略 与 度 量 天 空宇宙的方案，它就能解释行星的数量，或许也能解释它们彼此之间的距离。

开普勒在脑海中和稿纸上为自己构造了一个由相互嵌套的球体和柏拉图立体组成的宇宙模型。他对这一系统是否在某种程度上符合已知的观测数据进行检验。结果是：它符合！哪怕只是部分准确。

他无比激动地将他的想法的草图和整理在表格中的计算结果寄给迈斯特林。"您看，我距离真理是多么接近。而您是否还在怀疑，我每当如此都会洒下热泪？"

同时，他向专家求助。"您会在多个地方发现我由于缺乏哥白尼天文学的知识而陷入尴尬境地，"他承认道，"您可以润色、修改、删减、批评、提醒。无论您如何答复我，我对每封来信都将非常欢迎。"

反馈是积极的。本身就是哥白尼理论的支持者的数学教授认为开普勒的想法既新奇又值得探讨。他对其曾经的学生表示支持，还修改和评论了开普勒的论文。由于祖父和外祖父双双病重，开普勒于 1596 年 1 月底动身前往符腾堡，这使得他们的联系更加便捷。另外，他打算发表他的研究结果，为此他需要得到符腾堡公爵的首肯。

缺少"丝绸混合布"[①]的婚礼

开普勒离开格拉茨的时机不太好。他刚刚决定结婚。他的两位同事代表他向芭芭拉·穆勒求婚。她 23 岁，却已经两度守寡，第一次结婚时年仅 16 岁，嫁给了一个比她年长许多的男人，还留下了一个女儿。她的第二任丈夫在短暂婚姻的大部分时间内都卧病在床，在不到 3 个月前去世。作为富有的磨坊主约伯斯特·穆勒（Jobst Müller）的长女，她依然是理想的配偶。不过，她能断定开普勒的求婚是严肃认真的吗？一个月又一个月，他离开的时间越来越久。

新郎在符腾堡为他的宇宙模型补充了新的观测数据，并改进了计算。公爵让他等待并要

---

① Seydenrupff，即"Seidenrupfen"。本书作者解释说，这是当时南德意志的常用说法，指丝绸与羊毛或亚麻的混合布料。

求进行评估，与印刷者的谈判也进展缓慢。开普勒还想获得图宾根大学的正式许可，因此他需要做第二份鉴定。

5月17日，他收到格拉茨教会学校前校长寄来的一封信。信中说，他的婚姻大事进展顺利。但在几周之后，此事似乎就没有那么明确了。有人建议他尽快带着聘礼返回格拉茨，"带着优质的丝绸混合布，或者至少带着上好的双层塔夫绸，用来给你和你的新娘制作一整套衣服"。

6月，迈斯特林也向大学建议出版开普勒的论文："有谁曾想到过，更不用说敢于尝试对轨道圆周的数量以及它们的顺序、大小、运转……进行推演和论证，以及在某种程度上把这些从造物主上帝的神秘决定中呈现出来？开普勒却着手研究，并且幸运地破解了这个问题。"

不过，他还是提出了批评：手稿写得太烦琐了。它给读者设置了太多条件。他将会要求开普勒"以更大众化的方式阐述"他的精准发现——天文学家开普勒今后还将多次面对这一批评。

开普勒首任妻子芭芭拉·穆勒的
小肖像，完成于 1597 年前后。

　　开普勒直到夏末才终于回到格拉茨，但既没有带上"丝绸混合布"也没有完成《宇宙的奥秘》的出版工作。半年后的 1597 年 2 月——他仍在等待其作品的面世，他向迈斯特林透露了他的婚姻风波的经过：

　　"这件滑稽的事是这样的：我在 1596 年选择了一位配偶，整个半年也没有另作他想，因为真正严肃的男士们的来信坚定了我的信念。我高兴地回到施泰尔马克。我在抵达后没有得到任何人的祝贺，却被悄悄告知自己失去了新娘。在我对婚姻的期盼深深扎根半年之后，还需要再过半年才能把它根除，才能让我彻底相信这没什么。"

　　当开普勒已经准备接受时，此事突然出现

了转折。原来，开普勒把他的遭遇报告给了福音教会当局，后者再次向新娘说媒。"当局的权威发挥了影响，对他们的挖苦亦然。因此，所有人都全力劝说寡妇和她父亲，进而说服了他，就这样使我得以重新成婚。"

1597年4月，在他的作品出版几天后，婚姻还是缔结了——占星学家遗憾地发现，当时的天象不太吉利。众星的排布预示着"一场愉快多于幸福的婚姻"，这一判断完全符合开普勒后来的描述。

一幅约在此时产生的、用油和铜绘制的椭圆小肖像展现了芭芭拉夫人。她的目光自信，头发齐整地向后梳起，隐藏在一顶高档帽子里，白色轮状褶皱领托住了她的下颚。她那彰显身份的考究衣装符合当时德意志的主流习俗。

这位女子的身体被厚重、以黑色为主的衣料所遮盖，她套着紧身衣，胸前有衬垫——有时甚至是铅板，衣服一直包裹至颈部。意大利许多地方的人们拒绝这种不自然的穿着方式。比如在威尼斯，许多女人没有放弃袒胸露肩的服饰，并让头发披散开来。

关于失败的重要性

婚礼庆典给开普勒出了道难题，因为格拉茨的风俗是"大操大办"。为了出版《宇宙的奥秘》，新郎已经入不敷出。"我的财务状况是——假如我在年内死去的话，就几乎没有人的后事会比我更糟糕了"，他向迈斯特林承认。

如果没有后者的"接生工作"，这本书或许永远无法出版。"每当您……提起，您为出版花费了多少时间，我都感到像是被刺扎了一下。您确实对我给予了极大关心；这是我用写作无法报答的。"

开普勒充满感激。通过《宇宙的奥秘》，他的数学研究获得了新的意义。他想要把世界的结构归纳为最简单的几何学原理，弄清楚上帝是如何创造宇宙的。

在他之后的许多大理论家将受到类似动机的指引：艾萨克·牛顿把自然当作上帝写的一本书来研究，阿尔伯特·爱因斯坦相信有一个在"存在者规律般的和谐"之中现身的上帝。

他写道，没有宗教的科学是无力的，没有科学的宗教是盲目的。"关于我们无法捉摸之事物的、由最深刻的理性和只能以最朴实的形式被我们理性接受的光明之美所昭彰的存在的知识，这些知识和感觉构成了真正的虔信。"

爱因斯坦在数学中看到了科学"本真的创造原则"。但他也意识到与进入数学的抽象层面相关联的危险。因为关于物质现象的物理学和描述其形态的数学最终要在自然科学之中合为一体。如果不以经验为出发点，纯逻辑地获得的原理可能就是完全空洞的，爱因斯坦警告说。"数学是唯一完美的自欺欺人之法。"

现在，开普勒正要摸索着步入这个陷阱。他的柏拉图立体的模型是一个纯数学的构造物。对于行星为何正好与太阳保持所观察到的距离——一个至今未解、与我们的行星系统复杂的诞生史紧密相关的问题——他还缺少物理学依据。

不过，开普勒的《宇宙的奥秘》包含他所研究的其他核心思想。这位笃信的哥白尼主义者想要知道，为什么距离太阳较远的行星移动得较慢，而近日行星却较快。在他的处女作中，他已经给出了将改变整个天文学的答案：行星是被太阳固定在运动路径上的。

"要么运动的灵距离太阳越远就越弱，要么只有一个灵，它居于所有天球的中央，也就是在太阳里。一个物体距离太阳越近，受到它的推动作用就越强，对于较远的物体，则由于距离长和与此关联的力量减小而有些弱化。"

开普勒在此说的还是"灵"，这并没有削弱上述词句的意义。25 年之后，他对其《宇宙的奥秘》中的论述做出如下评论："我从前坚信，使行星运动的原因是存在着一个灵……但是当我想到，这个运动的原因随着距离而减少，正如太阳光距离太阳越远就越弱，我便得出结论说，这个力是某种有体物，当然不是本意上的（有体物），而只是作为描述，就像我们也会说，光是某种有体物，以此指代一种从物体产生却并非物质的形态。"

这是开普勒最深入地讨论力的概念的一段话。他在这里也面临着一个还远无法做出成熟解答的问题。虽然艾萨克·牛顿在三代人之后发现了用数学描述重力的方法，但是把相距数百万千米之遥的天体维系在一起的力本身依然玄秘。引力定律在 20 世纪由阿尔伯特·爱因斯坦赋予了今日公认的形式，但它始终是最神秘的自然法则之一。

在此背景下，人们不得不佩服开普勒的物理直觉。当时几乎没有别的科学家认同作为他的天体物理学基础的观点，甚至有人敦促他不要把物理学和天文学混为一谈。

这位年轻的数学家没有动摇。对他来说，宇宙的中心不是哥白尼所认为的虚构的几何学枢纽，而是太阳所在的位置，后者通过一种随着距离而减弱的力操控着行星。在此意义上，他在其首部作品中可能确实透露了一个"宇宙的奥秘"，否则他绝对无法发现他的行星运动定律。

通过他的小书，新婚不久的数学家迅速跻身专家圈。他把这本书寄给第谷·布拉赫，后者邀请他前去布拉格开展短期研究，同时也寄往意大利。两本样书被寄到了帕多瓦，收件人是伽利略·伽利雷。

探索真理的伙伴

伽利略，秘密的哥白尼主义者

　　还有什么是他想不出来的吗！游泳衣、降
落伞、挖土机、钻孔机和纺纱机……莱昂纳多·
达·芬奇才思如泉涌。"我掌握了建造可以轻松
搬运的轻型桥梁的方法……我同样知道如何烧
掉和摧毁敌方的桥梁，"他在 30 岁时向米兰公
爵卢多维科·斯福尔扎①写道，"如果需要的话，
我可以制造射石炮、臼炮和其他野战炮。在无

---

① Lodovico Sforza（1452~1508 年），1494~1499 年担任
米兰公爵，艺术和科学赞助人。他是弗朗切斯科·斯
福尔扎次子，为了从侄儿手中夺取权力而引援于法国，
结果引狼入室，导致意大利战争爆发，最终自己也被
法军驱逐和俘虏。

法使用石炮的地方，我将会建造抛石机、投石器、弩炮和其他精妙和非凡的工具。简而言之，我可以制造无数种机器，既可以用于进攻，也可以用于防守。"

在呈上这篇颇具说服力的申请书之后，他于1482年获得公爵聘用。达·芬奇在米兰宫廷工作了17年，直到他随着公国落入法国人之手而改换了阵营。为当权者效力期间，他绘制地图，研究修建要塞的方法，设计了多管同时开火的大炮和装有导流鳍以减少空气阻力的流线型炮弹。

达·芬奇的令人恐惧的战争器械从未被建造出来。不过，他看出了时代的征兆：欧洲正在加强武装。招来了法国人的米兰公爵恰恰是最早体会到新式武器的破坏力的人之一。

法国雇佣军拖着可移动的加农炮横行于意大利。"无论是在拉帕洛①等城市还是米兰公国的前哨工事，炮兵部队都能够在一到两小时之内摧毁城墙，居民原本指望能在它的保护下躲

---

① Rapallo，利古里亚海滨小城，位于热那亚以东25千米处，1922年《拉帕洛条约》的签署地。

避数月"，社会和历史学家理查德·桑内特[1] 如此说道。突然间，中世纪越砌越高的城墙背后变得不再安全。

即使不谈达·芬奇的技术愿景，火炮武器的威力也在 16~17 世纪不断增强。最初的青铜炮被更廉价的铁炮取代，而当三十年战争于 1618 年爆发之时，这些火炮已经发展成为大规模武器。比如，1629 年荷兰军队使用约 130 尊加农炮攻占了斯海尔托亨博斯[2]城，后者的要塞曾被认为是几乎无法攻克的。

许多城市用耗资不菲的防御设施抵挡这种新式进攻武器。它们不再建造高墙，而是在远离建筑物和广场的地方修筑星形防护墙，后者角上的堡垒被当作火炮阵地。16 世纪上半叶，意大利就出现了最早的此类工事，例如在帕多瓦，那里在建造新的防御设施时甚至很少顾及修道院和教堂。格拉茨等城市也由意大利建筑

---

[1] Richard Sennett，1944 年生于芝加哥，主要研究城市和文化社会学，曾在纽约大学、伦敦经济学院任教，著有《公共人的衰落》《个性的侵蚀》《新资本主义文化》等。

[2] 荷兰文 "'s-Hertogenbosch"，德文 "Herzogenbusch"，今荷兰北布拉班特省首府。

师用墙体和壕沟进行了加固。

造价高昂的军事建筑严格遵循几何学观点。堡垒的格局考虑到了火炮的射程，使它们能够彼此保护，不留下任何使敌军得以从容进攻的死角。如果不了解透视法及其数学原理，就无法进行新式的"远程战争"。

赚外快的教授

伽利略对要塞建造、弹道和炮弹的直径表现出浓厚的兴趣。自他于1592年移居威尼斯共和国以来，军事问题就在他的工作中占据了越来越大的比重。他虽然没有受雇于诸侯的宫廷，而是在积淀深厚的帕多瓦大学担任教授，但是他在此研究的火炮时代初期的某些技术问题使他更加接近达·芬奇，而不是诸如附近的博洛尼亚大学的乔瓦尼·安东尼奥·马吉尼等数学界同行。

两份关于要塞建造的手稿就产生于他刚刚来到帕多瓦的时候。他从最重要的赞助人古伊多巴尔多·德尔·蒙特那里获得了这方面的思想启迪，后者自己进行的力学实验激励了伽利略，并介绍他在结束比萨的教职之后赴威尼斯共和国担任更吸引人的职位。

1592 年，他们两人甚至在蒙特位于佩萨罗①附近的城堡里共同进行了一场实验：他们将一枚圆珠蘸上墨水并抛过一个斜面，使它的轨迹在底板上呈现出来。他们通过这个简单的实验还无法足够准确地断定，这一飞行轨迹究竟是抛物线还是只是一条类似的曲线。唯独可以确定的是，轨迹的对称形状完全不符合弹道学主流出版物中的内容。

古伊多巴尔多·德尔·蒙特对此类问题的兴趣是不难理解的，他终究要负责监管美第奇家族在托斯卡纳地区的要塞——一个通常由像他那样的重要学者所承担的任务。作为军事工程师，他属于那个时代收入最高的群体。从弗朗切斯科·迪·乔吉奥②到他的学生莱昂纳多·达·芬奇，再到伽利略的数学老师奥斯蒂略·里奇，许多人都在这一领域有所建树。伽利略

---

① Pesaro，意大利中东部城市，濒临亚得里亚海，作曲家罗西尼的故乡。
② Francesco di Giorgio（1439~1501 年），意大利雕塑家、画家和建筑师。

也以他们为榜样。他在帕多瓦安排家教课程的方式就与他原来的老师里奇相似。

拥有 1000~1500 名大学生的帕多瓦蜚声国际。当伽利略来到这里时，大学和耶稣会正吵得不可开交，后者打算在帕多瓦设立一座提供所有专业方向的高校。冲突的背景是教宗 1564 年的圣谕，其中要求未来获取学术学位应与表明天主教信仰挂钩。

底蕴深厚的学府的校长和学生们想尽各种办法抗拒耶稣会不断扩大的影响。一天，有一群学生混进了耶稣会，在后者的讲堂内裸体示威。升级的冲突甚至导致一名校长死亡。

耶稣会的策略在其他地方都很成功，但在帕多瓦却不管用。他们被逐出了威尼斯共和国，直到 1657 年都禁止踏上威尼斯的土地。于是，帕多瓦大学城不但将为天主教学生，而且将继续为新教学生敞开大门。

帕多瓦会聚了意大利和欧洲的年轻贵族、英格兰和苏格兰的上流人士以及波兰和德意志诸侯的公子。他们中的许多人有朝一日将在本国担任外交或军事职务，比如阿尔布雷希特·冯·瓦伦斯坦，他曾就读于帕多瓦，并将成为三十年战争中的著名将领。

伽利略在上述圈子里赢得了不少学生，他在私人课程中向他们教授几何学、弹道学和军事工程学的基础知识。尽管他的教学理念能够带来收入，但他仍总是处于缺钱的窘境。引导他在年轻时接触到数学思想和实验技术的父亲文琴佐已经去世，他给长子留下了一系列经济负担。此外，伽利略现在还必须独自承担他的妹妹维吉尼娅（Virginia）的嫁妆，几年后还需负担年龄更小的丽维娅（Livia）的嫁妆。

为了进一步增加额外收入，伽利略在家中为越来越多的学生提供住宿，并推销他在课堂上用作计算辅助工具的"军用几何罗盘"及许多其他类似的仪器。当年纪较轻的开普勒埋头钻研深奥的天文学疑问和思考数学难题时，伽利略为一台水泵申请了专利，制作了一个测温仪，把知识用在他觉得最有希望的地方。他总是有许多主意，并为他对工程学和物理学的兴趣寻找新的发展空间。他在家中搭建了属于自己的工坊，这为他的自由落体实验和后来制造望远镜打下了重要基础。

威尼斯的诱惑

他的行动半径不局限于大学范围。古伊多巴尔多·德尔·蒙特成功地将他所保护的人领进了沙龙和知识群体，包括以具有影响力的吉安·文琴佐·皮内利[①]为中心的圈子，后者拥有当时意大利收藏最丰富的私人图书馆。政客、主教和像托尔夸托·塔索[②]这样的作家在他家里进进出出，他与欧洲各国的学者们都保持着联系。

伽利略很荣幸，他在来到帕多瓦之初获准住在皮内利的家中。人们称赞他的为人处事、能言善辩以及在艺术和科学方面的知识。很快，他就成为共和国所有社交圈子都欢迎的客人，

[①] Giovanni Vincenzo Pinelli（1535~1601 年），意大利人文主义者，伽利略的导师。

[②] Torquato Tasso（1544~1595 年），意大利诗人，代表作为《被解放的耶路撒冷》。

无论是在莫洛西尼①精英俱乐部还是在乔瓦尼·弗朗切斯科·萨格雷多的家里。萨格雷多成了他的好友并为他的工作提供支持。

从帕多瓦到威尼斯只有几公里路程。伽利略经常顺路前往。拥有 14 万居民的潟湖之城是通往东方市场的门户，并且依然是地中海地区最重要的货物转运地之一。或许，伽利略也被这座城市的美丽所吸引，就像出生于不列颠萨默塞特郡②的托马斯·柯里亚特③，后者是当时许多来到威尼斯的访客之一。

当柯里亚特面对运河两岸被威尼斯最有权势的豪门贵胄用以相互攀比的宫殿而赞叹不已时，他的年纪和伽利略差不多。他在游记中评论道，这些宫殿"提供了壮丽和美妙的景观"。柯里亚特漫步途经以伊斯特里亚④的白色

---

① Morosini，威尼斯贵族世家，共有 4 人担任过执政官。
② Somerset，位于英格兰西南部，治所是汤顿，最大城市是巴斯。
③ Thomas Coryate（1577~1617 年），英格兰旅行家和作家，曾游历法国、意大利、希腊、波斯、印度等地，被视为"壮游"（Grand Tour）的鼻祖。
④ 亚得里亚海北部的半岛，当时主要属于威尼斯，现属于克罗地亚、斯洛文尼亚和意大利。

石料作为外墙的卡梅伦吉宫 ①，那是国家金融和商事法庭，并跨过崭新的里亚尔托桥，那是大运河上唯一的桥梁，建造在数千根榆木和松木桩上。

他总是遇到染过头发、穿着领口极低的服饰、踩着后跟极高的鞋子、神气地走过威尼斯的广场的女子。她们的流行时尚值得这位清教徒花费许多笔墨。"几乎所有女人，包括寡妇和少女，当她们外出的时候，几乎全都祖露着胸脯，许多人还半裸着背部。有些人用薄如蝉翼的亚麻布遮体。"威尼斯的时尚与阿尔卑斯山另一侧的迥然不同。呆板、单调的西班牙风格及其几乎遮盖全身的黑色长袍根本无法在此立足，在潟湖之城也很少感受到由宗教改革和反宗教改革带来的习俗转变。毫不奇怪的是，柯里亚特觉得女人的自由着装不太得体。这会激起放荡的欲望，他写道。

尽管如此，他还是拜访了一位交际花，她是那些只与海员和商人交易的"最惹人爱的

---

① Palazzo dei Camerlenghi，建于 1528 年，位于大运河畔，里亚尔托桥附近。

卡吕普索①"之一。他这么做是出于真诚的目的——为了研究威尼斯人的行为举止和劝说妓女从良。令他特别遗憾的是，他的话没有对该女子产生任何作用，尽管她除了"香气迷人的床铺"之外还拥有一幅挂在威尼斯水晶玻璃后面的圣母像。

伽利略也未能抵御威尼斯"令人陶醉的诱惑"。虽然人们几乎不了解他出游的情况，更不了解他在威尼斯的夜生活，但是 1600 年突然冒出了他的大女儿维吉尼娅（Virginia）的出生证，而她是"在苟合中"降生的。她的母亲是个威尼斯人，名字叫玛丽娜·甘芭。

伽利略早期的传记作者没有提及这场未婚同居。就连伽利略的儿子文琴佐②也没有留下关于其亲生母亲的只言片语。伽利略与玛丽娜·甘芭保持长期关系的主要证据只有他们所生的

---

① Calypso，希腊神话中的宁芙之一，泰坦巨人阿特拉斯的女儿，在《奥德赛》中将奥德修斯困在奥杰吉厄岛上 7 年。

② Vincenzo（1606~1649 年），生于帕多瓦，曾在佛罗伦萨铸币厂任职。

三个孩子的出生证明。玛丽娜·甘芭虽然在第一个女儿出生后就搬到了帕多瓦，但似乎从未住进伽利略的家里。

托马斯·柯里亚特发觉，几乎很难见到威尼斯的贵族女子和上层男子。"因为男人们始终把他们的妻子关在自家的高墙后面。"甚至在集市上购物的时候，遇见的也不是女人，而是男人。

潟湖沉船事件

造船业是威尼斯的骄傲。柯里亚特在漫游迷宫般的城市的途中也参观了兵工厂——那座像要塞一般被高墙包围着的巨型船坞。他惊叹于华丽的桨帆船，如镶金的"礼船①"，以及正在兵工厂保养的 250 艘商船和战船的巨大数量。始终有约 1500 人在那里工作。

几个世纪以来，共和国通过在技术上改进船队维持着地中海的海洋贸易。因此并不奇怪，

① Bucintoro，也称"金船"，是一艘大型平底驳船，威尼斯共和国执政官每年海亲节（Festa della Sensa，与耶稣升天节同日）乘坐此船出海主持威尼斯与大海的"海之婚礼"仪式。

身为数学家的伽利略在接过教席之后，很快与兵工厂未来的长官贾科莫·孔塔里尼[1]取得了联系。孔塔里尼向这位学者提出了一个由于桨帆船数量日益增长而变得至关重要的问题：如何能使长长的桨适应船的大小和最便于操控。

伽利略很快就回答了孔塔里尼的询问。得益于杠杆原理，他立刻就有了一个答案，可是它还差得很远。阿基米德的著作这次不敷使用了。从孔塔里尼仅仅一周后的回信中可以看出，伽利略的计算结果与事实存在偏差。他既没有考虑从船体伸出、最长可达 14 米而容易折断的船桨的巨大重量，也没有想到长凳上所需的空间。每张长凳对应一支桨，通常坐 3 名桨手。为了使威尼斯历史上最重要的战船——沉重的加莱塞战舰[2]运动起来，每支桨甚至需要 6 个人。

---

[1] Giacomo Contarini（1536~1595 年），威尼斯贵族，发表过造船工艺方面的作品。

[2] Galeass，最初由威尼斯从大型商船改造而成的桨帆战舰，是传统加莱战船（Galley）的加强版，后为各国仿造，活跃于 16~17 世纪。

威尼斯海军对基督教地中海联盟在 1571 年
的勒班陀海战中击败土耳其人发挥了至关重要
的作用，总共有大约 500 艘战船和足足 15 万人
在这场战役中遭遇。十年前，兵工厂的工程师
设计了一种新型战舰：加莱塞战舰，它是一座
浮动堡垒，最多配备 36 门火炮，其中最大者的
射程可达约 3000 米。被布置在最前线的加莱塞
战舰在战役伊始就像楔子一般打入了土耳其舰
队。这种沉重的战船之所以行动灵活，只是因
为它能够承载大量船员：仅每侧 26~30 支桨就
需要超过 300 名桨手，同时还需要与此数量相
当的士兵。

伽利略不熟悉关于此类船舶的装备情况的
冗长讨论。那又怎样？他此前从未接触过造船
工作，就像他几乎没有参与过与建造要塞相关
的事务。

与造船不同，他在军事建筑方面从一开始
就可以借用他人的知识。他关于要塞建造的手
稿是从有经验的军事工程师那里抄来的。建筑
史家丹妮埃拉·兰贝里尼（Daniela Lamberini）
发现，它们基本上可以追溯到 1575 年离世的佛

罗伦萨建筑学家贝尔纳铎·普奇尼[①]。伽利略在许多地方照搬了前者的描述，包括最微小的细节，他只是补充了几幅配图。"结果是普奇尼的论文受到误解，它们在整个 17 世纪都以伽利略·伽利雷的大名流传于欧洲各国宫廷。"

对于想要了解工程学的技术问题的伽利略而言，借助已知或熟悉的人是理所当然之事。他的"军用几何罗盘"也不是新发明，而是对古伊多巴尔多·德尔·蒙特的旧罗盘的改良。至于他多次隐瞒他的创作来源，这符合当时的惯例和他尽可能占有和推销他的知识的愿望。

他还总是对那些剽窃他的人感到不满，并对其中一些人采取了严厉措施，比如为了保护对他极具商业价值的罗盘而打击巴尔达萨雷·卡普拉[②]，或者反对数学家埃特尔·祖格麦瑟，后者将来会为此报复他的"死敌"伽利略并嘲笑他的望远镜观测——伽利略一生中多次与其

[①] Bernardo Puccini（1521~1575 年），托斯卡纳大公科西莫一世的军事工程师。

[②] Baldassare Capra（1580~1626 年），意大利科学家，出身贵族，曾与伽利略争夺发现 1604 年"开普勒超新星"和发明军用几何罗盘的优先权。

他学者展开令人难堪的争论，这只是其中的两例。

一门秘密学问的终结

在造船领域，伽利略没有与此相当的信息来源可供借用。这是一门秘密的学问。在威尼斯船坞开展合作的各个手工业行会都对自己的知识严格保密。虽然普雷·特奥多罗·德·尼科洛[①]等工程师在16世纪撰写了手册，以便能够随时仿造和系统性改造大型桨船和帆船，但是这些图纸都没有被公开。它们只是为一种仅限于少数高性能船型的前工业时代标准化生产提供了模板。只有这样，威尼斯人才能在勒班陀海战前的几个月间完成数百艘桨帆战船的新建和装配工作。

这场战事之后，兵工厂内的业务就明显减少了。原因包括1571年俘获了大量土耳其船只，但也包括1575~1577年的恐怖瘟疫。在威尼斯原有的20万居民之中，约有6万人死于这场传

———————

① Pre Theodoro de Nicolò，威尼斯兵工厂的造船师。

染病，画家提香 ① 也未能幸免。

伽利略逐渐熟悉了受到不列颠人和尼德兰人竞争冲击的威尼斯造船工业。在他最初几次前往兵工厂的时候，他和柯里亚特一样，面对着将用来建造长达 50 米的船舶的巨大木质龙骨惊叹不已。从此，他会经常访问船坞和实地了解情况，以便更好地处理由于他担任新职位而不可避免的外界咨询。

科学史家于尔根·雷恩和马泰奥·瓦勒利安尼以孔塔里尼的书信为依据，令人信服地阐述了伽利略访问兵工厂对他研究物体的抗拉强度和对他的力学的重要性。威尼斯的船坞仿佛打开了闸口，对他来说价值连城的直观材料从中流过：达·芬奇所绘制的由杠杆、轴、绞盘和泵组成的机器的全套图纸。在这里，伽利略开始着手进行达·芬奇在同一地点由于缺少理论训练而未能完成的任务：他将技术的效果归纳为数学法则。

---

① Tiziano Vecelli 或 Tiziano Vecellio（1488/1490~1576年），意大利文艺复兴晚期画家，威尼斯画派的代表人物。

这方面的范例是他关于力学的手稿。在文中，伽利略提醒造船工程师和手工业者不要越界。如果他们觉得能够用他们的机器巧胜自然的话，他们就彻底搞错了。自然是无法欺骗的。长杠杆、曲柄或滑轮提供的优势仅仅在于能够以它们作为整体举起重物。如果没有这些辅助工具，就必须将重量分成小块。谁若想投入较小的力气，就必须承受较长的路程。这就是今人所称的"能量守恒定律"，就算机器也无法改变它。

一位名叫开普勒的数学家

1597 年夏天，当伽利略意外收到一本寄来的书时，他正作为工程师和大学教师在各种场合打探消息，以及作为沙龙明星和求偶者在威尼斯各处游荡。只见封面上写着"宇宙结构学论文中的先锋之作，内含宇宙的奥秘"。作者是一位德意志数学家：约翰内斯·开普勒。

从这两位数学家到目前为止的经历来看，这就是欧洲一所最著名学府的 33 岁教授与一位地方中学教师的相遇。不过，伽利略在国际舞台上依然默默无闻。他还没有发表过作品，而年轻8岁的开普勒已经在其原先图宾根学府的老师的鼎力支持下出版了一部雄心勃勃的科学论著——伽利略此刻正拿着它。

伽利略乐于抓住机会和外国的数学家建立联系。他旋即向格拉茨回信以表示感谢："博学的先生，我不是在几天前，而是在几小时前才收到您通过保卢斯·安贝格（Paulus Amberger）寄给我的书。因为同样是这位保卢斯告诉我他将返回德意志，假如我没有用这封信向您表达谢意的话，我就会认为这实际上是忘恩负义。"

伽利略继续写道，目前他只读了引言，但从中看出了作者的某些意图。他"确实特别幸运，能够拥有这样一位男士作为探索真理的伙伴和说真话的朋友。因为糟糕的是，追求真理且没有在探讨哲学问题时颠倒是非的人是如此稀缺"。

伽利略承诺会静下来读一读这本书。"我很愿意这么做，因为我已经在多年前接受了哥白尼的观念，并从这个立场出发，发现了许多按照通常的想法显然无法解释的自然过程的原因。"

伽利略是哥白尼宇宙观的支持者？这一坦白来得相当突然。多年来，他在大学课堂上参照一部天文学权威作品讲授以地球为中心的宇宙观，而现在却表明，他早就默默地怀疑它了。他忽然承认自己是同样求学于帕多瓦的哥白尼的追随者，尽管伽利略没有讨论他还将长期向其学生发放的论文《论天球》①中的观点。

这场被误解的思想转变的唯一预兆是伽利略同年写给他在比萨的朋友雅各布·马佐尼的一封信。那是对马佐尼的新书的批评，马佐尼在书中试图顺便反驳哥白尼的宇宙观。于是，伽利略给这位哲学家上了一小节几何课，并趁此机会在一个从句中向他表明了自己对哥白尼的同情。

写给开普勒的信是此事的第二件证据，也是一份不可思议的证明文件：意大利教授完全不认识那个德意志人，但开普勒作为数学家和志同道合者显然容易使人产生信任。

———————————————

① *Trattato della sfera*，作于约 1597 年。

另外，伽利略想要抓住机会，用他的信向同行做自我介绍，并在他向开普勒的书表示敬意之后更好地推销自己和自己的工作。关于哥白尼的理论，最令他感兴趣的是它对于"自然过程"的必然性。"对此，我整理了不少直接和间接的证据，但到目前为止还不敢发表。"

就在致开普勒的第一封信中，除了能看出他们均支持哥白尼的基本态度之外，还反映出他们不同的初始状态。开普勒受到他与迈斯特林的讨论的鼓舞，从一开始就准备进行一场公开辩论。他积极寻找"探究真理的同伴"。伽利略则表现克制，因为在他周围没有任何数学家明确站在他这一边。

罗马的克里斯托弗·克拉维乌斯或博洛尼亚的乔瓦尼·安东尼奥·马吉尼虽然完全认同哥白尼，甚至部分依靠他的数据，但他们将哥白尼的理论作为数学模型，而否认能够用它反映现实。它在该方面会被所有人拒斥为"荒谬的"，马吉尼如此认为。

鉴于这种普遍拒绝的态度，伽利略对开普勒的书感到极为高兴。他在信中写满了对德意志人的启蒙事业的肯定。但是除了口头上对哥白尼表示赞同之外，他的笔友未能获悉任何具体内容。伽利略在信中只是模糊地概述道，他支持日心说的世界观主要是出于物理学的理由。不确定的是，他暗示的是哪些"自然过程"。

至少，他承认了他迄今没有对哥白尼发表任何评论的原因。他被"哥白尼自己的命运吓住了，他是我们的前车之鉴。他在少数人那里赢得了不朽的声誉，却被无数人（因为傻瓜是如此众多）嘲笑和喝倒彩"。

伽利略害怕使自己丢脸。他小声地承认说，自己宁愿让其他人先行一步。"如果有更多与您持相同意见的人的话，我事实上就敢把我的思想公之于众；既然不是如此，我就不会这么做。"

针对新世界观的保留意见

来自帕多瓦的数学家不是唯一选择暂时沉默的人。米夏埃尔·迈斯特林的态度也很谨慎。这位数学家和神学家更愿意让他从前的学生在前面开路。他知道，新教学者对路德已经援引《圣经》加以拒绝的哥白尼宇宙体系的反对情绪有多么强烈。

开普勒也因为其关于"宇宙的奥秘"的文稿而直接受到了图宾根大学评议会方面的阻力。他本来打算在一篇长长的内容提要里说明哥白尼的学说和《圣经》能够很好地统一起来，却不得不把相应的段落删去。把哥白尼的学说当作数学假设是一回事，把它当作某种真实来呈现则是另一回事。后者早在哥白尼还活着的时候，就不仅在路德宗信徒，还在佛罗伦萨多明我会修士中间引发了激烈反对。

迈斯特林不但害怕来自教会的反对，而且和伽利略一样担心其作为科学家的声誉。作为学者，他们两人始终处在同行的注视之下。只要伽利略无法提出关于地球运动的有力论据，他就避免与帕多瓦大学有名望的哲学家发生争执。他宁可缄默不言。

当他给开普勒写信的时候，他还不是哥白尼宇宙观的开路先锋。哥白尼假说最坚定的捍卫者一开始主要存在于大学之外。开普勒算是一位，此外还有云游僧侣乔尔丹诺·布鲁诺和黑森侯爵的数学家克里斯多夫·罗特曼 [1]。

罗特曼在伟大的丹麦天文学家第谷·布拉赫面前捍卫该理论。第谷于 1596 年公开了两人的往来书信，从而在业界引发了热烈讨论。伽利略或许是在这一背景下首次为哥白尼发声的。由于第谷炮火隆隆地闯进了伽利略的研究领域，这听上去就更加可信了。

这位名满欧洲的天文学家主要从物理学角度反对哥白尼的理论。第谷问道，如果从极高的塔楼上正确地释放一颗铅球，它怎样才能恰好垂直落在正下方的点上？按照他的观点，只有地球保持静止，铅球才能准确地落在塔楼脚下。如果地球转动，它就会在铅球下方转向一旁，铅球必然要落在后面。同理，如果在一个旋转的地球上用大炮向东发射，其射程将不同于向西发射。

---

[1] Christoph Rothmann（约 1550/1560~ 约 1600 年），德意志数学和天文学家，1584~1590 年为黑森 - 卡塞尔侯爵效力，编有《卡塞尔星表》。

这些论述肯定引起了伽利略的关注。它们与克罗狄斯·托勒密早在公元 2 世纪就提出的反对地球自转的保留意见差不多，只不过呈现为更加现代的形式。根据托勒密的说法，在一个旋转的地球上，"无论是一片云、其他飞行或者被抛掷的物体，在向东移动的过程中都无法被察觉"。自转的地球将会超过一切没有和它相连的事物，以至所有云朵都必将向西运动。既然不是如此，这就表明了"这类想法的荒唐可笑"。

托勒密和第谷有充分的理由否认地球的运动，尤其是因为必须给日心体系中的地球赋予一个疯狂的速度。根据现今的知识水平，赤道上的一点每小时将向东运动超过 1600 千米。更快的是地球在轨道上绕日公转的速度：它以每小时超过 10 万公里的速度在宇宙中飞驰。对此，我们却全无察觉，这完全违背了我们的理解能力。

然而，即使认为地球是静止的，也只能解决一部分问题。因为在这种情况下，全体恒星都必须在 24 小时内绕行我们的地球一圈。考虑到它们距离遥远，它们的运行速度将会比地球转动的速度高出许多倍。尽管如此，站在 17 世纪门槛上的大多数学者还是宁愿把速度难题转移到人类经验范围之外的天球上。

留给哥白尼的一片小生境

到目前为止，伽利略也缺少一种合乎逻辑的、能够解释为什么人在日常生活中感受不到地球快速的自转和公转的理论。他的实验室是一片汇集了他的多种兴趣的小生境，他的力学实验和物理学思考在这里发芽，成长为新的构想。直到他认为找到了合适的环境时，才会充分释放这些构想的潜力。

但就算他较晚才迟疑地表明他的信仰，还是可以相当肯定地说，伽利略在 1597 年就已经认识到，只有成功驳倒反对地球自转和公转的意见，哥白尼的宇宙观才能获得普遍接受。他把第谷·布拉赫视为此生最凶狠的对手之一，而开普勒钦佩丹麦人，尽管他们作为天文学观测者持有不同的观点。

他们与第谷——在围绕哥白尼的观点进

行辩论的过程中，越来越多的学者援引他的权威意见——的关系或许大相径庭：伽利略避免与试图鼓励皮内利的第谷直接联系，开普勒则很快就接受了前往布拉格的邀请并成为第谷的助手。

伽利略在开普勒的书中徒劳地搜寻最令他感兴趣的物理学话题。它们在《宇宙的奥秘》中没有涉及。这是一部天文学著作，还具有神学启示和高度推测的特征。

开普勒声称自己破译了上帝的创世计划。"我打算在这本小书里证明，至善至大的上帝在创造我们运动着的世界和布置天穹的时候，把那五个从毕达哥拉斯和柏拉图直到我们的时代始终享有如此崇高声望的规则物体……作为基础。"

不知道伽利略会如何看待这本书的神秘外衣，但开普勒的天空比例和被他自己改造成一部多功能计算器的比例规 ① 之间有着天壤之别。

---

① 又名"扇形圆规"，由伽利略在 1597 年左右发明，是根据相似三角形原理等分和按比例缩放线段的工具。

迄今为止，伽利略在帕多瓦主要研究的是轮廓清晰的技术问题。对于普遍性理论，他更多抱持怀疑态度。他虽然重视数学论证的明确性，但已经从父亲那里认识到，如果抽象过度的话将会发生什么。

就这样，他写完了致德意志数学家的信，没有对该书的特别主题和开普勒大胆提出的宇宙方案做出某种回应："时间短暂和急切拜读大作的愿望催促我搁笔，在此我向您保证我的友好感情并始终愿意为您效劳。保重吧，请不要犹豫告诉我更多关于您的好消息。"

"伽利略，鼓足勇气，站出来吧！"

开普勒在科学的鲨鱼池中

1597 年秋季，约翰内斯·开普勒正沉浸在新婚的惬意之中。"如果太阳将在方照 ① 时到达起点的话，此话的意思就会显露出来。"对于他原先在图宾根的教授米夏埃尔·迈斯特林来说，破解这条用天象委婉表达的信息并不困难：芭芭拉·开普勒怀孕了。小两口半年前在格拉茨完婚，如今他们期待着第一个孩子的降生。

现在，开普勒似乎终于在格拉茨找到了归属感。在担任数学教师的最初几年里，他觉得

---

① 天文学术语，指外行星与太阳的角距离成 90 度，包括东方照和西方照。

在这里形同流放，他总是三心二意，挂念着他在符腾堡的老家。他最希望的就是回到图宾根完成神学学业。在此期间，他却放弃了成为教士的愿望，并通过他的婚姻把自己与新的居住地羁绊起来。

除了即将身为人父以外，激励他的还有他刚刚出版的《宇宙的奥秘》。他非常耐心地等待反馈，并向迈斯特林打听消息："格鲁本巴赫[①]销售这本书是否顺利，以及最近您是否听说有知名人士发声支持真理？"他在此主要想到的是丹麦天文学家第谷·布拉赫。不过，目前该书还几乎没有收到回音。"看起来，我不得不满足于自己进行推理的乐趣了。"

当开普勒写下这几行字的时候，他已经收到了意大利的来信。两本样书应该已经被数学家伽利略友好地收下了。后者虽然此时还不是名人，却是一所著名学府的教授。而且他对本书是如此感兴趣，以至他请求信使再向他寄送两本样书。因此不奇怪，开普勒兴致勃勃地答

---

① 　指 Georg Gruppenbach，1610 年去世，符腾堡地区的出版商。

复了他。

伽利略的来信在两重意义上令他高兴。"首先是因为与您这位意大利人结下了友谊，其次是因为我们在哥白尼宇宙结构问题上的观点一致。"他希望伽利略此时已经读过这本书了。"我习惯于催促我所有的去信对象，请他们提供真实的意见。请相信我，与一大群人不加思考的掌声相比，我更喜欢一位明理之人最严厉的批评。"

他或许暗自考虑过，批评的声音不会过于激烈。他也不需要说服伽利略接受哥白尼的观点。但为什么意大利人揣着他的学问躲得远远的，就算他抱怨那些"追求真理的人"太过稀缺？为什么一位已经坦白并欢迎他作为"真理的伙伴"的教授需要掩饰自己？以上就是满怀热情开始工作的开普勒思考最多的问题。

哥白尼主义联盟的辩护词

"您援引您本人的例子掩饰得很机智地提醒说，应当远离普遍的无知，不要轻易让自己遭受或对抗学者群体的大肆攻击……我们这个时代的伟大事业已经首先由哥白尼，继而由许多非常博学的数学家所草创，地球运动的主张也不再被视为某种新鲜事物。在此之后，通过对此做出共同担保，将已经开动的车辆拉向目标，以及通过发出强有力的声音，逐渐压倒对依据欠考虑的大众，以便或许能巧妙地使他们认识到真理，这样不是更好吗？"

25岁的数学教师很好地发起了这件事，却对形势做出了过于积极的描述。已经拥护哥白尼的"许多非常博学的数学家"仅凭一只手就能数得过来。伽利略的来信是他的书收到的第一个和唯一一个赞同哥白尼的反馈。直到他生命的终点，开普勒都将属于一个为新的宇宙观斗争且需要不断抵挡相同的反对论据和神学顾虑的极少数派。

正是这一点使人更容易理解他的迫切呼吁。开普勒竭力说服他那主动表示能够借助哥白尼的理论解释许多自然现象的同人转变态度。"凭借您的理由，"开普勒说道，"您同时也将为受到那么多不公正评价的同志带来帮助。"

伽利略没有说明这些自然现象指的是什么。

但是开普勒很可能准确地嗅到了什么，就像他在几个月后写给巴伐利亚公爵的宰相赫瓦特·冯·霍亨伯格①的信中所表明的：他猜测，伽利略把潮起潮落归因于地球的运动。实际上，伽利略后来将会宣称，潮汐是海洋对地球绕日公转和绕轴自转的反应。这种意见没有令开普勒信服，因为涨潮和落潮显然是与月球的运行同步的。

他希望了解更多关于伽利略开展科学工作的情况，可是后者不愿意因为一番仓促支持哥白尼理论的辩护词而威胁到自己的职位。开普勒本人作为一所教会学校的老师在发展他的天文学兴趣方面比较孤立。他努力寻求与学界建立联系，所散发出的激情着实吓住了伽利略，使得他不敢就此事开展合作。

不透明的思想游戏

开普勒首先在信中尝试劝说伽利略鼓起勇

---

① Herwart von Hohenburg（1553~1622 年），巴伐利亚政治家和学者，已知他 1597~1611 年与开普勒通信超过 90 封。

气，但他接下来完全丢失了对对方处境的敏感性。尽管伽利略向他承认自己担心如果赞同哥白尼就会受到嘲笑，开普勒还是继续向他施加压力。这样一来，他就不但把伽利略带入了一个需要再次为其克制做辩护的尴尬境地，而且将其卷入了一场不透明和狡猾的思想游戏。

开普勒认为，哥白尼学说的最大阻力来自同行。"既然这属于他们的专业，他们就不会在没有证据的情况下承认任何观点。"但是，如果运用一个计谋，就能使数学家也转变看法。为此，他打算利用的是，通常在一个地方只有一名数学家。

如今谁想要以数学家的身份说服别人接受哥白尼理论的正确性，就需要从志同道合的人那里获得一封支持函。"通过展示这封信（对我来说，您的信也很有助益），他能够在学者中形成一种认识，就好像各地的数学教授对此达成了一致意见。"

开普勒本应想到，这样一种欺骗性的策略不会受到伽利略的欢迎。那位数学教授给他写了一封私密信件，而且是第一次写。如今，开普勒可能会拿着这封信向他人宣传哥白尼的宇宙观，仅仅是想到这一点就肯定会令伽利略感到不快，尤其是开普勒所处的环境可能就足以让他觉得忐忑不安。

伽利略是天主教徒，开普勒是路德宗教徒和米夏埃尔·迈斯特林的学生，后者已经作为主要证人出现在《宇宙的奥秘》的导语中。自从历法改革以来，这位迈斯特林在意大利可谓无人不晓：他是反对新式计时系统的代表人物之一。迈斯特林不考虑一切科学论证而撰文抨击历法改革，从此被天主教学者视为顽固不化的异教徒。

科学史家马西莫·布齐安蒂尼[1]在他对通信往来的深入分析中强调，当伽利略收到《宇宙的奥秘》时，迈斯特林的作品已经被列入了禁书目录。因此，迈斯特林在 16 世纪最重要的天文学辩论中表现顽固，这或许也会给他的学生带来不利影响。

---

[1] Massimo Bucciantini，生于 1952 年，意大利历史学家，锡耶纳大学教授。

我们不知道，1597 年的伽利略究竟在多大程度上考虑到这些关联。他在帕多瓦的学府环境宽容地对待持不同信仰的人。但是开普勒想到的办法却更容易引发而非消除对与他来往可能带来不利后果的担忧。德意志人将在多大范围内谈论这封信？其中会不会有什么走漏到意大利？

热情过火的数学家

当开普勒意识到做得有些过火的时候，他试图再次调转方向。"采取这种手段到底是为了什么！伽利略，鼓足勇气，站出来吧！如果我猜得没错，在欧洲有影响力的数学家之中，想要和我们分道扬镳的人很少。真理的力量是如此强大。如果您觉得意大利不太适合公开，如果您预计将在那里遇到阻碍，那么或许德意志将为我们提供这一自由。先到此为止吧。请至少在私底下告诉我，您发现了什么对哥白尼有利的事情，如果您不想公开这么做的话。"

开普勒写的越多，他"至少在私底下"从伽利略处获知后者认为哪些物理学依据能为哥白尼提供佐证的希望就越渺茫。他还误以为伽利略是一位经验丰富、像第谷或迈斯特林那样进行定期观测的天文学家："您是否拥有一部可以读出分钟和 1/4 分钟的象限仪？如果有，就请于 12 月 19 日前后的同一个夜间观测大熊座的中间那颗尾星[①]的最大和最小高度。同样，请于 12 月 26 日前后观察北极星的这两个高度。第一颗星的高度也请于 1598 年 3 月 19 日前后的夜间 12 点观察，第二颗星请于 9 月 28 日，同样在夜间 12 点。"

开普勒试图通过上述询问使伽利略参与解答一个重要的天文学问题：测量恒星视差[②]。在哥白尼的体系中，地球在半年的时间里绕太阳转动半圈。因此，人们两次眺望一颗固定的恒

---

① 指"开阳"（Mizar）。"尾星"（Schwanzstern）是古称，意为"大熊"的尾巴，也就是北斗七星的"斗柄"，包括玉衡、开阳和摇光三颗星，开阳位于中间。北斗七星在德语中名为"大车"（Großer Wagen），"尾星"今通称为"辕星"（Deichselstern）。

② 视差是从两个不同的点观察相同目标所产生的方向差异，上述两点与目标的连线形成的夹角叫作视差角。地球公转将产生恒星视差，但它由于距离遥远而非常微小。无法观察到恒星视差曾长期被人们作反对日心说的重要依据。

星时，它会出现在不同的位置。就像当我们轮流睁开左眼和右眼时，伸出的拇指仿佛会在眼前来回跳动一样，目标恒星的方位也会随着一年的进程转过一个小角度。

到目前为止，天文学家第谷·布拉赫未能测量出上述波动，如果测量出来原本可以成为一项支持哥白尼假说的直接证据。这也是他拒绝整个理论的原因之一。

不过，由于恒星的距离远得难以想象，角度差是如此微小，以至这一证明还要再等 200 多年才能由天文学家弗雷德里希·威廉·贝塞尔①完成。与所有同时代的人一样，开普勒对宇宙规模的设想是完全错误的。在给伽利略去信两周之前，他请求迈斯特林提供相似的观测数据。不同的是，他与图宾根的教授是多年的朋友，而与伽利略是首次接触。尽管如此，他还是理直气壮地给后者布置了任务。

---

① Friedrich Wilhelm Bessel（1784~1846 年），德意志天文学家和数学家，贝塞尔函数的提出者。1810 年起担任柯尼斯堡大学教授和天文台台长，1838 年计算出了天琴座 61 的周年视差。

直到今天，自然科学家之间的交往通常使用一种轻松的语气。然而，开普勒未能正确地判断亲疏。他没有在首次跨越文化界限的试探时谨慎行事，而是用其特有的、无所谓和不耐烦相混合的口吻给始终保持警惕的佛罗伦萨人写信。甚至在最后一句话里，他还提出了一个不恰当的要求："请保重并给我回复一封真正的长信。"

他收到的不是一封长信，而是杳无音讯。伽利略选择了退却。两位用不同论据支持哥白尼主张的学者之间的思想交流本来令人期待，却仅仅在一轮通信往来之后就结束了。

在此过程中，两位数学家不但有着不同的工作和思维方式——伽利略可以在开普勒的处女作中看到这一点，而且当他们在一个如此重要的研究课题上发现了共同的兴趣之后，教会的引力场也没有强大到立刻把这两位同行重新扯开。此时此刻，主要是个人的动机、恐惧和热情阻碍了这场合作或仅仅是彼此接近。

他们失败的沟通恰恰具有典型性：进步的思想者常常不是合力排除对一种认识走向成熟

的真正阻碍，而是给彼此的生活制造麻烦。这扇门才刚刚开了一条缝，就被开普勒激动地撞开了。或许在伽利略那里，被暴露的滋味已经足够深刻，使得他将从此回避那位德意志学者。在接下来的13年里，他将不会对哥白尼发表任何意见。直到他发明了望远镜，才纯属意外地获得了如此全面和直观的证明材料，以至他相信，这下子没有人能够继续反对新理论了。

鲨鱼池中的科学

对于开普勒来说，伽利略的沉默令人懊恼，也许甚至还令人不安。从他之后几年的通信中可以看出，他非常渴望重新建立中断了的联系。

比如，他在1599年夏天请当时住在帕多瓦并和伽利略一样经常参加皮内利沙龙的英格兰人爱德蒙·布鲁斯①转达对伽利略的问候。在一封写给布鲁斯的信中，开普勒表示，他对没有再收到伽利略的回复感到奇怪。这次，他试图通过另一个科学问题引起伽利略的注意：磁理

① Edmund Bruce，其人不详，已知他在1602~1603年给伽利略写过三封信。

论。不过，他还是没能等来任何回音。

几年后，还是那位布鲁斯给他来信说，伽利略在此期间不仅读了《宇宙的奥秘》，帕多瓦的教授甚至还在向其听众做报告时把开普勒的发现据为己有。开普勒对这一指控的迅速反应再次表现出他的特点：他绝对没有阻止伽利略利用自己的工作成果。他再次请求向伽利略转达问候，同时也向博洛尼亚数学教授乔瓦尼·安东尼奥·马吉尼转达，后者与布鲁斯关系密切，而且可能已经参与了此事。

不得而知，他是否也将通信的中断归因于他自己的轻率。但就在给伽利略去信几周之后，开普勒就在反思他的激情和陪伴他一路走到今天的狂热。原因来自星辰，具体就是："水星与火星构成四分相。"由于他的草率和欲望，他在"还没有来得及仔细思考时"就会脱口而出，开普勒如此评价自己。"因此，他说话总是欠考虑，他即兴写出的书信没有一封是好的。"只要做出一点改进就都完美了，他语气有所缓和地补记道。

从此，开普勒必须更频繁地纠正自己。因

为虽然他个人理想中的做学问是开放和自由的思想交流，但是在学界，他需要与许多易受刺激的自负之人打交道，后者在乎的是保护他们的解释权和无论多么微不足道的知识优势。

同年，他还给俗称乌尔苏斯（Ursus）的皇帝御用数学家尼可莱·雷梅尔斯·拜尔[①]写了一封本无恶意的信，之后才发觉自己落入的是一个怎样的鲨鱼池。这件尴尬的事情使他亲眼看到，假如书信被挪作他用而突然公布于一个新的场合，将会发生什么。

开普勒高度赞扬了乌尔苏斯，却没有想到后者与著名的天文学家第谷·布拉赫的关系是多么糟糕，以致第谷起诉了乌尔苏斯。在开普勒不知情的情况下，乌尔苏斯偏偏在出版作品时加入了这封信，结果开普勒受到第谷的责难，说他把乌尔苏斯置于比包括他本人在内的当世所有数学家更高的地位。由于出言不慎，开普勒被卷入了一场原本与他无关的优先权之争。

① Nicolai Reymers Bär，生活于 1550~1600 年之间，德意志数学家和天文学家，他提出的宇宙模型与第谷的非常相似，结果被后者指控剽窃。

甚至，鉴于他将在布拉格成为第谷的同事，他发现不得不按后者的要求撰写一篇反对乌尔苏斯的文章。

第谷在这类问题上决不妥协。这位雄心勃勃、好斗且已经在一场决斗中失去了部分鼻子而从此戴着一只金鼻子的丹麦人接受过太多的挑战。虽然他的平生成就足以使他有理由更加从容地应对，但就像伽利略在其生命最后 1/3 的时间里那样，他把精力耗费在了没那么重要的事务上。

首席天文学家

第谷·布拉赫比开普勒年长 25 岁。他来自一个受到尊敬的贵族世家，已经从事过 17 种天文观测，并在研究过程中最先收集了用于观天的仪器。1572 年，他通过这些工具观察到天上出现了一个不同寻常的明亮光源，它在几周之间就变得黯淡，在此后约一年半的时间里仍可见于仙后座。第谷通过精准的测量证明，这不是一次大气发光现象，而是一颗新的星星，也就是人们今天所说的超新星。因此，星空不像普遍认为的那样是永恒不变的。

五年后，一颗巨大的彗星出现在西方的夜空，年少的开普勒和伽利略都看到了它。第谷又携带着仪器做好准备。根据他的测算，彗星到地球的距离比月球到地球远得多。因此，彗星不是地球大气中的鬼火。此外，鉴于彗星与地球相隔如此遥远，它肯定会穿过金星的水晶天球。第谷从中得出结论说，自然哲学家从古典时代以来一直认为存在的这类天球或球壳并不属实。第谷通过几次精确的测量就打破了古老的宇宙图景。

然而，对天象的卓越观察还不足以让他得到认可。在他认识到天文学中的精确计量是多么重要之后，他在自己的家乡建立了一座为传奇故事所萦绕的大型科研设施。丹麦国王知道这位科学家的非凡价值，并把一整座岛——汶岛①送给他，使他可以在那里设立一座符合自己愿望的天文台。于是就诞生了拥有多个圆顶建

---

① 丹麦文"Hven"，瑞典文"Ven"，位于丹麦西兰岛与瑞典斯科讷省之间的厄勒海峡，面积 7.6 平方千米。该岛在 1660 年《哥本哈根和约》之前属于丹麦，之后属于瑞典。

筑和巨型观测仪器的天堡①，据说其中有一座直径达 2.5 米的象限仪。

"所有人都沉默了，都想听第谷发言……他用他的双眼比许多人用敏锐的思想所看到的更多，他每一件仪器的价值都超过了我和我所有亲属财产的总和"，开普勒在初次遇到丹麦人之前就如此评价他。他只是通过道听途说了解到这座美妙的科研设施和第谷委托工匠制作的环形球仪、六分仪和天球仪。如果它们的精度无法再满足这位天文学家的要求，就会被立刻更换。

与伽利略一样，第谷意识到科研和技术之间的紧密关联，他们两人都和手工匠一起共事，以便尽早获得满足预定的科学－数学参数的精密仪器。伽利略依靠其相对简陋的设施开展技术创新，第谷则通过其花费巨资建造的设备将测量精度推向极致。

他的天文数据库是独一无二的。在超过 20 年的时间里，他与众多科研人员一道，夜复一

---

① Uraniborg，建于约 1576~1580 年。由于不敷使用，第谷 1584 年又在旁边建造了星堡（Stjerneborg）。

夜地跟踪行星的移动。凭借细致的时间计量，系统化定位的精确度已经比哥白尼及其所有先驱所能达到的高出了许多倍。

在此过程中，他观测的连续性可能比数据的准确性更加重要，作家亚瑟·库斯勒①写道。"几乎可以说，如果把第谷的成果和更早的天文学家的相比，就如同一部电影和一组静态照片。"

只要有机会，第谷就会打出这张王牌。他在写给开普勒的第一封信中就挑剔说，后者在《宇宙的奥秘》中用以论证其观点的数值早就过时了。"如果在各条行星轨道上采用我在连续几年间设法获得的真实离心率，就能做出更准确的检验。"

虽然提出了批评，但他在 1598 年 4 月 11 日写给开普勒的信里充分肯定了后者的工作。他赞扬了这位数学家的洞察力，并鼓励他继续

---

① Arthur Koestler（1905~1983 年），匈牙利裔英籍作家，早年是共产主义者，代表作《中午的黑暗》，1968 年获得松宁奖。

沿着这条道路走下去。"只要我能够为您与此相关的艰苦研究提供支持，特别是如果您前来拜访并和我当面探讨这一精深问题的话——这会令我高兴，您将发现我根本不难接近。"

这超出了开普勒的期望：著名的天文学家邀请一位凭借才能而有望在其研究团队中发挥重要作用的新生代科学家去做客。为此，开普勒不必前往丹麦，因为第谷与新任丹麦国王克里斯蒂安四世[①]闹翻并离开了他的家乡。他接到皇帝鲁道夫二世的聘请，准备接受布拉格的皇帝御用数学家之职。他从那里又一次向开普勒发出了邀请。

第谷也向迈斯特林提到了开普勒的卓越才能。不过，他对这位教授明确表示，他认为开普勒在《宇宙的奥秘》中的基本观点是错误的。"如果像您主张的那样，天文学的进步主要是先验地依靠那些规则物体的关系，而不是基于后天经验获得的观测数据，那么直到某人完成此

---

① Christian IV（1577~1648年），出身于德意志的奥尔登堡家族，1588年成为丹麦和挪威国王。他是北欧在位时间最长的君主，在与瑞典和神圣罗马帝国的战争中接连失利。

举，我们还将经历极其漫长的等待，就算不是永远徒然地等待下去。"

通过写信，第谷刚好达到了他的目的：他把开普勒的注意力转移到了他自己的观测计划上。他巧妙地吸引了年轻的数学家，后者迫不及待地想要再次验证他的《宇宙的奥秘》，前提是第谷向他提供所需的测量数值。

可是，第谷根本不打算轻易地交出他的观测数据。在公开它之前，他还想用它检验他自己的天文学假说。

第谷设计了一种宇宙模型，它展示了一个介于托勒密的古典模型和开普勒与伽利略赞成的哥白尼体系之间的独特折中方案。他猜想，虽然水星、金星、火星、土星和木星这些行星都围绕太阳运转，但它们和太阳一道环绕着居于宇宙中心的地球。第谷以此保留了哥白尼假说的某些优势，同时避开了难以理解的地球运动问题。后来，他的理论得到耶稣会士的推广，并受到开普勒和伽利略的激烈反驳。

逐出格拉茨

此时，开普勒没有足够用来拜访第谷的经费。作为数学教师，他在格拉茨挣的还不如宫廷里的仆役或小丑多。然而，情况还将变得更糟：结婚一年之后，他突然一无所有了。

在四分五裂的帝国内部，施泰尔马克几乎是反宗教改革运动开展得最猛烈的地区。1598年春天，年轻的大公斐迪南前往意大利，在那里见到了教宗。据称，他在朝圣地洛雷托[①]立下誓愿，要将施泰尔马克重新引回正确的信仰。返回之后，他立刻就让新教徒感到他是非常认真的。从此，他们和他们的宗教仪式就无法再在这个邦国立足了。

教士们遭到了驱逐，开普勒所在的福音派教会学校也被关闭。这位数学家失去了工作岗位，且必须离开这个邦国。只是由于他和耶稣会士的良好关系和给予他的例外规定，他才获准再次返回。由于担心被迫与他的家人分离，

———————————

[①] Loreto，意大利中东部山城，位于安科纳以南20千米。该地的圣母之家圣殿（Basilica della Santa Casa）是著名朝圣地。

他在格拉茨坚持了相当一段时间。另外，改变居住地无疑将导致他的妻子失去全部财产。

格拉茨的形势逐月升级。当开普勒打算埋葬他刚出生就因为脑膜炎夭折的小女儿的时候，一项严厉的处罚降临到他的头上。"谁要是在墓地要求哀悼者祈祷，谁要是安慰临终之人，就闯了大祸，并将被视作煽动者，"开普勒如此描述故意刁难的规定，"谁要是以基督的名义提供圣餐，谁要是聆听福音派布道，就犯了叛逆之罪。谁要是在城里唱诵赞美诗，谁要是阅读路德版《圣经》，就会被从城区里赶出去。"

他在绝望中自问，他是否真的可以更多地顾及他的妻子及其财产，而不是考虑完成自然和人生为他预定的事情？因为无论他将在别处迎来怎样的命运，都不会比他在格拉茨所面临的更糟。

"几年前建成的教堂受到了破坏，"他在1599年秋天向迈斯特林写道，"违背诸侯的命令安置教会人员的城市居民被武力强迫服从……我四处打听能够免费前往布拉格寻访第谷的机会，我或许在拜访之后有时间考虑居住地的问题。"

遇见第谷·布拉赫

最终出现了一次机会。鲁道夫二世的一位宫廷参事把开普勒带到了布拉格，第谷从半年前开始在那里工作。皇帝同意给予丹麦数学家3000古尔登的薪酬，这比他宫里的任何官员都多。为了新建一座天文台，鲁道夫二世甚至让他从三座宫殿中挑选——最精致的科学促进活动！

1600年1月，开普勒在这座兴建中的天文台拜访了年届五旬的天文学家——一位翘着小胡子的强壮男子。他们的碰面成为天文史上最幸运的相遇之一，开普勒自己称之为天意。"上帝的安排"使得他有机会利用第谷的观测成果。

他来到贝纳特基[①]的宫殿的时候，这里的改建工程正在全速推进。工作环境不可能很安静，但第谷已经在苦苦寻找能干的助手。他能够争取到与其共事多年的丹麦人克里斯滕·索伦森·

① 捷克文"Benátky nad Jizerou"，德文"Benatek"，位于布拉格东北、伊泽拉河畔，第谷于1599年8月至1600年6月在此工作。

隆伯格^①的支持，但是对克里斯多夫·罗特曼的聘请没有收到任何反馈。他还在等待勃兰登堡的约翰^②以及东弗里斯兰的大卫·法布里奇乌斯的答复——他们两人将只在布拉格做短暂停留。

开普勒很快注意到，这个团队缺少一名将观测活动和丰富的资料融合起来的建筑师。对此，他想到的当然是自己。但对于第谷来说，这位新人目前只是众多应征者中的一位。

开普勒打算根据最新的测量数值证明他的《宇宙的奥秘》，这暂时无法实现。只有在午餐时，第谷才偶尔随口告诉他几个数据，"今天是一颗行星的远地点，明天是另一颗行星的交点^③"。这些只言片语对他没有帮助。他的神经可能也深受始终不离第谷左右的侏儒杰普（Jepp）的尖刻评论的刺激，后者吃饭时坐在桌子底下不停地嘟嘟囔囔。按照第谷的同事隆伯

---

① Christen Sørensen Lomborg（1562~1647年），丹麦天文学家，1589年成为第谷的助手，后成为哥本哈根大学教授。著有详细阐述第谷宇宙体系的《丹麦天文学》。

② Johann Müller，他是丹麦国王克里斯蒂安四世之岳父、勃兰登堡选帝侯约其姆·弗雷德里希的宫廷数学家。

③ 指行星轨道穿过黄道的点，包括升交点和降交点。

格的说法，杰普拥有特异功能，却主要扮演着一个宫廷小丑的角色。

开普勒觉得对任何科研数据保密都是不正当的，这阻碍了进步——一个至今热门的话题。他在一封写给乔瓦尼·安东尼奥·马吉尼的信中将第谷的行为称作"我们科学界的祸害"。这位博洛尼亚的数学教授与第谷交好。忍不住把自己的想法"告诉科学泰斗们，以便通过他们的指点在我们的神技方面突飞猛进"的开普勒在面对马吉尼的时候也出言失当。他始终未能熟悉学术界的惯例，他的见习阶段还远没有结束。

从许多方面来看，与第谷·布拉赫的短暂合作都对他成长为科学家产生了重要影响。第谷使他熟悉了新的数学方法，也让他明白了准确观测的重要性。过了一段时间，他最终只交给他一颗行星的位置数据。开普勒应该集中全部精力于火星的轨道，而不是立即着手研究整个宇宙的构成。

尽管接受了这一任务，他们的关系还是有些紧张。多疑的丹麦人要求他的助手们书面承

这幅16世纪丹麦画派的油画展示了天文学家第谷·布拉赫，当时薪酬最高的天文学家。

诺对数据保密，开普勒却不愿意服从。鉴于格拉茨的情况危急，他希望尽快获得保障，而不愿意仅仅得到口头保证。他起草了一份极为详细的工作合同，并为此与第谷发生争吵，以致他最后匆忙离开，随后还向贝纳特基写了一封措辞激烈的信。

几天之后，他就为自己缺乏自制力感到后悔，并请求第谷原谅。"我从您为我所做的事情上轻率地以为，您准备提拔我……我因此极度沮丧地想到，上帝和圣灵还是任凭我的狂热和病态的脾气发作，而我面对这么多和这么大的善举，不是自我克制，而是紧闭双眼，在长达三个星期的时间里对您全家表现得顽固不化。"

他成功地平复了这件事。第谷答应在皇帝面前为他说话。于是，开普勒抱着即将达成协议的希望回到了格拉茨。

那里正在发生不少事情。斐迪南大公毫不妥协，就像后来在三十年战争期间作为皇帝斐迪南二世一样，他让严格的宗教规定笼罩着施泰尔马克。在下一次清洗浪潮中，所有不愿改信天主教的新教徒都被赶了出去，包括开普勒。

他说自己是基督徒，经由父母的教育、对依据的反复思考和每日的检验将《奥格斯堡信条》①内化于心。"我坚信它。我不会弄虚作假。我对宗教是认真的，绝不把它当作儿戏。"

他在格拉茨的六年时光结束了。在此期间，曾经的神学学生已经成为一名充满激情的科学家。在匆匆前往布拉格之前不久，他还用一部自制的投影设备观察到了一次日食。在一封提到被驱逐、收拾了全部家当且必须在45天之内离境的信中，他还描述了这一不同寻常的天象：

"在这段时间里，我完全忙于计算和观察日食。当我在思考制作一件特别的仪器并在露天搭建一个支架的时候，另一个人抓住机会研究了另一种食相：他不是在太阳上，而是在我的

① 拉丁文"Confessio Augustana"，德文"Augsburger Konfession"，亦称《奥格斯堡宗教告白》（Augsburger Bekenntnis），指新教路德宗的支持者在1530年奥格斯堡帝国会议上向皇帝查理五世提交的宗教信条，它是施马尔卡尔登同盟和奥格斯堡宗教和约的基础，为路德宗教会传承至今。

钱包里造成了一次缩减——偷走了我的 30 古尔登。实在是一场昂贵的食相！不过，我从中弄清了，为什么新月时的月亮在黄道上呈现出的直径那么小。"

第三部分　　天堂和地狱之间

脑海中的曲线

开普勒如何发现他的行星运动定律

希腊的安迪基希拉岛 [①] 上只有几十个居民。它自古就远离常用的航道。公元前 1 世纪，曾经有一艘满载的船在它的岸边沉没。也许是梅特米风 [②] 或者另一种常见于爱琴海的风暴使这艘货船偏离了航向，反正它被吹向陡峭的东岸，沉入大海。

2000 年后，潜水者在这座岛屿附近发现了船的残骸。他们从超过 40 米深的海底打捞出一座青铜雕像的沉重手臂，这才使得世人开始关

---

① Antikythera，位于伯罗奔尼撒半岛和克里特岛之间。
② Meltemi，爱琴海夏季的北风。

注这艘沉船。1900 年秋季，希腊政府派战舰赴现场打捞，收获了已经锈蚀的大理石和青铜雕塑、刀剑、双耳陶瓶和珠宝首饰。

海军潜水员还发掘出一个朽坏的木箱，其中有个完全结作一团的青铜块。这个小盒子与其他物品一起被送到了雅典的国家博物馆，在那里长期无人问津。

研究工作一直进行到 2008 年，在此过程中才发现，潜水员挖出的是多么不同寻常的考古文物。在完全腐坏的青铜块里可以辨认出齿轮的残余。1950 年代中期，耶鲁大学的科学史家德瑞克·约翰·德·索拉·普莱斯①用现代仪器检查了这个古典文物。他用 X 光照射凝成一团的齿轮，发现了一个可分解为许多部件的复杂装置，它由超过 30 个不同规格的齿轮所组成。

后来用强 X 光进行的扫描证实了他的猜测：这是一个天象仪。齿轮的相互作用表现了太阳、月亮和行星的运动。部分齿轮拥有超过 200 个

① Derek de Solla Price（1922~1983 年），英国物理学家、科学史家和信息学家，被视为科学计量学之父。

手工锉成的微小三角齿，而齿轮的规格与太阳和月亮的运行速度相对应，其精确程度令人惊讶。从月份名称的写法来看，这件仪器出自科林斯或者它的殖民地，后者包括叙拉古。或许，它产生于阿基米德的机械传统。

显然，这个2000岁的装置被多次使用过，某些位置进行过维修。天文学家用它提前测算日食和月食。特别令科研人员惊讶的是发现了一种原先被认为很久以后才被发明出来的部件：差速器。如此说来，当时已经有这样一种用于不同转速的齿轮之间的转接器了。

在轰动性地发现安迪基希拉岛的天时装置[①]之前，人们几乎无法想象，早在公元前1世纪就存在这样一件精密机械的杰作。虽然西塞罗在他的著作中钦佩地提到了阿基米德的青铜天象仪，但是备受称赞的天文机械技术没有留下任何踪影。实践知识在历史的长河中失传了，而关于行星运动的理论在文献中保存了下来。

---

① Himmelsuhr，字面意思是"天钟"，指通过观察星空判断时间的方法。

天时装置

文艺复兴时期，齿轮驱动的天象仪又时兴起来。它们被当作技术奇迹，可见于欧洲统治者的宫廷和私人的艺术收藏。比如，哈布斯堡皇帝在布拉格委托瑞士人约斯特·比尔吉制作了天球仪和天象仪，并将这些珍品中的一部分赠送给有影响力的人物，如英格兰国王詹姆斯一世。

比尔吉的工作让开普勒感到兴奋。他自己就绘制了一个天时装置的草图，并在发表《宇宙的奥秘》之前设计了一个拟献给符腾堡公爵的银杯状行星模型。他在信中将上帝比作一位将时间之流注入宇宙齿轮的钟表匠，或者把祂称作一位建筑师，他"如此测定所有事物，使得人们能够认为，不是人工在效法自然，而是上帝自己在创世的时候借鉴了未来人类的建造方式"。

从机器的设计图上可以看出，安迪基希拉的天时装置和比尔吉的杰作为何能够这么好地反映天文学家的想法。它们的构造是以一种简易的几何学语言为基础的：天体的运动被转换到齿轮上，进而转化为圆周运动。

数千年来，圆周的简单数学始终主宰着天文学家的观念世界：从柏拉图和亚里士多德到哥白尼和第谷，如果不是借助封闭的圆环，人们就无法解释太阳在天空中的移动和恒星夜夜往复运动的规律性。

为了理解这种观念，只需要时不时地瞧一瞧夜空中的星座。它们看起来始终不变。所有肉眼可见的星星之间的相互位置都能够保持数年甚至数百年。这就产生了一种印象，仿佛它们都被固定在一个转动的天球上，并因此被束缚在轨道上。

如果进一步观察，就会发现这一看似坚如磐石的秩序中有几颗飘忽的行星不太合拍。但是这无法撼动压倒性的整体印象。古希腊自然哲学家将宇宙视为一个球体，给行星、月球和恒星分别配备了独立和匀速转动的水晶球。

地球保持静止和天球围绕地球旋转的观念向物理学抛出了许多问题。天球之间存在哪些相互作用？它们是如何被推动的？不过，这个宇宙模型向科学发起的更大挑战来自占星和航海领域。对于海上航行来说，该模型只能部分准确地预报月食或其他天象，而且为此需要进行多种计算。

佩尔格[1]的阿波罗尼乌斯是给天文学提供了为此所需的工具的数学家之一。他在公元前3世纪证明，每条封闭的曲线和与此相关的任意行星的运动在数学上都可以归结为几个圆周——也就是本轮和均轮[2]的共同作用，后两者就像钟表装置内的齿轮一样彼此啮合。

直到开普勒的时代，这样的圆周模型仍在不断涌现出新的变种。第谷·布拉赫也深信不疑，并向他的后继者善意地建议道："星辰的运行一定要用圆周运动构成。否则的话，它们就无法一直均匀和单调地循环往复，而且除了轨道变得更加复杂、更不规律和不适合进行科学

---

[1] Perge，安纳托利亚的古希腊城市，位于安塔利亚东部。

[2] 阿波罗尼乌斯（或喜帕恰斯）提出了本轮－均轮模型，即地球位于宇宙中心，其他天体不是在以地球为圆心的轨道（被称为均轮）上而是在被称为本轮的圆形轨道上匀速运动，本轮的中心则在均轮上做匀速运动。此外，阿波罗尼乌斯还提出了偏心圆模型，即地球不是位于均轮的中心，而是在偏离它的某个点上。

讨论以外，永远持续下去也是不可能的。"

回过头看，第谷的急迫呼吁仿佛是预感到了他的助手有朝一日所能完成之事：彻底改变天文学使用了数千年之久的数学语言。但是，开普勒并没有表明这番意图。与其前人一样，他起初使用的是相同的几何学方法。尽管如此，正是第谷的数据促使他对天文学做出革新。甚至，第谷还通过束缚他过于狂热的助手确立了方向。开普勒不应立刻开始研究整个宇宙，而是应该先集中精力于一颗行星——火星。

继承遗产的责任

第谷在 1601 年 10 月离世。此前，罗森贝格伯爵①举办了一场铺张的宴席。按照开普勒的说法，第谷尽管患有严重尿频，却不愿远离酒桌，结果开始发烧。据说，他的死因是膀胱阻塞。于是，30 岁的开普勒意外晋升至当时数学家最梦寐以求的职位之一。皇帝鲁道夫二世让

---

① 罗森贝格家族曾是波希米亚最有权势的家族之一，此处指末代伯爵彼得·沃克·冯·罗森贝格（Peter Wok von Rosenberg，1539~1611 年）。

他负责完成第谷的未竟之业。

如果是在其他情况下，开普勒将会激情澎湃——这次他的兴奋却是有限度的。他目睹了大名鼎鼎的第谷在皇帝慷慨允诺之后还得低三下四地讨要薪水。在第一次作为御用数学家拿到报酬之前，他度过了"谄媚"而煎熬的两个月。

此外，很快就发生了围绕第谷的天文学年鉴及其天文绘图的争执。开普勒相信，其中许多内容让人垂涎欲滴，但是他无法立刻开始他的工作。原因在于，第谷——这位细致入微的观测者的毕生心血为其家人所有，皇帝想从后者手中买下遗物，但不愿意提高出价。第谷的继承人则开出了一个天文数字。

开普勒被夹在双方之间。在此期间，他的主要任务——完成《鲁道夫星表》一度被取消，这部令所有天文学家翘首企盼的天文目录将折磨他至1627年。第谷的继承人及其原先的一些同事密切关注着，以确保这个暴发户遵照先师的意愿完成任务。那些遗物沉重地压在他的肩上，直到他生命的尽头。

除了这个需要进行无数次计算的苦差事，他当然也在追求自己的目标。他无法全身心地为其前任效劳，他完全不赞成第谷的科学信念。开普勒决定重新将天文学和物理学联系起来。

为此，他不得不做出妥协。只要发表第谷的任何数据，他都必须给予布拉赫家族发言权。开普勒的代表作《新天文学》也由此变得漫无头绪。其中，他把传统的地心说、哥白尼创立的日心说和第谷的混合理论摆在一起讨论。在这本书第一部分，他从头到尾都在不停地变换视角。

他一边时刻不忘给予第谷足够的赞扬，一边对三种假说进行了检验并得出结论说，它们"在结果方面是等值和统一的"。它们同样适用于预测行星的位置。从数学上看，无论是站在地球还是太阳的角度计算，转换参照系都是随时可能的。

然而，此事的难易程度会随着视角而发生变化。如果把太阳置于行星系统的中心，从地球上看起来杂乱无章的事物就能组成一套清晰的秩序。

最终，只有借助物理学论据才能决定选择哪种宇宙体系。正是巨大的太阳的特殊角色为转变视角提供了合法性。在开普勒的眼中，行星距离太阳越近则运行速度越快的唯一合理解释就是它们受到了它的拉力。太阳在他的新天体物理中占据核心地位，它向他提供了"证实哥白尼的学说并证伪另外两种学说"的理由。

米夏埃尔·迈斯特林仍在试图使自己过去的学生放弃将物理学和天文学融为一体的念头。这可能会导致"整个天文学的毁灭"。自古以来，物理学研究一直是自然哲学的事情。

不过，开普勒不认为自己受到这一学术偏见的束缚。难道不正是因为物理学和天文学几百年来分道扬镳，才导致天文学陷入一场危机吗？

天文学在危机中

实际上，天文学变成了一门少数专家的学科。随着时间的推移，圆周数学变得如此复杂，以至一些科学家认为不得不放弃经典的方法以缩短计算流程。诸如克罗狄斯·托勒密采用的

"偏心匀速点"①等几何辅助工具搅扰了许多数学家的美感。

同样是出于这一原因，早在开普勒之前三代，尼古拉·哥白尼就开始改造整个体系。哥白尼也将宇宙视作一个完美的钟表装置，其中没有一枚齿轮是多余的。因此，他想要坚持被托勒密的"偏心匀速点"质疑但在他看来不可放弃的对称圆周。

他凭借一次宏大的视角转换做到了这一点。这位数学家明白，水星和金星几乎不会远离太阳。两颗行星始终在近处环绕着后者。或许，这就是他于1543年在其著名的《天球运行论》中提出的新宇宙模型的起点。

哥白尼彻底颠覆了现有体系。地球不再是宇宙的中心，而是被分配到一条边缘的轨道上。它与其他行星一起围绕着一个用几何学确定的、

---

① 也称为"对称点""等距点"等，由托勒密在整合偏心圆体系和本轮－均轮体系时提出。他维持了地球作为宇宙中心的地位，但各个均轮不是以地球为中心的同心圆，而是一组圆心位于一条直线上的偏心圆。对于每个均轮，地球相对于其中心的对称点称为"偏心匀速点"，本轮的中心不是围绕均轮的中心做匀速运动，而是围绕这个点做角速度不变的运动。

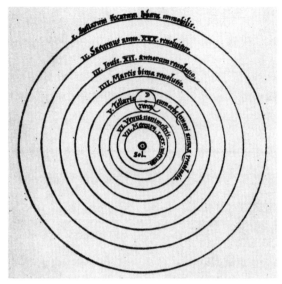

哥白尼所作的《天球运行论》中的图示，太阳位居中心，行星环绕四周。

紧邻太阳的新宇宙中心旋转。这样就可以解释为什么行星的运动有时会呈现"之"字形了。哥白尼得以抛弃诸如不受欢迎的"偏心匀速点"等数学手段，而此时的宇宙又像是一个齿轮组了。

不过，哥白尼的天空装置是以大量相互咬合的小圆轮为基础的。哥白尼的思想飞跃是如此伟大，但他其余的观念和想象却仍然那么传统。

科学哲学家马丁·卡里尔[1]评论说，受到歌颂的日心说提出者未曾致力于把太阳放到中央，而只是接受了这一点。"直到回看的时候，这一先后次序才颠倒过来。只是到了后来，将太阳置于中心才变成主要的，而行星运行的一致性变得无关紧要。"

新太阳系

这一转变正是在开普勒的作品中完成的。他始终坚持将哥白尼启动的改造工程推进下去。具体来说，他首先重新阐述了太阳的角色，并赋予它把所有行星固定在它们各自轨道上的力量。

太阳是他的模型的枢纽和支点，开普勒把全部计算都与它关联起来。在他重新测算出火星与太阳间的距离之后，他很快完成了实质性的改进。与原先设想的不同，行星在运动时始

---

① Martin Carier，生于 1955 年，德国比勒费尔德大学哲学教授，德国科学院和欧洲科学院院士，2008 年获得莱布尼茨奖。

终处于同一平面。"如此一来，火星的理论将变得非常简单"，开普勒说道。他确信，如今能用相同的方式处理每一颗行星了。

在此过程中，虽然他用上了传统的工具，试图借助双重圆周构造火星轨道，但是他以从未被思考过的新物理学观点填充了旧的几何模型。

他一开始设想，转动中的太阳像叶轮一般维持着行星的大规模的旋转运动。他认为，太阳在光芒之外还射出一股"非物质形式"的细流。他把后者理解成力的载体，它随着距离的增加而减弱。

为了使行星受到这股力的拖曳并被牵引着做圆周运动，开普勒设想太阳绕着它的轴自转。从中产生的力量形成一股涡流，众天体随着它运动，其力度和速度根据距离而有所不同。他认为，这样差不多就可以对行星运动速度的差异做出解释了。

然而，行星轨道不是以太阳为中心的同心圆。在其公转过程中，地球和火星有时远离太阳一点，有时靠近一点。按照开普勒的说法，对圆周轨道的这种偏离是行星以某种方式造成的。多年以来，他一直在冥思苦想这第二种力的本质，最终也没有得到让他真正满意的解答。

回过头看，这是可以理解的。开普勒把数学和物理学结合起来，这既是幸运的，又是不幸的。它具有指导性，因为它考虑到了太阳的特殊位置，也因为行星轨道首次被归因于力的共同作用。它具有误导性，因为太阳系内决定性的力根本不是沿着圆周起作用。正如艾萨克·牛顿在几十年后发现的那样，行星轨道是两股直线作用的结果：重力和天体的惯性。

如此说来，开普勒起始的前提只是部分正确的。当他想要用数学方法追踪火星并同时用物理学解读它的运行时，他仍然着迷于自己最终将会突破的圆的观念。最后，他作为数学家为天文学开辟了全新的维度，而作为物理学家，由于无法彻底摆脱流传下来的思维定式，他止步于通往艾萨克·牛顿的理论的半路上。

逆数据之激流

他在寻找新规律过程中的最大功劳是分析

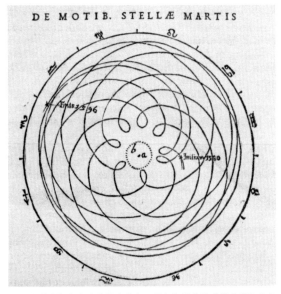

如果设想地球处于静止状态，那么行星的轨道将变得扭曲和复杂。火星被拉伸的回旋运动或许将呈现"四旬节扭结面包①的形状"，开普勒在《新天文学》中写道。

和利用了第谷·布拉赫的观测数据。火星轨道是如何从这一大堆数据中显露出来的？如果自己就站在转动着且如旋转木马一般绕太阳运动的地球上，又如何算出另一颗行星"真实"的运行轨道？

　　开普勒解决这个问题的方式将他的数学才能

———————————————

　　①　Fastenbrezel，也叫"8 字形面包"。

展现得淋漓尽致。他首先挑选出多个合适的行星排布情况。比如，他利用了火星绕太阳运动一周后正好回到相同地点，而地球此时位于别处。那么，在每一个这样的运行周期过后，观察行星的视角都会有所改变。开普勒把相关的数据搜集起来，以便最后用几何方法计算出行星轨道。

观测数据使他对火星轨道产生了多种猜想。他用不同的数据将他的计算程序重复了无数次，在几年时间里获得了越来越准确的结果。

1603年7月，他向自己在这段时期最重要的笔友、第谷原来的助手大卫·法布里奇乌斯如此描述他的方法："您认为，我先是想出某个讨人喜欢的假说，对它加以雕琢，然后才用观测检验它。可是，您大错特错了！更准确地说，如果一个假说是借助观测建立并以它为依据的话，我将会特别渴望检查自己是否未能在其中发现某种自然且令人愉悦的关联。"

目前，他以几何方式用两个圆拼成的火星轨道看起来仿佛重新呈现为一个正圆。这个"偏心"圆——它被如此称呼，因为太阳如今不再位于圆心，而是有所偏离——令他狂喜不已。

这位数学家为他不够成功的前人感到遗憾："现在谁能给我一汪泪泉，好让我为菲利普·阿比安[①]的可悲努力哭泣。"

然而"偏心"圆还远不是谜底！开普勒还需要与火星搏斗很久，他用新数据检查自己的计算，备感纠结，仍在欢呼，亲自进行天文观测——最后，他的美梦化作了一团泡影。火星的轨道不是圆形。差别只有八角分，但已足以破坏美妙的对称性。

八角分：从地球上望去，这个角度相当于满月直径的四分之一。或许任何一位科学家都会将上述偏差当作不可避免的误差而不屑一顾，开普勒却抓住圆形轨道的这一微小差异，再次仔细检验了第谷·布拉赫的观测的真实可信度。他在此表现出的经验主义值得敬佩。

在一年多的时间里，他忙于研究光的传播和人眼的功能，目的是寻觅可能存在的感官错

---

① Philipp Apian（1531~1589 年），德意志数学家，曾在因戈尔施塔特和图宾根任教，绘制了最早的巴伐利亚地图。

觉的踪迹。他还想弄清楚，天体发出的光线在穿过地球大气层时会在多大程度上偏离原有路径。星体的方位越接近地平线，光线穿越地球大气的路程就越长，偏折也就越大。由于这一折射，所有星星都被略微抬高。所以说，当我们看到火球般的太阳处于地平线上的时候，它实际上已经消失在地平线以下了。

开普勒相应地修正了所有测量数值，并为其进一步计算挑选出特别合适的数据。当他以这种方法证实第谷的观测数据的不确定性不大于一角分时，他便认为不能用某种测量误差解释火星轨道为什么扭曲。

行星的轨道不是正圆。这在通常情况下肯定是强加给它的，是"恶劣而严重的伪造"。"你们这些天文学专家啊，我要告诉你们，天文学不会像在其他学科中常见的那样听凭任何一人强词夺理。"

他再次从头开始，但没有折损信心。"上帝的至善将一位如此细致的观察者——第谷·布拉赫赐予我们，我们……应该懂得感激上帝的这番好意……并最终发现天体运动的真实形态。"

从圆形到卵形，再到椭圆形

认识到这一点后，他回到了测算火星精确轨道的初始问题，而且一开始认为它是有些丰满的卵形。他再一次计算错误，但没有隐瞒他走错了路，而是向公众讲述了他的思考以及最后引导他走上正确道路的幸运机缘。开普勒邀请读者加入他的认识过程："如果克里斯托弗·哥伦布、麦哲伦和葡萄牙人——他们分别发现了美洲、中国洋（Chinesischer Ozean）和绕过非洲的航路——述说他们的迷航，那么我们不但会原谅他们，而且完全不希望略去他们的故事，否则我们就会在阅读中错过最大的消遣。"

尽管有这些轻松的内容，他的《新天文学》仍然和哥白尼的《天球运行论》差不多难懂。哥白尼拥有一位热情地梳理和传播其知识的支持者，而开普勒没有这样的学生。由于题材艰深，他一直在请求读者的宽容。如果他们对费劲的数学方法感到厌倦，就应该对作者报以同情，他不仅需要频繁得多地进行全部运算，还得常常忍受结果的贫乏。有时，他在反复折腾了几个月之后几乎一无所获。"我们这次脱粒所得的粮食实在太少了！"

这部作品之所以令人困惑，不只是因为他始终在数学和物理学之间跳来跳去，也是因为它存在缺陷。通过两个神奇的相互抵消的错误①，他得出了后来作为"行星运动第二定律"或"面积定律"而载入史册的定理。行星不是以恒定的速度绕日公转的，而是太阳与行星之间的连线在相同时间内扫过同样大小的面积。

他不可能用已知的数学手段证明这一定

---

① 首先，开普勒发现行星在远日点和近日点的公转速度大致与行星到太阳的距离成反比，便把这个结论加以推广，认为行星的速度和它到太阳的距离成反比——这个结论是错误的。接着，开普勒将亚里士多德的力学推广到天上。他受到吉尔伯特的启发，认为行星运动的动力是太阳的磁力，力的大小与到太阳的距离成反比。结果是，行星的运动速度与其受到太阳的力成正比，完全符合亚里士多德关于速度与受力成正比的论断——这也是错误的。最后，既然速度与距离成反比，则行星通过某点附近所需要的时间就应该与该点到太阳的距离成正比。在当时的数学方法不足以验证的情况下，开普勒再次大胆推论，假定"上述距离之和就是扇形的面积"同样适用于偏心匀速点，于是得到"行星在两点间运动的时长与它与太阳的连线扫过的面积成正比"，即行星运动第二定律。

理——当时还没有微积分。他知道自己置身于不确定的地域，正在其间进行大胆的思想跳跃。不过，他的直觉使他再次向前迈出了关键一步。当他最终将火星运转轨道的正确结构写在纸上的时候，他并没有认出它来。直到几个月之后，他才意识到自己有眼无珠。"唉，我这个傻帽！"

经过历时五年多的英勇计算，开普勒终于发现了正确的行星轨道。它是一个"完美的椭圆"。他在寻求答案时的坚持不懈、在选择路径时的创造力和他的数学与物理学本能使他获得了也许是其整个学术生涯最重要的认识，那是现代天文学的一块基石。

科学史家布鲁斯·斯蒂芬孙[①]认为，如果没有开普勒，其他人或许将永远无法达成他取得的成就——只有少数伟大的自然科学家能够获得如此评价。椭圆轨道的发现是多么难能可贵，开普勒得到结果的方式又如此具有个性，"使得它处于任何必然的发展过程之外"。

---

① Bruce Stephenson，美国学者，著有《天堂的音乐：开普勒的和谐天文学》《开普勒的物理天文学》等。

数学的明确性和物理学的余波

现在，开普勒手中握有一项为最先进的知识所检验过的数学公式。在该椭圆公式中，行星的各自位置仅取决于两个由太阳方位定义的参数。就像他后来所说，太阳正好位于椭圆的焦点上。于是，它与行星的关系以一种他始终难以阐明的新方式表达出来。

与开普勒的天性相符的是他没有在这里停下脚步，而是继续寻找可能的物理学解释——尽管它一开始是那样模糊不清。到底是什么将行星拴在一条这样的轨道上？

这位御用数学家清空了满是点子的聚宝盆，为了理解火星轨道的形状而向行星的魂灵求助。他最后认为，假如行星具有一种相应的磁力，那么它们就能够被太阳的一股磁力流固定在轨道上——类似小舟被各支船桨的状态固定。

在早已开始分阶段撰写《新天文学》的过程中，开普勒了解到不列颠人威廉·吉尔伯特①

---

① William Gilbert（1544~1603年），英格兰物理学家、哲学家和医生，1600年发表《论磁》，晚年任伊丽莎白一世和詹姆斯一世的御医。

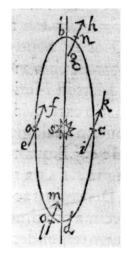

开普勒把行星在公转过程中距离太阳时近时远的原因归结为磁力。行星的磁轴产生作用的方式就好像是一种船舵。

关于地磁的崭新理论。吉尔伯特成功证明磁力能够穿透有形物体，也能够在空间中越过较长距离起作用。不列颠人还推测说，这种相互吸引力存在于地球和月亮之间。

开普勒很快就着手研究这一主张。在《新天文学》的前言部分，他提出了与吉尔伯特的长程作用力相类似的重力理论。"重力存在于有亲缘关系的物体间彼此融合或连接的物质倾向中"，开普勒如是说。"如果把两块石头移到世界上的任意一处地点……它们就会像两块磁体那样在中间某处结合在一起，其中一块向另一块靠近的距离与它们的相对质量成比例。"

接续上述认识，他解释了涨潮和落潮的原因。月球的力量延伸至地球，吸引了水，就产生了潮汐。他对于重力的解释和他对地月系统的描述在有些地方听起来如此现代，仿佛人们可以相信他已经揭开了引力的全部秘密。

可是，他的想法距离涵盖整个宇宙体系的万有引力理论仍旧很远。即使他的物理学论据遵循着正确方向，他也在一开始就停住了脚步。几十年后，艾萨克·牛顿才认识到，地球上重力和惯性力的共同作用也把行星固定在它们的椭圆轨道上。

开普勒缺少现代的惯性概念，惯性的作用可以在链球运动员先持球高速旋转再突然松开它的时候表现出来：球径直向前飞出，速度不变。这同样适用于天体——人们早晚会想到这一点！

值得注意的是，伽利略 1602~1609 年也面临着与开普勒类似的问题。在帕多瓦的实验室里，这位数学教授研究了炮弹被射出后的轨迹，

脑海中的曲线

并被实验引导至一条近似抛物线的轨道。我们今天知道，这条飞行轨迹在距离很远时会转变成开普勒的椭圆。

伽利略将飞行曲线拆分成两部分运动。与开普勒不同，他不需要思考遥远的天体，而是可以利用他现场实验的结果。每颗飞行的弹丸早晚都会落回地面，所以其中一部分运动显然是往下朝向地球。伽利略在他精心设计的实验中发现，这是一个匀加速运动。

另一部分的水平运动使伽利略接近了现代的惯性概念。弹丸在飞行过程中遵循速度保持不变的趋势。按照他的观点，只要它进入飞行轨道，就最终会沿着与地表平行的圆形一直向前飞去。它既不会靠近也不会远离地心。

这个"圆周惯性定律"是现代直线惯性定律的预备阶段。艾萨克·牛顿将在大约 80 年后改进了伽利略的力学，正如他改进开普勒的天体物理学。他将会把两位学者的成果汇集和扩展为一项新理论，原因是他发现了它们的内在关联：弯曲的抛物线轨道或椭圆轨道通过一个加速度，也就是通过一股使飞行物体持续偏离直线运动的力才能实现，无论这种力是来自地球还是太阳。牛顿自己表示，他站在巨人的肩膀上认识到了这一点。

开普勒的变革

这两位独眼巨人通过推测填补他们各自的缺陷。开普勒或许不是十分坚信他自己提出的力。在他的解释无法继续下去的地方，他会看到科学未来面临的挑战。他最大的功绩在于，他在《新天文学》中率先不再把圆形或球壳，而把自由的轨道分配给行星：开普勒的椭圆轨道。

数学家大卫·法布里奇乌斯催促他再次放弃椭圆。法布里奇乌斯希望继续按照传统方式，即通过本轮和均轮的组合描述火星轨道，开普勒在很长时间里也是这么做的。但是现在，当他完整实验了千万次之后，开普勒觉得这番论证与教条无异："如果您谈论运动的组成，您说的就是某种想象出来的事物，也就是某种实际上不存在的事物。因为除了行星本身以外，没有什么在天上运行，没有轨道，没有本轮；您肯定明白，第谷的天文学向您揭示了这一点"，他在 1607 年 8 月向法布里奇乌斯写道。"因此，如果坚持除行星之外没有事物在运动的基本观点，那么就要考虑，物体在运转时会形成怎样的路径。对此，我的回答不是进行假设，而是基于一种依靠几何学证据的认识。"

作为上述结论的椭圆已经不可能被放弃。开普勒跨过了通往新的数学语言的门槛。迄今为止，天空仅仅为圆形所占据，未来则将允许不那么完美但符合观测结果的几何形状和公式加入其中。

这一划时代的认识使开普勒为天文学开辟了全新的维度。圆形模型终究是与机械观念——比如把宇宙视作钟表装置，或者假设行星被彼此相连的水晶球壳所承载——挂钩的。行星在椭圆轨道上的运动向物理学发起了挑战，要求后者彻底转变观念。正如抛物线，椭圆也能够被重新理解为复合运动。

如果没有开普勒的发现，天文学的后续发展也许会延迟整整一个世纪。"对天文学史来说，开普勒的椭圆实际上远比哥白尼的日心说更具有革命性"，哲学家于尔根·米特施特拉斯[1]写道。为此，他提出用"开普勒的变革"取代"哥白尼的变革"。

至少有些同时代的人较快地认识到了开普勒天文学的创新潜力。1610 年 2 月 6 日，不列颠人威廉·罗尔[2]给他的朋友托马斯·哈里奥特写信说，他怀着极大的兴趣阅读开普勒的书，就算开普勒笔下的偏心匀速点和本轮令他感到绝望。他有时甚至会梦见它们。他已经浏览了这本书两遍，正试着理解计算的细节。

罗尔发现了一些计算错误，除此之外则赞不绝口。令他高兴的是，开普勒将一切运动与太阳，而不是像哥白尼那样与想象出来的地球运行轨道的中心关联起来，但更重要的是他突破了天文学的圆周观念。

关于开普勒的理论将会往哪个方向继续发展，不列颠人有一个绝妙的想法："在我看来，

---

[1]　Jürgen Mittelstraß，生于 1936 年，德国哲学家，曾任康斯坦茨大学教授。

[2]　William Lower（1570~1615 年），英格兰天文学家和国会议员，1603 年获封骑士。

他的椭圆行星轨道似乎指出了对彗星未知的飘忽运动做出解释的方法。"因为对于地球来说，开普勒的椭圆轨道接近正圆，对于火星来说已经有些扁长，而对于一些彗星来说，该轨道能够延伸很远，甚至接近一条直线。

罗尔的这番猜想非常正确。与行星不同，彗星是相对较小的天体，它们在伸展得极长的椭圆轨道上围绕太阳运动。它们在靠近太阳时发亮，但一旦远离太阳，就得经过几百年才能返回。罗尔的一位同胞将会预言这样一颗彗星——著名的"哈雷彗星"的回归。这颗彗星需要76年才能环绕太阳一圈，开普勒、罗尔和哈里奥特于1607年观察到它，并测量了它在几周时间内的轨迹片段。

"请首先保重您的身体，并与开普勒保持通信"，罗尔写给哈里奥特的信函如此收尾。后者却没有听从友人的建议。没有人比哈里奥特更有资格评判开普勒的工作，但他此时还在思考别的事情。他已经有了一部望远镜，正在用它观察月球，之后还有木星的卫星和太阳黑子。

他不是孤身一人。还没等罗尔或博洛尼亚的乔瓦尼·安东尼奥·马吉尼开始吃力地阅读《新天文学》，一股淘金热就席卷了整个天文界，开普勒也不例外。

势不可当的崛起

伽利略处于权力中心

一根镜筒加上两片透镜。科学真的如此简单？伽利略刚公开他的轰动性发现，长期以来被视为枯燥乏味的天文学就出现了活跃的气氛。数学家和哲学家、诸侯和主教为放大仪器而陷入疯狂，它能使肉眼看似轻松地越过极大的距离，还打开了一片前所未见的星空视野。

发现者完全不必费心邀请其他学者参与。伽利略最苛刻的对手起初否认月球的山脉和木星的卫星，可是就连他们也迫不及待地想要获得望远镜的透镜。几个月之内，欧洲各地的科学家都开始用望远镜进行天文观测，克里斯托弗·克拉维乌斯甚至在罗马的耶稣会学校组建了一支完整的科研团队。

他的一位同事乔瓦尼·保罗·伦博[①]特别致力于迅速推广上述仪器和发现。当他在罗马制作了多部望远镜之后，这位耶稣会数学家被派往里斯本，许多即将远渡重洋前往南美、中国或印度的传教士在那里接受培训。"值得注意的是，伦博在课堂上讲授过如何制作望远镜"，科学史家恩里克·莱塔奥[②]表示。随着传教士的远行，新知识走向了整个世界。

不过，在伽利略的观测结果逐一得到证实之前，还需要经过几个月时间——这对雄心勃勃的教授来说太长了，他想要尽快将成功转化成经济效益，以支持他在事业上取得更大发展。他很清楚自己无法长期保持技术优势，毕竟望远镜是一件过于简单和太容易仿制的器械。

[①] Giovanni Paolo Lembo（1570~1618），意大利教士、天文学家和数学家，1600 年加入耶稣会，1615~1617 年在里斯本任教。他提出了一种半第谷的宇宙模型，即水星和金星围绕太阳运动，而太阳和其他行星一起绕地球运动。

[②] Henrique Leitão，生于 1964 年，葡萄牙科学史家，任教于里斯本大学。

几乎所有保留下来的伽利略写于 1610 年春天的信件都是寄给托斯卡纳的国务卿的。他明确请求获得美第奇家族宫廷哲学家的职位。伽利略想要回到他的故乡佛罗伦萨，回到父亲曾经引导他进入的那个上流社会。

托斯卡纳大公——伽利略曾把自己的发明和科研仪器献给了他——犹豫了。科西莫打算先看看国内外的反应，再评估新事物的价值。它们会成为欧洲宫廷中的谈资吗？这件仪器有几分消遣和实用价值？他本人又能够得到多少荣光？

不知是大公亲自向布拉格的皇帝宫廷发出了相关询问，还是伽利略进行了推动，确定的是托斯卡纳驻布拉格大使朱利亚诺·德·美第奇在《星际信使》发表不到三周后就介入了此事。据说，他以伽利略的名义请求皇帝御用数学家出具一份专家意见。

他最好的帮手

这是 13 年来开普勒从伽利略那里收到的第一则消息。意大利人当初给他写了一封充满希望的信，承认自己支持哥白尼的宇宙观，还要求寄去《宇宙的奥秘》的更多样书，紧接着却背弃他而去。伽利略既没有再接受他后来的谈话邀请，也没有对他逐渐增加的作品做出过回应。

如今，他们互换了角色。1597年的开普勒初出茅庐，而伽利略已经在一所著名高校担任了几年教授。当时，开普勒刚完成了他的科学处女作，想要倾听伽利略的意见。现在，托斯卡纳使节约见开普勒，向他宣读了伽利略的一封亲笔信，转交了后者的首部科学作品《星际信使》，并邀请他几天后再次来访，以便听取他的看法。

约翰内斯·开普勒反应得相当大度。作为御用数学家，他依然坚持自己在1597年的那封信中所表达但没有得到伽利略反馈的事情：建议通过为哥白尼的观点做出共同保证，"将已经开动的车辆拉向目标"。

现在，他在一封公开信中用论据支持伽利略。开普勒说，他希望以这种方式帮助他，就像用盾牌更好地抵挡"反对一切新鲜和陌生事物、把所有超出亚里士多德学说的狭隘樊篱之事都视为有害乃至有罪的恶毒批评者"。

伽利略曾经把开普勒称为"探索真理的伙伴"，这准确地刻画了他的特征。开普勒将科学视为需要共同付出巨大努力的认知过程。这位"真理之友"此次也投身其中；烦扰着伽利略和某些其他科学家的激烈竞争在他身上表现得不太明显。

开普勒毫不怀疑，望远镜开启了天文学的新纪元，"不确定性的鬼魅和它们的夜母"如今被驱散了。尽管没有机会亲自透过望远镜看一看，他还是接受了伽利略的全部观测结果，并利用尚未经过认证的《星际信使》修正了他自己一些关于天体性质的想法。现在，他呼吁"真正哲学的爱好者"大胆猜想。他的热情富有感染力。开普勒的详细评述被证明是伽利略朴实的研究报告的绝妙补充，尤其适合于使美第奇大公和广大的学界受众相信伽利略的壮举。

更远大的目标

对伽利略来说，这份鉴定犹如及时雨。不

过，开普勒在许多地方要求他表述得更加清楚，更具体地阐述他的发现和仪器。他提出了那么多问题，导致伽利略或许就因为这一点而把理应发出的感谢信拖延了几个月。考虑到他面临的工作，他没有功夫对开普勒的倾诉欲望敞开心扉和探讨所有暂时难以解答的问题，因为它们大部分都需要用望远镜做进一步观测才能弄清楚。

目前所做的只是开端。有谁知道，外面的天体和天象还会带来怎样的发现？比如说，火星和金星是否也有卫星？每一颗行星都可能制造惊喜，他需要等待它们各自的最佳观测时机。

伽利略没有给开普勒回信，他加快了自己的申请，并集中全部精力研究当下的夜空中所有可见的行星。他首先紧盯着已经发现的四颗木星卫星。他想要尽可能精确地确定每颗卫星的运行轨道和运行周期，这一问题需要他投入上百个夜晚并进行无数次计算。如果这四颗卫星在围绕行星运转时像钟表的指针那样精确，则这个天时装置就能成为航海时的重要航标和一种测定经度的方法。

伽利略的科学利益和经济利益又一次结合起来。虽然他自己在这种情况下只能收获部分观测成果，但丹麦人罗默①在17世纪后半叶延续了他的严谨测算。在此期间，罗默做出了一项了不起的发现：光的传播速度不是无限的，而是有限的，即光速。

地球与木星之间的距离随着行星绕日公转而变化，有时会减少，有时又会增加。这使得光从木星到地球所需的时间也相应改变。罗默测量了上述变动，推算出了光速。他利用的是四颗小卫星在能够准确预报的时刻进入大行星即木星的阴影里。伽利略尽管无法预知这一进步，但他的方法和他为精密计量付出的努力在此也具有指导意义。

告别威尼斯

除了夜晚坐在望远镜前观测以外，伽利略也没有耽误向诸侯和主教们寄送望远镜，这些

---

① Ole Rømer（1644~1710年），丹麦天文学家，哥本哈根大学教授，法兰西科学院院士，普鲁士科学院外籍院士。除了于1676年率先测定光速之外，他还发明了子午环和最早的温度计。

人脉能够在他求职时派上用场。他让众人传阅开普勒的鉴定书，最终于1610年7月10日依靠布拉格方面的支持得到了期盼中的托斯卡纳大公的首肯。伽利略获准用帕多瓦的学术环境换取佛罗伦萨的宫廷生活，后者从小就深刻影响着他对世界的想象。他的父亲文琴佐曾经为美第奇家族作曲，就是那个统治托斯卡纳几个世纪、其家徽装点着佛罗伦萨无数宫殿和广场之门面的显赫世家。从现在起，伽利略·伽利雷将会佩戴上他们的宫廷哲学家的名号。

他离开了自由的威尼斯共和国，那里的繁华忙碌持久影响着他迄今为止的职业生涯。过去几年，他成功地将他的力学实验扩展为一套全面的运动理论，并掌握了落体和抛体运动的基本原理。在威尼斯，他为自己做出了许多技术革新，并按照"试错"程序一次次从头来过。如今，既然其中的一番尝试得到了回报，他便告别了刚刚把他的教授薪资提高了一倍的帕多瓦大学。

支持他制造望远镜的政治家和学者保罗·萨尔皮——他在落体实验方面最重要的交

流伙伴之一——对他的离去感到恼火。伽利略在《星际信使》中没有提到任何给予他帮助的人，这已经让他相当反感了。

相反，他多年的好友乔瓦尼·弗朗切斯科·萨格雷多在来信中表达了深深的遗憾。他担心伽利略可能会沦为美第奇宫内那些争宠之人的阴谋的牺牲品："如今您身在高贵的祖国，"他在给佛罗伦萨的信中写道，"您现在为您天生的公侯——一位伟大、年轻、品行端正、天资出众的男子效劳；不过，您在这里统领着向其他人发号施令的人，且不用为除了您自己之外的任何人服务，就像是一位宇宙的统治者。"虽然科西莫大公的品德和器量使人有理由期待伽利略的功绩也将在佛罗伦萨赢得尊重和褒奖，"但是在宫廷的汹涌波涛之上，谁能保证自己不会被忌妒的狂风——我没有说撕扯而亡，但至少是抛来抛去而不得安生？"

萨格雷多不认为伽利略能在佛罗伦萨更加安心地工作。他的朋友如今生活在罗马和耶稣会士的直接影响之下，这着实让他担忧。他在佛罗伦萨难道不会迟早与教会发生冲突吗？

萨格雷多和萨尔皮及许多其他威尼斯人一样富有政治热情。他的贵族共和思想使他成为罗马特别是耶稣会士的反宗教改革努力的反对者。萨尔皮是共和国最重要的外交家之一，他几乎为自己的政治信仰献出了生命。1607 年 10 月，他在威尼斯的圣弗斯卡桥① 上身中三刀，1609 年 2 月又遭遇了第二次刺杀。

伽利略从来没有对威尼斯的政治事务抱有特别的兴趣，也从不掩饰自己对宫廷的抱负。他没有听从萨格雷多的劝说，而是选择与朋友和大学同事辞别。在追求进步的过程中，他很少顾及别人，也从不考虑自己的家庭。

家庭巨变

无论怎么看，玛丽娜·甘芭都是伽利略一生中唯一与他保持了较长时间关系的女性。1610 年夏天，他前往佛罗伦萨时没有携她同行。按照多部伽利略传记的说法，她在他离开后不久就与别人结了婚。

---

① Santa Fosca，位于威尼斯北部的卡纳雷吉欧区，附近有圣弗斯卡教堂和广场。

在他们的三个孩子维吉尼娅、丽维娅和文琴佐中，只有最小的孩子被留给母亲监护。与伽利略之父同名的文琴佐这时只有 4 岁。9 岁的丽维娅则被父亲带到了佛罗伦萨，而更长一岁的维吉尼娅此时已在托斯卡纳的祖母家里。

伽利略带着两个女儿暂住在他的姐妹处，直到搬入一栋属于自己的房子——它"阳台的屋顶高高的"，可以提供一片仰望星空的开阔视野。当伽利略选择在乡间隐居的时候，祖母就在那里照料孩子们。他待在大公宫廷里的时间还不及在友人菲利波·萨尔维亚蒂的托斯卡纳庄园里的时间多。

他打算尽快把女儿们送进修道院，尽管她们年纪还太小，远没有达到 16 岁的正式入院年龄。然而，伽利略只要做了决定就不会动摇，他请来教会的高级代表帮忙，几年后依靠与枢机主教奥塔维奥·班蒂尼 [1] 的关系获得了相应的批准。于是，两位年仅 12 岁和 13 岁的女孩最终来到了佛罗伦萨附近的阿切特里的圣马太

---

[1] Ottavio Bandini（1558~1629 年），1595~1606 年任费尔莫大主教，1596 年成为枢机主教。

修道院，那是她们将要发愿和度过余生的地方。小女儿变得消沉，而长女维吉尼娅则与她的父亲保持着非常真挚的关系，这从她写给父亲的许多信中可见一斑。

就在家庭和事业发生变动的过程中，亦即迁居佛罗伦萨几周之前，伽利略再次收到了一封开普勒从布拉格寄来的信。关于发现未知天体的消息在那里引起了一些骚动，伽利略从托斯卡纳大使和他的朋友马丁·哈斯达勒的多封来信中已有所耳闻。

开普勒还是无法证实伽利略的论断。在公开称赞《星际信使》之后近 4 个月，他的评价仍旧孤立无援。他急迫地请求伽利略告知有哪些证人，伽利略则处境尴尬——他自己连一位证人都还说不出。他用一封简短的回信摆脱了这个令人为难的问题。

他写于 1610 年 8 月 19 日的回信反映了他此刻的状态：一切都以他和他的项目为中心——伽利略不能打破他的常规做法，哪怕只是写下寥寥数语以及向笔友敞开心扉。他提到了自己的新头衔、大公赏赐的礼物以及他打算完成的多部作品。整封信洋溢着自负。尽管如此，他对同人的支持表示衷心感谢，并称赞他不同于那些"面对真理之光双眼紧闭"的凡夫俗子。

很快，开普勒就再次向伽利略伸出了援手。在他终于从别处获得一部望远镜并亲眼看见木星的四颗卫星之后，他还于1610年秋季就此写了一篇科学论文。苏格兰人托马斯·赛格特为该文补充了一些拉丁文诗句。

在佛罗伦萨，赛格特所说的"你赢了，伽利略！"被认为出自皇帝御用数学家之口。伽利略得意扬扬。不过，他不愿因为开普勒的哲学猜想而改变自己的路线。既然最严厉的批评者都做出了让步，他现在为什么还要让理论的重担对艰难获得的认知构成威胁呢？

博洛尼亚的乔瓦尼·安东尼奥·马吉尼向他通报了自己用望远镜观测的情况，接着在1610年10月，克里斯托弗·克拉维乌斯和他的罗马同事们也看到了木星的卫星。就这样，望远镜被接纳为具有指导性的科研仪器，而新天体的存在也得到了证实。

迷人的金星

伽利略立即趁热打铁。刚到达佛罗伦萨，他就已经把注意力转向罗马。他再次想办法接近当权者，目的是让最高层认可他的发现。

克里斯托弗·克拉维乌斯又一次在他的职业生涯中扮演了关键角色。这位耶稣会数学家

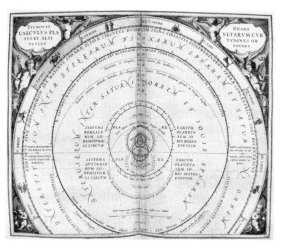

在第谷的宇宙观中，众行星围绕太阳运转，并和太阳一起绕着位居宇宙中央的地球运动。（本图由安德烈斯·塞拉里乌斯①作于17世纪）

① Andreas Cellarius（约1596~1665年），德意志－尼德兰制图学家，1660年出版星图《和谐大宇宙》（*Harmonia Macrocosmica*）。

是一位权威。他对天文问题的判断在天主教会内部始终举足轻重。伽利略在其科研生涯早期就已经拜他为师，当时克拉维乌斯至少间接地为他申请比萨的教职提供了支持。

这位罗马首席数学家是伽利略迁居之后所联系的第一个人，也是他于 1610 年 12 月 30 日通报其最新发现的第一个人：金星和月亮一样，也会变大和变小，有时状如圆盘，有时又像镰刀。这个本身无关紧要的观测结果事实上意味着亚里士多德和托勒密的古代宇宙观——地球位于中央并被其他行星所环绕——的终结。

伽利略通报说，他在三个月前开始观察金星。他首先看到的是一个小圆盘。随着它变得越来越大，它在背日侧的曲线也渐渐收缩。"几天之内，它就变成了一个半圆。"

从那时起，金星每个星期都在缩小，行星形状的变化取决于它相对于太阳的位置及由此造成的光影关系。这项观测使伽利略得出结论，即行星的光芒全都来自太阳，"而金星（水星无疑也是）绕着太阳运转"。

伽利略当然明白，他在此向他的笔友展示

了一件极具爆炸性的证据。然而，他没有兜圈子就立刻进行下一步思考，而且这超出了纯粹知觉的范畴——伽利略把结论从金星推广到包括地球在内的所有行星。太阳"毫无疑问是所有重要行星的运转中心"，他如此写道。

正如开普勒把火星的椭圆轨道扩展至整个行星系统，伽利略也从单一观测中提出了普遍的规律。对他来说，如今除了哥白尼体系之外，已经不存在能够合理解释有关现象的其他可能性。他把这一点明确告诉了克拉维乌斯，几天内又告诉了包括开普勒在内的其他笔友。现在，随着他用望远镜发现了金星的相位，他的最后一丝顾虑也被消除了。

不过，金星的相位无法独立证明哥白尼体系的正确性。除了哥白尼和托勒密的理论，始终还流传着各种不同的天文假说。它们甚至已经部分考虑到了伽利略的观测情况——金星可能围绕太阳运行的想法并不新颖。

用肉眼望去，金星在几个月间的傍晚时分都非常明亮。接着，这颗行星会消失一阵，最后又会在黎明时分成为天边引人注目的小亮点，并随着时间的推移变得越来越亮，升得越来越高。古典时期的观星者已经猜测说，后者也是金星。这颗行星先上了几个月的晚班，然后上早班，它的名字也从长庚星变成了启明星。

金星时而圆满，时而亏缺，这是用肉眼无法看清的。但仅仅是它与更难观察的水星一样只出现在黎明和傍晚的事实就意味着，这两颗行星从来没有离太阳远去。二者始终处于太阳的近旁，有时比它早一点出现，有时又晚一点。

因此，迦太基的马蒂亚努斯·卡佩拉[1]早在公元前 5 世纪就猜想，这两颗行星都围绕太阳运动。400 年后，爱尔兰人约翰内斯·斯科图斯·埃里金纳[2]提出，除了水星和金星之外，或许火星、木星和土星也环绕太阳运行。相应地，哥白尼最后也把地球加入到绕日飞舞的行星队伍之中。

---

[1] Martianus Capella，约生活在公元 400 年前后，其百科全书式的长诗《语文学和墨丘利的婚姻》提出了"自由七艺"的教育理念。

[2] Johannes Scotus Eruigena（约 810~约 877 年），爱尔兰哲学家和神学家，加罗林文艺复兴后期代表人物，曾担任西法兰克王国宫廷学校校长。

第谷·布拉赫的宇宙体系缺少哥白尼的上述最后一个步骤。它显示，这一结论不是必然得出的。在第谷的模型中，所有行星都围绕太阳运动，并与太阳一起绕地球运动。不同于哥白尼的宇宙观，地球在此享有特殊地位。它没有被擢升为天上的行星。

开普勒在其《新天文学》中深入探讨了第谷的体系。它和哥白尼的体系都与观测数据相符。尽管如此，他还是批判了它：既是因为他认为太阳会产生一股牵引所有行星的机动力，也是因为以哥白尼理论为基础的行星轨道能够以特别美妙的方式呈现。

不过，多数天文学家却在发现了金星相位之后转向了第谷的理论。在耶稣会内部，这个地心说和日心说的折中方案在几年后被奉为标准宇宙模型。这虽然是一种固执己见的数学混合结构，但许多学者认为它要比地球在运动的观点更容易接受。

一场凯旋的罗马之行

为了尽快在接下来的辩论中争取有利结果，

伽利略迅速采取了攻势。耶稣会最具声望的天文学家——此时已年过七旬的克拉维乌斯将会做何反应？

伽利略知道他是一位谨慎和迟疑的科学家。克拉维乌斯是怀疑主义者，但不固执己见。他刚刚确认木星卫星的存在，并在写给伽利略的一封友好信函中纠正了他原有的立场。这位耶稣会神父没有再次不加考虑地排斥拥有全新天文观测仪器的年轻同行的论断。

"假如这件仪器操作起来不是如此费事的话，它的价值就真的不可估量"，克拉维乌斯承认道。鉴于新技术的精巧，他期待伽利略即将到访罗马。后者答应向他展示，如何借助几件简易的辅助工具，使夜间坐在望远镜前观测变得更加方便。

克拉维乌斯及其勤勉的同事们已经自发地注意到了金星的相位，这是伽利略此时或许不知道而要再过几周才会得知的。因此，他尽快把他的发现告知他们便是正确之举，否则可能会被后者抢先公布。在《星际信使》发表三个季度之后，他的技术优势已经大幅减少了。

不过，这段时间已经长得足以最大限度地捞取名声。由于慢性风湿病和宫廷拖沓的官僚作风，罗马之行被推迟到了春季，它使 41 岁的伽利略迎来了职业生涯的光辉顶点。

1611 年 3 月 29 日，托斯卡纳驻罗马的使节在美第奇的宫殿里接待了宫廷哲学家和他的两名侍从。凭借他的新职衔，伽利略得以在接下来的几周内出入于圣城里的豪门大宅。就在同一天，他拜会了枢机主教弗朗切斯科·玛利亚·德尔·蒙特，几天后又拜访了从一开始就钦佩自己的枢机主教马菲奥·巴贝里尼①，也就是后来的教宗乌尔班八世。

在罗马，伽利略与许多潜在的保护人和赞助人建立了联系。天主教会的大量财富和反宗教改革的努力在梵蒂冈被捆绑到了一起，每个主教都想方设法使自己和家人与基督教、这座城市及其

---

① Maffeo Barberini（1568~1644 年），出身于显赫的巴贝里尼家族，1604 年担任教廷驻法国大使，1606 年成为枢机主教，1623 年当选教宗。他在任内采取亲法政策，使三十年战争从宗教冲突转向帝国和法国争霸；兼并乌尔比诺公国，扩展了教宗国的疆域；任人唯亲，大兴土木，完成了圣彼得大教堂；最后在与帕尔玛的战争中败北身故。

文化紧密相连。与伽利略的故乡佛罗伦萨不同，罗马是一座真正的世界之都。如今，托斯卡纳首府只能怀念已经有些凋零的昔日荣光和旧时国际银行业、人文主义和造型艺术中心的地位。

伽利略在罗马利用一切可能的场合展示他的望远镜，将远处的建筑和宫殿近距离地呈现于观看者的眼前。教士和学者白天通过这件神奇的仪器眺望七丘之城，晚上则用它观察月球和在镜筒中不只是亮点，而且是小圆斑的行星。很快，木星的卫星就成为众人热议的对象。

伽利略多次赴罗马学院①拜访克拉维乌斯和他的同事。人们甚至在那里为他举办了一场有几位枢机主教出席的庆祝活动。天文学家奥多·凡·梅尔科特②在颂词中逐一介绍了伽利略的发现，月球表面的不规则性、木星的卫星和金星的相位都得到了耶稣会士的确认。

如何解释它们以及从中可以引出哪些结论，

① Collegium Romanum，1551 年由耶稣会创始人圣依纳爵·罗耀拉和圣弗兰西斯·波吉亚创立，后来成为天主教会的重要学府，是宗座格列高利大学的前身。

② Odo van Maelcote（1572~1615 年），比利时人，1590年加入耶稣会，当时是罗马学院数学和希伯来语教师。

却是依然未决的问题。伽利略没有发表看法，终身信奉托勒密体系、将于次年离世的克拉维乌斯打算留待后人做出判断。他相信，现在他们的任务是弄清楚天上的圆周是如何排布的，以便挽救那些天象。

伽利略或许从不知道，宗教裁判所已经在1611年春季的罗马之行期间对他进行了调查。相关会议询问了宗教法庭①所关注的伽利略与其他人的关系，与会者包括枢机主教罗伯托·贝腊米诺②。几天前，他把一张问题清单发给克拉维乌斯和其他数学家，希望他们说明伽利略的哪些观测结果可以被认为是经过证实的，以及哪些不可以。

在此期间，伽利略继续进行令他愉快的会面，比如和年轻的侯爵费德里科·塞西③。作为

---

① Sanctum Officium，即"罗马宗教裁判所"，成立于1542 年，是天主教会对异端案件的最高审判机关，今天教廷信理部的前身。

② Roberto Bellarmino（1542~1621 年），意大利耶稣会士，被视为当时天主教会最开明的神学家，反宗教改革运动的代表人物。他对伽利略的观点抱有同情，但最后为了维护教会权威而反对哥白尼的学说。

③ Federico Cesi（1585~1630 年），其父是第一代阿夸斯帕尔塔公爵，母亲来自奥尔西尼家族。

科学事业的爱好者和赞助人，塞西创立了"猞猁学会 [①]"。这是一个松散的学者团体，他也让伽利略加入其中。这位侯爵将成为伽利略在罗马最重要的支持者。

教宗保罗五世也接见了这位数学家。伽利略向他的朋友菲利波·萨尔维亚蒂写道，他获准亲吻圣座的双脚。不过教宗没有让他"在跪着的时候说一句话"。

1611 年 5 月 31 日，枢机主教德尔·蒙特在一封写给美第奇大公的信中令人印象深刻地总结了罗马之行的成果。伽利略极好地展示了他的发现，使得所有学者和可敬人士都承认它完全真实和值得敬佩。"我相信，假如我们身处古罗马共和国的话，就会为他在卡庇托尔山上树立一座纪念碑，以颂扬他的非凡成就。" [②]

[①] Accademia dei Lincei，又译"山猫学会"，创立于 1603 年，是欧洲最早的私人科学促进机构，其名称以猞猁目光之锐利比喻科学家之敏锐。

[②] 与古典时代不同，中世纪以来的欧洲通常只为当权者立纪念碑，并由本人出资。科学家、诗人和艺术家一般只能作为权贵的陪衬，唯在死后有望在教堂里享特殊的纪念。

悬崖边缘

开普勒的命运年

约翰内斯·开普勒有时会让他同时代的人难以捉摸。他的文风常常很烦冗，他对天文学问题的处理方法离不开宗教灵感和复杂的数学知识。他把宇宙的几何构造视为造物主至高理性的结果。因此他相信，自然规律必须严格符合数理。

在格拉茨，24 岁的他试图找出行星与太阳的距离为什么是如此而非其他情况。他身后的历代学者也将试图解决同样的问题。他的后继者将不再用正多面体框住行星的轨道，而是用数学公式表达太阳系内部的秩序——但和他一样未能成功。

今天，我们至少可以料到这是为什么。在太空航行的时代，科学家在重构复杂的行星诞生史方面已经更进了一步。在《宇宙的奥秘》中，开普勒打算根据一种几何学创世方案说明秩序与和谐的持久存在，但这已现出了原形——不过是虔诚的愿望而已。行星产生于不断生长、彼此熔化在一起的天体之间纷乱的相互作用。它们当前的安排也并非永恒。"太阳系不是稳定的，"天体物理学家君特·伍赫特尔[①]表示，"它只是老了。"

幸运的是，开普勒没有陷入《宇宙的奥秘》带来的死胡同里。他在布拉格面临一项新任务：算出每颗行星的轨道。他解决了这个极其复杂的问题，就连爱因斯坦也对此赞叹不已。

"他肯定清楚地认识到，"爱因斯坦说道，"仅仅提出一项数理逻辑的理论，不管它多么清晰，都不能确保是真理。如果不对照准确的经验，自然科学中最美的逻辑理论就什么也不是。"如果没有这一哲学认知，开普勒将无法发

---

① Günther Wuchterl，维也纳库夫纳天文台台长。

现重要的行星运动定律。"我们今天已无法评估，需要多少创造力和坚持不懈才能发现这些规律并保证它们高度准确。"

爱因斯坦的成功史

作为理论家，爱因斯坦感到自己与他的思想先驱有着特殊的联系。与开普勒相似，爱因斯坦也拥有一种有时被描述成天真的才智。他同样是一位提出简单的物理问题就不再撒手的大师，他长期钻研一种有望彻底重新解释宇宙构造的抽象数学理论。

爱因斯坦对他的广义相对论所要求的计算感到绝望，他最伟大的工程眼看要因为数学的复杂性而失败。"帮帮我，格罗斯曼[①]，否则我要疯了！"他在 1912 年向一位朋友写道。接着，格罗斯曼果真给他指出了一条重要的门径，即用一种新的几何学解决四维空间的问题。

同开普勒一样，爱因斯坦也面对着几乎无法克服的数学障碍。他们两人都曾在写出正确

想展边缘

---

① Marcel Grossmann（1878~1936 年），瑞士数学家，苏黎世联邦理工大学教授，爱因斯坦的大学同窗和好友。

的公式之后又抛弃了它，身边也都有善意的劝告者试图让他们放弃自己的计划：不过，米夏埃尔·迈斯特林和马克斯·普朗克[1]未能阻止他们放下大胆的念头。"我作为老朋友必须劝您别这么做，"普朗克对爱因斯坦说道，"因为您要么无法取得成功；就算成功了，也没有人会相信您。"

如果追求一种万有理论已是英勇无畏和相当无望，那么想要使专业同行相信该理论的正确性就显得更加无畏和无望。人们凭什么要把像开普勒的椭圆或爱因斯坦的张量之类的新数学语言纳入物理学呢？只是因为这样就能以一种更紧凑的形式描述天体运动吗？知名物理学家也不觉得有必要"彻底改变全部物理的世界观"，与爱因斯坦同时代的马克斯·冯·劳厄[2]

---

[1]　Max Planck（1858~1947 年），德国物理学家，量子力学的创始人之一，1918 年获得诺贝尔物理学奖，1930~1937 年担任德国威廉皇家学会会长。

[2]　Max von Laue（1879~1960 年），德国物理学家，1912年发现晶体的 X 射线衍射现象，两年后获得诺贝尔物理学奖。曾在苏黎世大学、法兰克福大学和柏林大学任教，担任过德国物理学会会长，德国科学界拒绝与纳粹合作的典范人物，二战后参与重建德国科学机构。

有一次说道。

　　有意思的是，不到几年的工夫，爱因斯坦的广义相对论还是被许多同行接受了。假如他的支持者中没有一位如此能干的实验者——亚瑟·爱丁顿[①]的话，他就得为此奋斗更长时间。

　　第一次世界大战刚结束后的1919年，爱丁顿进行了两次旨在观测日食的科学考察。科学家们此行带回的结果显示，就像爱因斯坦预测的那样，光线在经过太阳附近时会弯曲。爱因斯坦的广义相对论经受住了考验。不久，所有主要报纸都开始谈论一场"科学界的革命"。

睡美人的沉睡

　　开普勒一生都在徒劳地等待像这样的认可。尽管他的行星运动定律也可以推导出具体的预测，他的天文学开拓工作还是直到数十年后才充分发挥影响。开普勒理论的强大之处在于，它不但正确描述了第谷·布拉赫的数据——这

---

　　① Arthur Eddington（1882~1944年），英国天文学家和物理学家，剑桥大学教授，皇家学会会士，1938年当选国际天文学联合会主席。

用过去的圆周也可以做到，而且它的视野比当时所有的天文学观测都更加宽广。

不过，开普勒没有想到，彗星亦有可能沿着椭圆轨道绕太阳运转。他以为它是短命的天体。相反，他冒险提出了另一个关于水星的预测，它后来也将被爱因斯坦用于检验自己的理论。

个头最小、距离太阳最近的行星的轨道很难测定。开普勒基于他的椭圆理论预测说，这颗行星将在某个特定时刻作为暗斑掠过日轮附近。事实上，法国天文学家皮埃尔·伽桑狄[①]于1631年观察到，水星正是在推算出的精确时刻行经太阳的前方。那个小黑点是开普勒行星运动定律的最佳证明。这场考验会像成就爱因斯坦那样成就开普勒吗？并非如此。当时战火连年，没有人对微不足道的水星感兴趣。另外，开普勒这时已不在人间。他在前一年过世了。

尽管他可以把第谷·布拉赫的毕生杰作——

---

① Pierre Gassendi（1592~1655年），法国神学家、哲学家和自然科学家，主张怀疑论、原子论和机械论，曾与笛卡儿论战。

当时关于行星位置测算的最佳数据作为依据，他的椭圆理论依旧未能在生前给他带来应有的赞誉。

第谷属于天文观测者中的例外，他在丹麦运营着天堡天文台，坐拥价值连城的巨大仪器。但问题就在于此。相对容易复制的望远镜能够在短时间内使许多科学家目睹并相信伽利略发现的木星卫星的存在，而第谷的精密测量是独一无二的。找不到第二座天堡。那么，哪里还会出现另一个旗鼓相当、可以用来揭示火星轨道与圆周之间微小偏差的数据库呢？

由于对技术的要求极高，实际上没有人能够检验行星是否在开普勒计算出的椭圆轨道上绕日运动。凭借第谷的功劳和他自己单枪匹马的壮举，他与其余所有人的研究分道扬镳。他缺少一位像克里斯托弗·克拉维乌斯那样著名的怀疑者，后者虽然一开始对伽利略的发现冷嘲热讽，但最终还是当着罗马上流人士的面郑重地证实了它；或者是一位像博洛尼亚的乔瓦尼·安东尼奥·马吉尼那样的对手，后者起初把木星卫星看作视觉幻象，之后却亲自端起望远镜，并以此为伽利略提供了支持。

虽然马吉尼仔细阅读了开普勒的《新天文学》，但他的主要目的是获得第谷的数据。这位博洛尼亚的数学家忌妒开普勒有权利用丹麦人的丰厚遗产，并重点关注书中的观测数据是否能为他本人的研究所用。

他从一开始就认为开普勒的那种理论根本不可信。因为对于马吉尼和17世纪来临之际的许多其他著名天文学家来说，地球静止于宇宙中心和行星围绕圆形轨道运动是确凿无疑的。开普勒的行星运动理论太超前于时代了。他已经迈出了第二步，将哥白尼体系注入一种数学上较为陌生的新形式——而且是在地球运动的假说已经令他的多数同行感到荒谬的时候。那么，他已注定要在科学道路上变得越来越孤立吗？

伽利略进行望远镜观测之后所发生的事情完全不是这样。尽管他的天文学代表作没有取得多少反响，1610年仍然是他另一个高产的科研年份，他在国际舞台上表现得前所未有地活跃。

作为学者，开普勒如同瘾君子一般离不开新的科学事物，他很快就将像对数这样的新奇计算程序或者像地磁场这样的物理计量纳入了研究范围。因此，望远镜的发明也点燃了他的创造热情。伽利略的发现激励他的思想再一次振翅高飞。

"视觉就是感受到视网膜的刺激"

开普勒全力将自己和意大利同事（指伽利略）的研究联系起来。在为《星际信使》撰写了一篇翔实和广为传阅的评论之后，他就专心研究起新式放大镜来，他原先没有认识到该物的潜力。他测试了各种透镜，考察它们的基本性质。从 1610 年春天到夏天，他一直在写一本关于透镜、眼镜和望远镜的教科书，目的是"促使有能力的年轻人和数学学生"理解"这类仪器的工作原理"。

直到那时，没有人想到还有许多其他制作光学放大设备的可能性。开普勒把凹镜和凸镜系统地组合起来，并说明了光线是如何在其中传播的。他描述了伽利略使用的望远镜的工作原理，设计了一系列新设备，其中包括用作望远物镜的透镜组合以及由两片凸透镜组成、后来将取代伽利略的设计的"开普勒望远镜"。

这些发明构成了他的《折光学》[①]的坚实内核，但其作品的整体构思更加激动人心。开普勒的基本观点如下：每个物体，无论是自发光还是被照射，都会放射出一整束光线。这些光线每当通过新介质时都会发生偏折。比方说，当太阳光射入地球大气层、碰上玻璃、遇到视网膜或者人眼的晶状体的时候，它就会偏离本来的路径。

他从这一论断出发提出了视觉理论，并在其中以巴塞尔医生菲利克斯·普拉特[②]的解剖学研究为依据。按照开普勒的说法，眼睛的视觉部分是视网膜，而不是像帕多瓦知名的大学医师们那样认为是晶状体。只有到了视网膜上，穿过瞳孔的光线才会叠加形成一幅颠倒的图像。

---

① *Dioptrik*，发表于 1611 年。

② Felix Plater（1536~1614 年），曾担任巴塞尔大学校长，病理解剖学和精神病学先驱。

"可见世界的五彩光芒被画在视网膜上",开普勒如是说。"这一着色或成像的过程不仅与一种视网膜表面的变化有关……还与一种侵入物质和视觉材料的质变有关。这是我从光的性质中推导出来的,它在足够强烈和集中的时候会引起灼痛。"到达的光线引起视网膜变化,并被传导至大脑。"视觉就是感受到视网膜的刺激。"

开普勒以一种当时无与伦比的方式描述了光的传播路径和视觉成像过程。他的光学教科书再次证明,他对外界激励的反应多么富有想象力和创造性。很多科学家持怀疑态度,他却真正对新事物充满好奇,并以望远镜的发明为契机,为已经使用了几百年的透镜和眼镜的工作原理寻找一种合理的解释。他自己的近视问题——他会把远处的物体看成两三个,月亮有时多达"十个或以上"——也被他当作了研究对象。

在近视的情况下,角膜和晶状体汇聚光线的焦点过于靠前。光线在那里相交之后,开普勒写道,它们在落到视网膜上之前会再次分开。

因此，它们在视网膜上所刺激的不是一个点，而是一片更大的区域。不过，眼镜的凹透镜片可以让焦点后移，使视网膜上的成像重新变得清晰。

对于光的偏折本身，他只发现了一项近似公式。他的实验数据不如不列颠人托马斯·哈里奥特的完备，后者与他保持了一段时间的通信，却不愿意透露自己的研究成果。

开普勒在光学领域的认识是他的突出成就之一。"约翰内斯·开普勒解决了眼睛究竟是如何捕捉可见物的图像的古老谜团"，医学史家胡德利希·马丁·科尔宾[1]表示。天才的本能使他看清了神秘莫测的真相，把它归结为简单的规律性。"他是正确理解作为光学工具的眼睛的第一人。"

然而，一开始只有极少数眼科医生或克里斯多夫·沙伊纳[2]等天文学家着手研究他的理

---

[1] Huldrych M. Koelbing（1923~2007年），瑞士眼科医生和医学史家，曾在巴塞尔大学和苏黎世大学任教。

[2] Christoph Scheiner（1573~1650年），德意志耶稣会士、物理学家和天文学家，担任过因戈尔施塔特大学教授和波兰尼斯耶稣会学校校长，曾与伽利略争夺太阳黑子的发现权。

论。直到 17 世纪后半叶，其背后的数学理论才被包括克里斯蒂安·惠更斯和艾萨克·牛顿在内的学者进一步完善。

一次未曾预料的牵线搭桥

在伽利略的发现的激励下，开普勒在几个月之内就写出了《折光学》。他在序言中表达了对科隆选帝侯恩斯特的感谢，后者于 1610 年 9 月初向他提供了一部伽利略的望远镜，用来观测木星的卫星——这是宫廷里许多凑巧的相逢之一，但开普勒无法继续从中获益了。皇帝与其兄弟的争斗日益激烈，很快将演变为一场战争。

入春以来，科隆的恩斯特和其他帝国诸侯已经在布拉格举行会商。他们作为使节奔走于皇帝的都城和维也纳之间，目的是在鲁道夫二世和他的兄弟马蒂亚斯之间进行调停。可是，很难让两个相互敌对的哈布斯堡家族成员坐到谈判桌前，他们在实质性问题上似乎不可能达成一致。

比如说，哈布斯堡家族的继承顺序完全没

有理清。鲁道夫二世从未结过婚。他的家人、政治和宗教顾问试图促成他与西班牙的伊莎贝拉①的婚姻，但是没有结果。皇帝让西班牙公主空等了18年，继而同样未能决定与美第奇家族富有的女继承人玛丽·德·美第奇、美丽的茱莉娅·德·埃斯特②、蒂罗尔女大公安娜③以及萨伏伊公主④的婚事。他向她们求婚，请人给她们画像并挂在他馆藏丰富的画廊中——同时和别的女子一起玩乐。对他来说，丰富多彩的情爱生活始终比王朝的存续更加重要。

由于他就算在死后也不愿将王位传给他的兄弟，鲁道夫二世曾经考虑确立他的堂弟利奥波德大公为继承人，后来又告诉诸侯们他还是

---

① 指伊莎贝拉·克拉拉·尤金妮娅（Isabella Clara Eugenia，1566~1633年），西班牙国王腓力二世之女，1599年嫁给了鲁道夫二世的弟弟、奥地利大公阿尔伯特七世，与后者共同统治西属尼德兰。

② Giulia d'Este（1588~1645年），摩德纳公爵塞萨雷·德·埃斯特的长女。

③ Anna von Tirol（1585~1618年），蒂罗尔大公斐迪南二世之女，1611年嫁给了未来的皇帝马蒂亚斯。

④ Margherita di Savoia（1589~1655年），萨伏伊公爵卡尔·伊曼努尔一世之女，1608年嫁给了曼图瓦公爵、贡查加家族的弗朗切斯科四世，寡居后于1621年被西班牙国王腓力四世任命为葡萄牙总督。

想结婚，以便让他的长子成为皇帝。

1610 年 10 月，某种和平条约还是达成了。鲁道夫二世把早已落入其兄弟手中的土地正式割让给后者，马蒂亚斯则宣布未来不再结成反对皇帝的联盟。此外，双方承诺裁减军备。按照条约规定，他们的士兵应当"在一个月内"遣散。

皇帝继续打着令人捉摸不透的算盘。鲁道夫二世没有依约解散利奥波德大公也就是帕绍主教为他招募的雇佣军。他一直拖延此事，直到一支 1.2 万人的军队于 1610 年 12 月 21 日越过了奥地利边境。鲁道夫二世没有钱偿付雇佣军。如今，他们在军官的带领下离开了确实无法再搜刮到什么的帕绍主教区，前往能够用武力夺取他们所需要的东西的地方。

这场帕绍军队的冒险出征在下个月一直深入到了波希米亚。骑兵和步兵像蝗虫一般横扫农庄和村镇，将整片地区啃食殆尽，他们虐待农民，欺凌妇女，播撒疾病和恐怖，那种恐怖还将降临到波希米亚首府居民的头上。

在布拉格，起初没有人料到这支军队会在短时间内袭击这里。开普勒及其家人居住的地方距离查理大桥只有几步之遥。这座 500 米长的石桥是布拉格老城与伏尔塔瓦河对岸之间的唯一连接。一座可以在紧急情况下封锁的高大桥塔保护着老城和其中的开普勒住宅，他在那里搭建了一座小型天文台。

深秋时节，马泰奥斯·瓦克海尔·冯·瓦肯费尔斯把一部望远镜借给开普勒几个星期，用以进行夜间观测。这位皇帝的宫臣一年到头都为他提供书籍，并与他探讨伽利略的发现。开普勒是否能以某种方式向他表示感谢？

在一次日常散步经过查理大桥时，开普勒思考能给他的朋友和赞助人准备什么新年礼物。鉴于糟糕的经济状况，他想出的主意都无法落实。这时，"碰巧水蒸气受冷而凝结成雪，几片小雪花落到了我的衣服上，它们都是长满了羽束的六角形"。他觉得，这些从天而降的小星星正好适合作为一无所有的数学家的礼物。于是，他为瓦克海尔准备了礼物"无"（德文"Nichts"，与"Nix"谐音）或者"Nix"——

雪花的拉丁文名称——并献给他一篇关于冰晶的六角形状的论文。

"啊，你这见多识广的镜筒"

当开普勒还在探究雪花的规则性时，他在年底前不久收到了来自意大利的新消息。伽利略向他通报了最新的发现，并寄给他"一则关于一次重要观测的异序字谜，它将给天文学的长期争议做出定论，特别是包括一项支持与毕达哥拉斯和哥白尼的思想相符的宇宙结构的美妙证据。我将在合适的时候揭晓谜底和各个细节"。

发现者又一次给新事物加了密："Haec immatura a me jam frustra legunter, o. y."——"这很早就已经被我徒劳地找过了。"

开普勒绞尽脑汁，思索这些字母怎样才能组成有意义的文字。伽利略的字谜使他陷入了可悲的境地，他在1611年1月9日给佛罗伦萨去信，请求他的同人不要再让他苦等。他还附上了记录了8种不同却徒劳的解谜尝试。伽利略应该意识到，他必须向一个地道的德意志人公布答案。

这次，伽利略根本没有打算折磨他很久。当开普勒写信求救的时候，谜底已经在前往布拉格的路上了："Cynthiae figuras aemulatur mater amo~ rum." ——"金星与月亮的相位相仿。"

他最初看到的金星是完整的圆，之后是半圆，接着是镰刀和背向太阳的号角。伽利略说，这番不可思议的观察是对金星围绕太阳运动的一个确凿和直接可感的证据。迄今为止，毕达哥拉斯主义者、哥白尼、开普勒和他自己都相信这一点，但还从来没有通过经验证实，金星和水星皆是如此。故而，开普勒和其他哥白尼主义者有理由夸耀自己"进行了正确的思索"，即使他们仍将被拘泥于书本的广大哲人当作傻帽，如果不是被当作蠢驴的话。

开普勒对这则消息兴奋不已。意大利人向他迈出了期盼已久、有可能是决定性的一步：伽利略把他与毕达哥拉斯主义者和哥白尼相提并论！

伽利略再次用他的望远镜揭开了一层遮掩宇宙奥秘的面纱。开普勒欢呼雀跃道："啊，你这见多识广的镜筒，比任何权杖都更加珍贵！谁的右手要是握着你，就会被确立为王，被确立为上帝杰作的主人！"

金星的相位是对哥白尼体系的一次精彩证明。他已经为此开展了多年的说服工作，伽利略如今也终于站到了这一边。

他被兴奋之情冲昏了头脑，只读出了信里对自己最有利的内容。他还把伽利略多次提到毕达哥拉斯理解成对他的处女作《宇宙的奥秘》的认同。"他在此指的是我于14年前发表的《宇宙的奥秘》，我在书里用哥白尼的天文学推断出了行星轨道的大小。"

这些年来，伽利略从未对开普勒的任何工作发表过评论。在他的简短通报中，意大利人不过是愉快地承认了先哲们"进行了正确的思索"，而他自己却能够提出经验事实作为证据。科学之"王"的手中确实握着望远镜，就像握着一根"权杖"。

开普勒却把他自己的真理挑拣到了一起。

仅凭一句话就足以让他相信自己完全获得了伽利略的认可。他又一次无法克制自己的激动情绪。他以最快的速度公开了伽利略的来信，而且不只是一封，而是几个月以来寄到布拉格的所有加密和解密信息。他为这一切配上了有些风趣的评语。"如果金星每天都要长出那么多角，它难道不应该脱角吗？"还有一点特别出人意料，即不是发现者自己，而是开普勒首先公开了当时只在私人渠道流传的关于土星和金星的新消息。

伽利略的反应不得而知。他的来信内容被发布在《折光学》的前言中，但他很可能并没有在 1612 年底之前读到它。此时，金星的相位早已是众人皆知，他自己在此期间也向他的读者做了介绍。那么，他应该不至于非常不满，尤其是因为开普勒又在其论述中大大地恭维了他一番。

"善于思考的读者朋友，你已经看到，真正卓越的哲学家伽利略是如何天才地以望远镜为天梯，用它登上世界最后和最高可见的巅峰，以便在那里直接审视一切，以及他如何从彼端目光如炬地俯察我们这座小屋，我是指地球，并敏锐地将至外者与至内者、至上者与至下者相比，做出无懈可击的判断。"

没有那么让伽利略感到恭维的是，首先说明望远镜的使用方式和机理的不是他自己，而是开普勒。到目前为止，望远镜就像一种黑箱。伽利略的许多朋友和同事抱怨他没有在《星际信使》中提到新式放大仪器的工作原理。如今，皇帝御用数学家破解了光学的密码，并立即就此推出了一整本书，赞助人费德里科·塞西和许多其他学者同伽利略谈起过它。

从保存下来的信件来看，他没有对开普勒说起过此事。他已知唯一一对《折光学》的评论被记录在法国人让·塔尔德[①]的日记里。1614年，塔尔德在赴意大利旅行期间拜访了伽利略，并和他谈论了望远镜的构造。伽利略在交谈中向法国客人透露说，开普勒的书教人如此看不透，以致作者本人都不一定能看懂。

真实情况是，这本书分析得很透彻，伽利

---

① Jean Tarde（1561/1562~1636 年），法国教士、历史学家、天文学家和数学家。

想 星 边 缘

略自己 25 年后才在力学领域表现得如此明晰。然而，他不是选择涉足唯恐别人优于自己的领域，而是贬损开普勒的成绩和嘲讽他的作品。

只有当他发现了金星相位、达到声望顶峰之际，才有一部分荣誉被留给德意志同行：开普勒被他归为"进行了正确的思索"的先哲。

就开普勒而言，当伽利略被哲学家弗朗切斯科·西济[①]攻击而请求他表明立场的时候，热情的开普勒立刻又写了一封信为伽利略辩护。此后他就沉默了。伽利略有 15 个月没有收到他的消息。尽管最新发现使哥白尼的宇宙观明显占据了上风，而他自己注定要成为汹涌而来的辩论的领军人物之一，但开普勒却撤退了。

查理大桥上的战争

1611 年初，他的生活状态发生了戏剧性的变化。虽然他的妻子芭芭拉此时差不多战胜了病魔，但"还没等她恢复过来，我的三个孩子

---

① Francesco Sizzi，意大利天文学家。他基于星相学观点拒绝承认木星卫星的存在，但他首先观察到太阳黑子的周年变化，成为地球公转的重要证据。

就都在 1611 年 1 月感染了天花而同时病倒"。

2 月 14 日，就在这对父母焦急万分地照料他们 8 岁的女儿苏珊娜、6 岁的弗雷德里希和年仅 3 岁的路德维希的时候，此前已经蹂躏了上奥地利和波希米亚、多达 1.2 万人的帕绍大军兵临布拉格城下。经过短暂的战斗，这些士兵夺取了布拉格小城，解除了市民的武装，强占了民房，抢劫了商铺。此外，一部分骑兵还越过查理大桥，冲进了伏尔塔瓦河对岸的老城。

突然间，开普勒位于桥塔后方的住宅被卷入了战事的中心。四年前，在由于发生鼠疫而不得不暂别布拉格几个月之后，数学家和他的家人搬到了这里。现在，新的敌人闯了进来：战争、无政府状态和又一次瘟疫。

市民卫队还算及时地放下了老城桥塔的吊闸。只有一小队帕绍骑手冲入老城，他们在开普勒家门前被民兵杀死。很快，整个布拉格都武装起来。

历史学家彼得·里特·冯·克鲁梅茨基 ①

① Peter Ritter von Chlumecky（1825~1863 年），摩拉维亚（当时属于奥地利）历史学家，曾任今捷克布尔诺市官员，1858 年当选普鲁士科学院院士。

写道，民众对军队进犯的愤怒是无法形容的。"老城和新城的居民都筑起工事，将大炮瞄准小城……两座要塞之间上演了罕见的一幕，它们隔着宽阔的河流互相炮击，同时扮演着包围者和被围者。"

当人们得知帕绍士兵在小城里多么残忍地对待以新教为主的布拉格居民的时候，老城和新城里也发生了暴力袭击。开普勒写道，波希米亚武装"由农民组成，气势汹汹地"穿过城市。被煽动起来的团伙手持粪叉和长矛，冲击天主教堂和修道院，杀害了被指为与帕绍人狼狈为奸的耶稣会、本笃会和方济各会修士。

皇帝在其位于城堡区的城堡里坐视失控的局势不断升级。他俯瞰老城的桥塔，上万名武装起来的男子已经在它的后面堆起了街垒。坚固的城门又一次成了他的眼中钉。

不到两年前逼迫他颁布诏书的波希米亚人又一次变得勇猛善战。不过，被激怒的布拉格市民很快试着与皇帝谈判。然而，鲁道夫二世既无法下决心向雇佣兵支付军饷，让这群乌合之众撤走——城市的代表甚至愿意为此垫付费用——又不愿完全支持帕绍军队。他不希望看到布拉格遭受大规模进攻，却希望被他自己定为皇都的城市化作瓦砾。

2月19日，开普勒之子弗雷德里希去世。"男孩和他的母亲如此亲密，以至不能说他们'因爱而脆弱'，而主要是因爱而发狂，"开普勒写道，"当她看上去能重新喘口气的时候，她……的内心受到失去幼子的打击，那是她的半条命。"

战事仍在持续，越来越多的城市区域被切断了食品供应。虱子传播的斑疹伤寒在人群中蔓延。布拉格市民将使者派往维也纳，向皇帝的兄弟马蒂亚斯求援。

在帕绍军队把城市的一侧围困和洗劫了四个星期之后，日益陷入窘境的皇帝终于醒悟了。他突然有了足够的钱，可以偿付雇佣军的部分薪饷并让他们撤退。

没过多久，马蒂亚斯的大军开进波希米亚。经过艰难的谈判，他和波希米亚城市就宪法改革事宜达成一致，被证明无力统治的鲁道夫二世不得不在5月把波希米亚王位让给了他的兄弟。从此，皇帝被软禁在自己的宫殿里。

开普勒已经很久没有从宫中收到工资了。他觉得必须赶快行动。"依靠宫廷发给我的薪酬，我和我的妻子一起在布拉格熬过了整整11个年头，她不想动自己的财产，否则经济状况会好一些。三年来，我一直在考虑离开宫廷，找一个更加清静的去处。最后，我为岌岌可危、无法忍受的糟糕处境所迫，出于对亲人的担忧而试图强行突围。"

他希望被调换到一所大学，比如去帕多瓦或者维滕贝格，图宾根更好，但那里的人由于宗教信仰而拒绝了他。他的妻子在布拉格始终感觉不适。为了给她和家人一个新家，开普勒临时向林茨的一所学校申请了数学教师的职位。1611年6月，他获得来自上奥地利的首肯，又一次成为外省的地方数学家。

还没等他接过多瑙河畔的城市里的职位并从那里返回布拉格，就传来了又一则不幸的消息。"我已经选定了一个地方，我有理由期待只要安定下来，我的家人就能在那里过得更好。

就在这时，我突然横遭打击：我失去了配偶，我主要为了她的康复而付出的努力都白费了。"

他的妻子芭芭拉死于1611年7月3日。"士兵的可怕行径和城里血腥战斗的景象使她麻木，对未来的绝望和对失去的爱子的思念使她憔悴，经历这番痛苦之后，她又染上了匈牙利的斑疹伤寒（她的慈悲心肠害了她，因为她没有阻止病人来访）。"

命运的新一轮打击粉碎了开普勒开始新生活的希望。顷刻之间，他退回到孤身一人照顾两个孩子的状态。妻子的离世使得先前的所有计划都失去了意义。"我显然应该想到，悲悯的灵魂牧者照顾她要好得多，如果我们步入死亡之影，祂的杖和竿会给我们安慰。"①

如今，他还有什么理由去林茨呢？在那里，他的妻子也许会比在布拉格更有家的感觉，而他自己却几乎无法期待会比曾经在格拉茨更好。他在林茨既没有亲人，城里也没有任何堪与布

---

① 语出《旧约·诗篇》第23篇："耶和华是我的牧者……我虽然行过死荫的幽谷，也不怕遭害，因为你与我同在；你的杖，你的竿，都安慰我。"

拉格媲美的知识环境。

但在经历了可怕的事件之后，他也不会继续留在布拉格了。鲁道夫二世作为皇帝虽然软弱，但却宽容，并且大力支持科学事业。在他的统治下，城市文化一度繁荣发展。皇帝大权旁落清楚地昭示着，这样的年代已经告终。

鲁道夫二世起初没有让他离开。他希望把开普勒留在自己身边。"我被通过萨克森支付薪水的空洞希望所诱惑"，开普勒如此描述他的谈判情况。他一直坚持到1612年1月鲁道夫二世驾崩，接着他离开了这座他曾取得过最伟大的科学成就的城市。他在林茨能够更加安心地工作吗？

途中，他暂时把两个孩子交给在昆什塔特①的一位寡妇照看。然后他独自上路，不抱什么希望地前往新的居住地。

① 捷克文"Kunštát"，德文"Kunstadt"，位于捷克南摩拉维亚州。

致开普勒的最后一封信

伽利略和反对哥白尼的教令

　　自然科学史上存在一些时段，其间发生了对长期公认理论的大范围修改。17世纪的前三分之一就是这样一段时期。一种新的世界观为自己开辟了道路。伽利略和开普勒正在筑造新物理学的根基与数学、力学和天体力学的形式。

　　如果需要重新确定基本概念，人们就会特别期待举行科学峰会。布拉格的马泰奥斯·瓦克海尔·冯·瓦肯费尔斯、奥格斯堡的马库斯·韦尔瑟[①]、乔

---

　①　Markus Welser（1558~1614年），德意志银行家、政治家和天文学家。他出身于著名的银行世家，曾担任奥格斯堡市市长，与学术界往来密切，是猞猁学会和秕糠学会成员。

瓦尼·雷默·奎塔诺 ① 或罗马的费德里科·塞西等学者试图在两位科学家之间安排一场讨论：他们想听听二者对对方工作的意见。

开普勒目前不太需要这样的要求，伽利略则极力避免举行一场真正的对话。伽利略在他的信中说得很明白，如果开普勒是为科学而活着，那么他的生活也依靠科研，并且主要把它视作一种竞争而非合作。他们的交往之所以不成功，是因为他们不同的秉性、各自的抱负和提问的方法。

不成功的原因还在于，这两位科学家相遇在了天文学领域。伴随着良师的支持和异议，开普勒在这方面进行过多年研究，而伽利略的科学认识主要是在力学领域酝酿成熟的。开普勒已经完成了他的天文学代表作，而对伽利略来说，望远镜的潜力还没有充分释放。

上述不匹配反映在他们通信的全过程中，该过程实质上遵循着同一种模式：伽利略告诉

① Giovanni Remo Quietano（1588~1654 年），本名约翰·鲁德劳夫（Johann Ruderauf），德意志天文学家和医生。他在帕多瓦求学期间结识伽利略，1611 年起与开普勒通信。

开普勒自己用望远镜进行观测的最新结果，后者报以热情的评论并将伽利略的研究置于一个更宏大的背景之下，而对方却不再回应。

冰为什么会漂浮？

1611 年 3 月，他们之间的通信突然中断了。当伽利略在罗马受到国际科学界的瞩目并赢得天主教会最显贵人物的垂青的时候，一直以来乐于沟通的开普勒在"除去公众的不幸和外来的恐怖，家里发生的多重灾祸也向我袭来"之后退却了。布拉格的戏剧性事件使他完全脱离了科学工作。1611 年 6 月 16 日，就在伽利略的罗马之行胜利结束的同一个星期，开普勒接受了林茨一座小型福音教会学校的职位。他不得不满足于一个不太重要的平台，而且还得对获准保留皇帝御用数学家的头衔表示感激，因为他仍需要完成珍贵的《鲁道夫星表》。

至于伽利略，他在佛罗伦萨也无法以理想的方式继续他的研究。望远镜前的无数个夜晚和过去两年间的辛劳与激动并非没有在他的身上留下烙印。他受到风湿病和发烧的折磨，在夜间难以入睡。对于他的头脑来说，最糟糕的敌人是阿尔诺河谷的稀薄空气。这位宫廷哲学家最喜欢住在友人菲利波·萨尔维亚蒂的郊外别墅里。

不过，他还是需要经常前往佛罗伦萨。美第奇家族的职位使他比预想中更猛烈地卷入了宫廷辩论。他被派去参加真正唇枪舌剑的交锋。对手已经足够多了。有些人觉得他的新头衔无异于挑衅。一个数学家怎么可能突然取得如此殊荣？

激烈得出乎意料的是一场同一群佛罗伦萨学者的争论，它围绕着一个本身很普通的问题——冰为什么会漂浮？这个题目让他思考了好几年。伽利略起初还觉得这场智力挑战挺有意思，使他终于重新拾起了对炼金术作品的细致研究。另外，枢机主教和后来的教宗马菲奥·巴贝里尼也加入讨论，并在他的文章中再度表明了自己是伽利略的忠实拥趸。

可是，这场关于浮体的争论却无法收场。他的反对者发布了一篇又一篇文章，伽利略很快就不知道还能怎样驯服这些"蠢蛋"，他们的伽利略在 1612 年 2 月至 4 月间绘制的最初几幅太阳黑子草图，其中的差别还不明显。

论述有时简直一无是处。

在他于 1612 年初怀着更大的雄心重新开始天文学研究之前，他需要外界提供一点启发。虽然没有什么新发现，伽利略还是拿起了笔。他打破了长久的沉默，向开普勒通报了他对太阳的观测情况。

"它们都与真相相去甚远"

如果不考虑 15 年后为一个年轻人所写的无关紧要的推荐信的话，他落款于 1612 年 6 月 23 日的信便是他们之间保存下来的最后一封信。伽利略像往常一样把信写给托斯卡纳驻布拉格大使，他们一直都是通过后者联系的。他在开头表达了歉意：各种意外事件，特别是他的健康问题使他耽搁了很久。

他已经很久没有听到开普勒的消息。"我猜想是因为之前混乱的局势。"此刻，他却想知道他怎么样了。"我觉得，他很愿意听听我最后是如何算出木星卫星的运行周期并编制了相关表格的。"

写下这段开场白并顺带提及木星的卫星之

后，他说到了自己真正关心的事情：探究太阳，这是他用望远镜做的最后一个重要系列观测，甚至是 17 世纪上半叶的最后一个。还要再过几十年，依靠手工业和科学知识的新组合、一项新的玻璃透镜抛光技术和已经由开普勒描述过基本特点的新式望远镜，天文学家才得以进一步拓宽视野。

"自从我首次观察到太阳上有一些暗斑以来，已经过去了 15 个月或更长时间，"伽利略写道，"去年 4 月在罗马的时候，我已经向一些高级教士和其他权贵展示过它们。"从那之后，太阳黑子也能够在其他地方观察到，人们对此提出和发表了不同看法。"但它们都与真相相去甚远。"

这番言论首先针对的是耶稣会数学家克里斯多夫·沙伊纳，他关于太阳黑子的论文早就在流传了。尽管如此，伽利略还是认为自己处于领先位置。因为在他看来，仅仅发现一种现象是远远不够的——还必须知道如何解释它。他确信，在做了几个月的记录之后，他已经找到了对暗斑的正确解释。在这场正徐徐展开、一直延续到伽利略生命尽头的关于太阳黑子发现者的争论中，他很需要开普勒的支持。

使用假名登场的沙伊纳是因戈尔施塔特大学的数学家，他从一座教堂的尖塔上观察太阳。为了避免视力受损，他用染色玻璃弱化太阳光，并把他的研究集中到早晨和傍晚进行，那时的光线在穿过厚厚的大气层之后变得不那么强烈。

沙伊纳怀疑，在望远镜中看到的暗斑是否与太阳本身有关。对他来说，太阳的完美无缺是天经地义的。他认为，更有可能是小型天体掠过日轮的前方，遮住了后者的光芒。沙伊纳的结论是，地球和太阳之间存在一大群这样的星体。

抓拍一个转动的太阳

富有的奥格斯堡新贵马库斯·韦尔瑟出版了沙伊纳的作品，把它寄给包括开普勒和伽利略在内的一些学者，他们俩彼此独立地做出了极为相似的判断。伽利略搁置了几个月才给予答复。

他对自己的犹豫不决解释称，他必须比其他所有人都更加小心。只有等到掌握一项"确凿的证据"，他才会提出一种假说，因为许多"新事物的反对者"会把他的任何错误都指责为疏忽大意，就算仍可以原谅他的话。于是，他宁可最后一个说出正确的思想，也不愿抢在别人前头，继而又不得不重新修改仓促提出和欠考虑的内容。

不过，伽利略可没这么谦虚。他后来声称自己开始观测要比沙伊纳早得多。他不断提前开始研究太阳的时间，最后把顽固的对手称作"猪"和"驴"。

在此过程中，沙伊纳的努力进一步刺激他进行了那项几乎在各个方面都优于耶稣会数学家的卓越考察。伽利略绘制的太阳黑子是史无前例的。沙伊纳在其画板上记录的是细小、轮廓分明、包含他对天体的想象的物体，伽利略则完整地画出了这些神秘斑点的细微结构。他在精美的微缩图上展示出，它们在太阳上游移的时候如何凝聚和分散，它们的亮度如何变化，以及这些暗影最后如何向着日轮边缘不断缩小，直到消失。

规模宏大的系列观测是他和自己在学生时期就交好的画家卢多维科·齐格里一起进行的。他们俩玩着"杂耍"，艺术史家霍斯特·布雷德坎普解释道。他们身处不同地点——齐格里在罗马而伽利略在佛罗伦萨，向对方邮寄彼此的记录，并逐步改进他们的观测技术和表现方式。

在伽利略的学生贝内德托·卡斯特里①制造了一台能够轻松将太阳的图像投射到背景板上的投影仪之后，他们又增补了斑点内部结构的所有细节。这一高度专业化的技术是沙伊纳无法企及的。"伽利略和齐格里的两个彼此叠加的系列作品取得了难以超越的结果，它是由自然科学家和艺术家所组成的科研共同体实现的"，布雷德坎普说道。

伽利略在 1612 年 6 月 23 日写给开普勒的信中总结了他目前的进展。他发现，有些太阳

① Benedetto Castelli（1578~1643 年），意大利教士和数学家。1595 年加入本笃会，约 1604~1607 年在帕多瓦的一所修道院内居住并向伽利略求学，1613 年在伽利略的推荐下成为比萨大学教授，1626 年成为罗马大学教授和教宗的治水顾问。

黑子经过两天、三天或四天就消失了，有些则能持续 15 天、20 天或 30 天甚至更久。"它们的形状处于变化之中，而且完全不规则；它们时而凝聚，时而分解；有些呈深黑色，有些则没那么暗；经常能看到一个化为三到四个，另一个化为两到三个，或者它们结合成一个整体。"

伽利略开始相信，这些斑点是被束缚在太阳上的云雾状物体。它们都随着太阳的旋转而运动，后者"大约每个朔望月自转一周"，且与行星的旋转方向相同。他断定太阳会绕着自己的轴转动，并以此作为这篇简要的研究报告的结语。

重磅新闻？

这封信费了一番周折才送到开普勒手里。因为当托斯卡纳大使朱利亚诺·德·美第奇于 1612 年 8 月从诸侯会议返回时，开普勒已经不在布拉格了。大使告诉伽利略说，皇帝御用数学家此时已离开了这座城市。开普勒才华横溢却命运多舛，他接受了上奥地利的一份工作，将居住地搬到了林茨，他在那里可以专心研究而不必劳神家事。马泰奥斯·瓦克海尔·冯·瓦肯费尔斯将会把伽利略的信转交给他。

这也需要相当一段时间。"我们在林茨,"开普勒写道,"缺少一个做好事的邮政机构。送信的民众对学者抱有敌意。"他多次抱怨信使不可靠且漫天要价。一些信件根本没有交给他,另一些在路上耽搁了半年甚至更久,比如数学家奥多·凡·梅尔科特于 1612 年 12 月从布鲁塞尔寄出了一封信,开普勒直到 7 个月后的 1613 年 7 月才收到它。

梅尔科特同样提到了天文学当下最热门的话题:太阳黑子的发现。1611 年春天,这位知名数学家在罗马耶稣会学校的大型庆典上就伽利略的《星际信使》发表了一场备受瞩目的演讲,他也"非常熟悉"开普勒的作品。

他格外喜欢《新天文学》,特别是开普勒在其中对比托勒密、哥白尼和第谷的宇宙观的方式。他向这位新教同行报告了自己观察太阳黑子的情况,并好奇地请求开普勒与他分享自己的研究成果。

如果在读过这封信之后再读伽利略的信,

就能清楚地看出有许多区别。伽利略一次也没有向开普勒说起他的天文学研究，尽管开普勒已经预言过太阳的转动。他在通信中多次把这一假说摆在伽利略面前。如果能够用望远镜观察到太阳的自转，那么他的行星理论就有"理由祝贺自己"，他于1611年1月9日向伽利略写道，也就是在后者首次在罗马向一些学者介绍太阳黑子之前。

伽利略对这些均未置一词。对他来说，德意志人在这个关系到其理论核心之一的问题上只是个看客而已。

开普勒给伽利略复信的情况不详。关于他们的后续通信，后人连一封信都还没有发现。尽管如此，依然可以肯定地说，他们的交流没有止步于1612年夏天，而是至少又持续进行了一年。因为当开普勒于1616年夏天出于别的原因再次提到太阳黑子时，他说，就在1612~1613年这段时间里，伽利略的来信"以及我给他的信"都交到了韦尔瑟的手里。

他在给梅尔科特的回信中赞扬了伽利略对太阳黑子的细致考察。不过，从这封信里也可以看出，他这次无法支持伽利略的优先权主张。在他看来，太阳黑子的发现者既不是伽利略，也不是沙伊纳。倘若非说不可的话，那最早提出的可能是弗里斯兰人约翰·法布里奇乌斯[①]，"他早在 1611 年 6 月就已经就此发表了一篇文章"。

现代科学家的自我约束

对太阳自转的观察使伽利略又有机会探究开普勒的理论，但他这次依然没有发表任何评论。

相反，伽利略紧接着发表的关于太阳黑子的作品[②]或许对开普勒颇有启发，他于 1613 年 7 月读到了它。其中，伽利略首先与亚里士多德的经院哲学划清了界限，他打算把后者的观点当作偏见予以揭露。他证明了太阳会发生变化，这是伪科学的"丧钟，更确切地说是对它的最

[①] Johann Fabricius（1587~1616 年），大卫·法布里奇乌斯之子。

[②] 《关于太阳黑子通信集》（*Istoria e dimostrazioni intorno alle macchie solari e loro accidenti*），1613 年出版。

新判决"。

科学工作者必须以能够体验的事物为限，任何一种推测都不得妨碍其他的任务。"因为我们要么就是想在推测的道路上尝试向真实的本质和自然物质的最深处推进，要么就是打算满足于了解它们的一些性质。"不过，无论是对于身边的基本物质，还是对于遥远的天空物质，深入本质都是不可能的行动和白费力气。我们只有进入极乐状态，才能获得这样的认知。"但是如果我们坚持去理解一些现象，我觉得我们就不必绝望，即使是距离我们最遥远的物体，这也可以实现。"

科学的首要关切不是构想出包罗万象的理论——他有一次甚至称之为无理的僭越——而是明确一些问题。比方说，他自己知道太阳黑子不是什么要比知道它是什么早得多，揭示谬误要比发现真相简单得多。

这种自我约束使伽利略成为自然科学史上的一位中心人物。他批判的理性主义和他考察事物的怀疑态度为他赢得近代物理学奠基人之美誉发挥了决定性作用。

因为他所经历的经院哲学如此进退两难——准确地说，是他把它呈现得如此进退两难——人们看到伽利略大多在忙于揭露他人的谬误。他怀着热情，为打破一个由力学和天体力学的偏见构成的体系而奋斗；在他常常是刻薄的、几乎全部用意大利文写出的论战文章中，他的修辞才能发挥得淋漓尽致。

与伽利略的自我约束相比，开普勒对破解上帝创世方案的要求——他在处女作《宇宙的奥秘》中就开始这么做了——显得有些狂妄。但在开普勒看来，这正是科学家的最高使命。他试图通过数学的后门，尽可能全面地了解宇宙中所发生之事的过程。在这条道路上，他取得了划时代的成就，同时却始终在数学的内在逻辑中难以自拔。

光学的例子已经清楚地表明，开普勒与伽利略相比有多么复杂和多元：开普勒追踪光的传播，从太阳直至深入人眼，以独一无二的方式把天文学、物理学和医学知识联系起来。相反，伽利略使用望远镜和某些其他研究工具的目标在于，尽可能准确地观察一个地方并排除干扰。具有代表性的是，他还在狭窄的镜筒前加装了一个遮光物，进一步缩小了可视范围并消除了色差。对太阳黑子的分析表明，伽利略用这种方式取得了令人印象深刻的高清晰度。他完美地掌握了这门技术。

不过，虽然他的自我约束如此现代，他却未能满足于科学家被这种自我约束赋予的角色：不要成为博学家，而只做专业领域的研究者。这一角色根本不符合他作为宫廷哲学家的自我认知。过度的雄心壮志使他不断要求"真理"属于自己，而对别人的研究方法和研究结果嗤之以鼻，并刻意忽视他本人以外的作品——包括开普勒的行星理论。"这项重大进步没有在伽利略毕生的事业里留下印迹，"爱因斯坦表示，"就是一个滑稽的例子，说明富于创造之人的接受能力常常不佳。"

天上不是椭圆，而是正圆

开普勒的行星理论刺激了伽利略的敏感神经。就连伽利略的赞助人费德里科·塞西侯爵也未能在 1612 年夏天成功策划一场同他之间关于开普勒的椭圆的讨论。塞西认为，开普勒的行星模型比迄今为止的各种圆形轨道更令人信服。伽利略没有理会他。他对于行星运动的想象与他的德意志同事存在根本分歧。他在关于太阳黑子的论文中略述了行星运动的情况。他似乎顺便在此第一次提到了其多年的物理研究成果，即关于圆周运动和自转运动的特点的思考：如果一艘船的船员收起风帆和停止划桨，这艘船一开始还将继续以原速度沿航线前进。假如能够排除包括摩擦力在内的所有外部阻力，"那么它就会在平静的海面上一直航行下去，并围着我们的地球做圆周运动，任何时候都不会停下"。

按照伽利略的观点，上述情形也适用于一个在光滑表面上滚动的球体。如果这一平面向下倾斜，球就会加速，如果向上则会减速。反之，如果它既不向下也不向上倾斜，滚动的球就既不会加速也不会减速。它将保持初始的运动状态。在伽利略的思想实验中，如果它在一张环绕地球的长桌上运动，就会一直向前滚去。

据此，他提出一种既不指向也不背离地心的"中性"运动。船和球维持着它们环绕地球的圆形轨道。伽利略把这种圆周运动理解成一种只要开始就不再需要投入其他力的状态。

因此对他来说，天体在圆周轨道上运动完全是不言自明的。在这种情况下，宇宙秩序的亘古不变就有一种简单的解释：行星和卫星保持着它们事先确定的轨道，就像海上的船舶一样。

伽利略没有明确说出这一点。但是某些科学史家猜想，"中性"运动就是他的力学和天体力学之间的纽带。埃米尔·沃威尔认为，他"关于圆周运动坚不可摧的独特学说"事实上排除了开普勒的理论。行星要么自发运动，要么从太阳那里获得动力，它们要么在圆形轨道上运行，要么在椭圆轨道上。

这些本身听上去都符合逻辑。沃威尔却同时指出，伽利略的天体力学至少在此时还相当不完善和不自洽。就在他公布对太阳黑子的观测情况之后，他令人意外地立刻着手研究开普勒关于驱动运动的力的中心论点，尽管它其实肯定与他对"中性"运动的解释完全相悖。

伽利略在1613年12月21日写给学生贝内德托·卡斯特里的信中表示,太阳作为自然的最高工具,犹如宇宙的心脏,不但显而易见地提供光照,"而且使所有围绕其旋转的行星运动",这"很有可能且符合理性"。想要停止整个系统,只需要使太阳静止就足够了。由于他观察到太阳自转和行星公转的方向一致,他也不由得认为这两种运动彼此关联。

这一观点至少被伽利略坚持了几年时间,他没有进一步描述太阳的驱动力的性质。1615年,他在两封信中用几乎相同的表述再次提及此事。太阳自转的发现至少让他暂时注意到开普勒的理论。

然而,伽利略在这里所称"很有可能且符合理性"之事,并不能与他的运动理论和其他宇宙学思想统一起来。他从未化解这一矛盾,即使是在20年后完成其著名的《对话》时也没有。围绕这本书,他与教会之间爆发了后果严重的争端。

异端思想

对于伽利略决定离开帕多瓦大学自由的思想氛围而迁居到教会的势力范围，他的朋友已经发出过警告。在佛罗伦萨，针对他的第一波进攻来自哲学家，而且只是部分和哥白尼的理论有关。他自己喜好争辩也导致这些争论变得越来越激烈。于是，多明我会神父尼科洛·罗里尼[①]在1612年11月首次向"伊白尼（Ipernicus）或者随便他叫什么"发出声讨[②]。

不久，伽利略关于太阳黑子的文章需要在罗马接受发表前的审查。尽管他这时仍可以不受威胁地表达哥白尼的思想，他还是被反复要求修改文稿。

根据科学史家威廉·谢伊[③]和神学家马里亚诺·阿蒂加斯[④]的阐述，伽利略正打算以对其

[①] Niccolò Lorini(约1544~1617年)，佛罗伦萨大学教授。
[②] 罗里尼想斥责哥白尼，却没搞清楚对方的名字，因此闹出了笑话。
[③] William Shea，生于1937年，加拿大历史学家，麦吉尔大学教授，1990~1993年担任国际科学史与科学哲学联合会主席。
[④] Mariano Artigas (1938~2006年)，西班牙物理学家、哲学家和神学家，天主教神父，纳瓦拉大学教授。

有利的方式剖析《圣经》，把自己的观点说成是"受到上帝的启示"，而抨击他的对手"违反经文"。这种说法没有通过审查。伽利略既不得声称他自己的理论"完全符合《圣经》无可置疑的真理"，也不得说他的对手"违背《圣经》"。最后，他不得不删去了所有和《圣经》有关的内容。

1613 年 12 月写给他的学生贝内德托·卡斯特里的信标志着这场争论中一个值得注意的转折点。托斯卡纳大公的母亲克里斯蒂娜·德·洛林突然对针对伽利略的指控表示不安。为了不在宫中丧失信誉，伽利略第一次感到有必要在写给卡斯特里及稍后写给大公母亲的信里书面说明，为什么哥白尼的理论和《圣经》没有冲突。

伽利略表示，《圣经》说的只是人类灵魂的救赎。如果涉及地球静止等内容，它就不能按照字面意思理解。他在这里的论述与开普勒很相似，后者在《新天文学》的前言中写道，《圣经》的目的不是教人们了解像星辰运行这样的自然事物。

不过，他们的论证还是有一个本质区别：与开普勒不同，伽利略声称《圣经》的作者完全知晓宇宙的真实构造。所以，他还是希望从字面上领会《圣经》中的一些段落，比如约书亚的奇迹。这番奇迹应该被理解为，当约书亚说："日头啊，你要停在基遍！"①时，上帝听到了他的呼唤。太阳一直停在那里，直到以色列的子民向他们的敌人报了仇为止。

伽利略处理这场《圣经》奇迹的方式与开普勒截然不同。他想在写给卡斯特里的信中证明，太阳的停转只有在哥白尼宇宙观里才可能顺利发生，而在地心说系统内，整个天空将会因此陷入混乱。

在他的对手看来，如此武断地、在数学上吹毛求疵地解读《圣经》使得攻击他更为容易。当路德宗和加尔文宗教徒根据自己的判断解读《圣经》，罗马天主教会难道没有开展足够的斗争吗？如今，一个数学家竟然也可以对天主

①　语出《旧约·约书亚记》第十章，以色列人在约书亚的率领下击败亚摩利人，需要利用白昼追击敌军。基遍（Gibeon）是耶路撒冷西北的古城，当时是以色列人的盟友。

教神学家指手画脚，告诉他们该如何解释《圣经》？

举报

自从发现金星的相位以来，伽利略始终坚信哥白尼的宇宙模型符合实际情况。他想要防止教会从《圣经》涉及自然的章节中得出草率的结论。之后几年，他的热情使他在这个棘手的问题上陷得越来越深。

1614 年 12 月 21 日，多明我会修士托马索·卡契尼①在佛罗伦萨的一次布道中抨击了全体数学家。两个月后，他的同修会兄弟尼科洛·罗里尼在得到一封伽利略写给卡斯特里的信的副本之后向宗教裁判所告发了伽利略。与所有正规的举报一样，本次举报指出伽利略和威尼斯的保罗·萨尔皮等可疑人士来往，和德意志人也就是异教徒保持联系，还发表贬低教会早期教父的言论。

由于宗教裁判所已经介入，最迟这时就必

① Tommaso Caccini（1574~1648 年），15 岁加入多明我会，是一位热情的布道士。

须特别谨慎。按照托斯卡纳使节的说法，罗马在这段时期不是"讨论月亮和主张新观点"的地方。教宗保罗五世想要让天主教会夺回在宗教改革中失去的影响力，而最重要的手段便是特伦特大公会议做出的严格规定。

枢机主教和裁判官罗伯托·贝腊米诺作为罗马一位杰出的有识之士，劝说伽利略不要逾越哲学的界限。解读经书是神学家的任务。

不过，就连教会代表中也出现了哥白尼、开普勒和伽利略的支持者。一位来自那不勒斯的僧侣、加尔默罗会修士保罗·安东尼奥·弗斯卡里尼[①]用一本小册子把哥白尼的主张传达给民众。弗斯卡里尼考察了《圣经》中所有不可靠的地方，试图让它们与新理论相吻合。如此一来，教会方面就更有必要发起行动了。

贝腊米诺遵照大公会议的要求，坚持从字面上解读《圣经》。他向弗斯卡里尼写道：只有找到了地球运动的证据，才有必要认真考虑对

---

① Paolo Antonio Foscarini（约 1565~1616 年），意大利教士和科学家，墨西拿大学教授，1608 年任加尔默罗会卡拉布里亚教省省会长。

《圣经》中的相关文字加以说明。可是这样的证据并不存在。贝腊米诺把哥白尼的模型视为纯粹数学的假说，就算有怀疑，也不准背离教会早期教父对《圣经》的解读。

伽利略没有把枢机主教贝腊米诺、巴贝里尼及其在罗马的朋友们的劝告放在心上，而是发起了攻势。他亲自前往圣城并掏出了最后一张王牌：他已经争取到年轻的枢机主教亚历山德罗·奥尔西尼[①]的支持，并向他提供了用来向教宗解释的新证据。他相信，凭借一个刚出炉的关于潮起潮落的理论，已经可以证明哥白尼学说的正确性。在他看来，只有地球运动，才会出现像潮汐那样的现象。

可是，他的努力和罗马之行给他帮了倒忙。托斯卡纳驻罗马使节向佛罗伦萨的美第奇大公发出警告，称伽利略狂热、冲动且将自己置于险境。几周之后的 1616 年 2 月，教会当局召开

---

① Alessandro Orsini（1592~1626 年），布拉恰诺公爵维吉尼奥·奥尔西尼的幼子，托斯卡纳大公斐迪南一世的外甥，1616 年晋升枢机主教。

了一场决定性的会议。哥白尼的作品被禁止出版，直到对它做相应的修改。加尔默罗会修士弗斯卡里尼的书甚至遭到取缔，所有书稿都被销毁了。

伽利略自己则幸免于难。托斯卡纳大公的宫廷哲学家没有被教令点名。他没有被审判，他的作品也没有被列入禁书目录。贝腊米诺"只是"敦促他今后不要再把哥白尼的学说主张为事实。紧接着，还是这位枢机主教向他书面确认说，他本人没有受罚，也不必发誓放弃上述学说。甚至教宗也于1616年3月11日再一次接见了他。

第二天，伽利略向托斯卡纳国务卿报告称，他借此机会向教宗陛下指出了迫害者的恶毒和他们错误的诽谤。"这时他回答我说，他很清楚我在思想上的正派和真诚……陛下和全体枢机主教都对我评价甚高，使得人们不会轻易听信诽谤。"此时，距离那场引发轰动的审判还有17年时间。

不祥的彗星

战争期间：开普勒批判伽利略

开普勒在布拉格宽容的皇帝的宫廷里从事的是国际性活动，这与林茨相对狭隘的氛围之间有很大落差。这位数学家在其创作的高峰期没有为自己找到合适的岗位。林茨的福音教会学校的重要性还比不上格拉茨，只是由于一些贵族说情才在这里为他设置了一个新职位。校领导和全体教师都不是很喜欢这番特殊待遇。

意料之外的冲突增加了他开始新生活的难度。他卓越的科学家才能和他的新职位之间存在差异，但一开始还有比这更糟糕的：他刚抵达林茨，就被指控为异端。

1612年夏天，开普勒充满信任地找到这座路德宗城镇的最高牧师达尼尔·席茨勒①，希望向他坦白自己的宗教困惑。从青年时代起，他就不再相信耶稣基督在圣餐时的真实临在，而是在此问题上倾向于加尔文宗的立场。

席茨勒在符腾堡接受过与开普勒相同的宗教训练。他觉得自己在任何问题上都必须遵守路德宗教会的正统立场。不同于开普勒在布拉格的牧师，席茨勒不愿意向这名新来者发放圣餐，如果后者没有毫无保留地接受《协和书》所阐述的路德宗教义的话。

开普勒急切地向斯图加特的宗教监理会②发出呼吁，请求获准领受圣餐，但很快就又一次遭到拒绝。符腾堡的人们站在席茨勒一边而指责开普勒是异端。无论他是半个还是一整个加

---

① Daniel Hitzler（1576~1635年），德意志神学家和音乐理论家，当时是林茨地区的教区牧师和新教贵族学校教师。

② 拉丁文 "consistorium"，德文 "Konsistorium"，在天主教会指枢机主教会议，在新教各国含义有所不同，在德意志指由教士和法官组成的教会管理机关，负责实施世俗领主颁布的教法，后转变为负责教会事务的政府机构。

尔文主义者，他都在用他的态度藐视"以上帝话语为依据的慰藉学说"。关于开普勒是加尔文主义者的流言一直传到了伽利略身边。

这位受过高等教育的神学家深受打击，他在多封书信中谈到其内心的冲突。"如果我毫无保留地签署协和信条，我就能彻底消弭这场争论。我只是无法在良心问题上弄虚作假。"只有人们接受他已提出的限制条件，他才愿意签字。他不想参与神学家之间的争吵。

他恳求自己过去的神学教授马蒂亚斯·哈芬雷夫 ① 撤销对他的圣餐禁令。后者虽然同情他，但直到最后都没有改变拒绝的结论。"如果您继续违抗我们兄弟般的劝告，我们就将认为无法治愈这道您以人类理性的蠢剑刺破的不幸创伤……谁要是拥护和实践与正统教会有别的信仰，又怎能享用与他所背离的教会同样的圣事呢？"

直到生命的尽头，开普勒始终被排除在圣餐之外。从第一天起，关于他在信仰问题上意

---

① Matthias Hafenreffer（1561~1617 年），正统路德宗神学家，曾任图宾根大学校长。

见固执的传言就在林茨闹得沸沸扬扬。它从一开始就阻碍了他在这里实现宁静生活的愿望。

挑选新娘

在前往上奥地利的路上，他把两个孩子苏珊娜和路德维希托付给一位寡妇照看，但他知道这可能只是权宜之计。开普勒要找一个老婆。这位"已过壮年，开始走下坡路，不再那么冲动，身体自然变得干枯绵软"的科学家——他如此自谓——还想再次结婚。在一封写于1623年10月23日的信中，此时41岁的他向一位不知姓名的男爵叙述道，他在过去两年间不下11次寻找合适的伴侣：他首先关注的是一位寡妇，他的亡妻在去世前"并非模棱两可地推荐了"她。不过，他最后对此事未成感到庆幸。这位多个孩子的母亲为经济问题所纠缠，她在征求女婿的意见后拒绝了这门亲事。"承认事实吧：我做了件不妥的事①，因为把适婚者的同情等同于对亡者的尊重，这本身是善意的，却不合适，

① 指仅仅因为亡妻的推荐，没有仔细考察就打算娶另一个女人。

因为找老婆的人不能这么做。"

这位退缩的母亲很快就搬出了她的长女。"这个丑陋的计划深深刺痛了我,"开普勒说道,"可我还是开始考察对方。当我将注意力从寡妇转移到少女的时候……在场者的外貌和姣好的面容吸引了我。"但他不是没有注意到,这名少女成长的生活条件超出了她的经济状况。另外,这名母亲想让女儿再长大一些,开普勒却必须尽快离开布拉格。于是这项计划也落空了。

第三位已经与另一个人缔结了婚约,虽然这个人被证明是个"色鬼",但让此事成为一番令开普勒感到不快的嘲讽。

第四位也是第一位林茨人。尽管有些人"出于她的贫穷,还有些人出于她的身高和强壮体格而劝我放弃,我还是坚持这一计划,并可能会过早地了结此事,若不是爱情和理智在此期间齐力将第五个人强加于我的话。与第四位相比,她特别是在家族声誉和面相庄重方面难分伯仲,而在金钱和嫁妆方面有所不及,但尤其是通过善良和我对她谦恭、简朴、勤勉和关爱继子女的信心而取得了优胜。我喜欢她是孤儿且没有亲属，要是别人的话，我可能就会拒绝，因为她的贫穷不会引发对贫困亲戚的觊觎之心的恐惧”。

这第五位——苏珊娜·柳丁格[①]最后成了他的妻子。可是，就在他完婚一周之前给一位姓名不详的男爵写下上述信件时，他还一直在思考，“既然她确定要嫁给我——这是上帝都同意的——她在一年之间何必还要容忍六名对手”。

原因在于他自己的研究型思维。开普勒需要在 11 位候选人中选出正确的妻子，他解决该问题与他发现火星轨道的方式非常相似。作家亚瑟·库斯勒写道。“他一开始连续犯错，它们有可能被证明是灾难性的，但他又重新摆脱，而且直到最后一刻都没有发觉自己已经得到了正确答案。”

当然，开普勒在挑选新娘的过程中也听从了许多善意的建议。比如，他自己的继女向他推荐了一位地位较高的女子，也就是第六位。开普勒也考察了她。她的贵族身份和他自己一

---

① Susanna Reuttinger（1589~1635 年），她与开普勒育有 7 个子女。

文不名已经使他对她是否傲气产生怀疑。

第七位同样来自贵族圈，这段关系只给他带来了苦恼——却给别人的闺房提供了许多谈资。

开普勒再一次问计于星辰和更改主意："不喜欢女子沙龙，因此性格不是很平和，属于市民阶层，但想要成为贵族；根据上述条件，我根据一位朋友的建议选出了第八位。"这名女子颇具经济实力，懂得勤俭持家，朴素而知礼。但是他在宗教问题上的糟糕名声使她对这场婚姻敬而远之。

经历了多次求婚失败之后，开普勒在面对第九位时表现得犹豫不决，让畏惧和谨慎占据了上风，这被他解读为自己不够坚定。

于是他转向了第十位，她是与他交好的一位市民女子推荐的。可在他眼中，她长得太丑，根本配不上自己，"我瘦削、干枯、温柔，她又矮又胖，来自一个以堆积脂肪为特点的家庭。与第五位相比就会让人懊恼不已，但没有重新唤起对后者的爱情"。

最后是第十一位，又是一位富有、能干的

贵族，但她的年纪还太小。开普勒耐心地等了一个月又一个月，结果却等来了最后一次拒绝。"既然现在我朋友的建议都已用尽……我就在起程前往雷根斯堡途中重新找到第五位，向她求婚，并与她达成了婚约。"他又一次向笔友罗列出苏珊娜·柳丁格的优点：她虽然贫穷，但是端庄而有耐心，最重要的是既不高傲也不铺张。接着，他邀请对方出席定于 10 月 30 日举行的婚礼。

"女开普勒"的女巫审判

开普勒和他 24 岁的妻子一起带着孩子们搬到了林茨。作为科学家，他在这里比过去孤单得多。他在林茨找不到像马泰奥斯·瓦克海尔·冯·瓦肯费尔斯这样始终了解科学发展前沿并为他提供书籍和器材的交流伙伴。开普勒也缺少那些被皇帝摆放在布拉格的艺术收藏室里、他能够在写作《折光学》时借用的各类技术工具，包括望远镜、透镜和镜子。从现在起，他的研究基本上是在没有外部助力的情况下进行的。

他提出的哥白尼主义的宏大方案没有获得预期的反响。对于他在多大程度上参与了关于太阳黑子的辩论，现有资料只能提供残缺不全的信息。他与伽利略及许多其他学者通信的线索都丢失了。

1615 年，开普勒在向一位笔友为自己长时间的沉默致歉时说，他在此期间"甚至把天文学"遗忘了。他在几年后甚至表示，他对天体运动的物理原因所做的解释对他来说也变得不那么重要了。他的思想更加渴望转向"形式与灵魂、造物主即上帝本身"。

他慢吞吞地重新启动的天文学研究被夹在了生存压力和战前与战时的沉重经历之间。既然关于被禁止领受圣餐的流言蜚语已经让这个家庭疲惫不堪，那么针对其母亲卡塔琳娜的指控就更是令人难以承受。她在符腾堡的莱昂贝格被一位女邻居及其族人控告为女巫。

三十年战争前夕，整个符腾堡都沉浸在迫害女巫的狂热中。1613~1617 年，肯定有 50 名妇女在施韦比施格明德①被活活烧死，同一时期在埃尔万根（Ellwangen）则有约400人被烧死，通常是像"女开普勒"那样的年长单身女性。人们议论说，她们的黑魔法拥有"邪眼"，能招来风暴和狼群。

莱昂贝格的行政长官路德·埃因霍恩（Lutherus Einhorn）知道该如何审讯这些坏女人并把她们送上柴火堆。卡塔琳娜·开普勒只是他起诉的15名妇女之一。他一开始企图粗暴地逼迫她承认，但由于她态度坚决而未能成功。之后，他从一个12岁的女孩那里得到了必要的罪证，后者在"女开普勒"走过她身边时突然感到胳膊疼痛。根据这一明显的、那个女孩还要忍受很久的下背痛②，法律程序就启动了。

卡塔琳娜·开普勒多次试图与行政长官谈判，有时是与她的儿子克里斯多夫③一起，有时是独自一人。根据路德·埃因霍恩的说辞，她

---

① Schwäbisch Gemünd，位于符腾堡东部。

② 德文"Hexenschuss"，字面意思是"巫射"，古时认为是巫师等超自然力量向受害人放箭而引起的疼痛，俗称"腰痛"。

③ Christoph Kepler，他比开普勒小15岁，是一名铸锡工。

打算用一盏银杯贿赂他。随着这桩丑闻而到来的，是针对她的第一份逮捕令。

在孩子们的劝说下，卡塔琳娜·开普勒逃走了。1616年底，约翰内斯·开普勒把他的老母亲接到了林茨。三个季度之后，她还是希望回到家乡，以便在那里捍卫自己的权利和名誉。她在某些方面和她的儿子一样固执，开普勒急忙跟着她前往符腾堡。

这是一段漫长的旅程。"既然我事先知道这一点，"开普勒说道，"我就为自己的研究带上了一位亲切的同伴。"他读的是伽利略的父亲所著的《关于旧音乐与新音乐的对话》。他研究数学和音乐之间的关联已有很长时间。尽管他自己对音乐的理解明显与文琴佐·伽利雷不同，他在音乐理论家身上还是找到了"一块传统知识的瑰丽珍宝"。

为了阻止对其母亲的审判，开普勒在林茨、雷根斯堡和符腾堡之间来回奔波。此时，德意志已经爆发了三十年战争，而且开始于皇帝和地方的权力斗争始终没有间断的波希米亚。波希米亚的骑士和男爵们承认马蒂亚斯是新任波希米亚国王。但围绕着他指定的接班人——奥地利的斐迪南，又点燃了新一轮冲突，直到一小群波希米亚贵族在1618年5月以当地特有的"把人掷出窗外"①才得以解决。不久，波希米亚各政治实体选举普法尔茨伯爵腓特烈②为新国王。

根据传说，对于皇帝的行政长官而言，布拉格发生的暴动结束于一个粪堆。然而，这场造反将要面临致命后果，因为哈布斯堡皇室显然不会对"掷出窗外"事件坐视不管。狂热支持天主教的奥地利的斐迪南——已经令开普勒在格拉茨领教过他的恐怖统治——于1619年被授予皇帝称号。他大举反扑，目标不只是波

---

① 布拉格发生过两次著名的"掷出窗外事件"，第一次是1419年，胡斯派教徒由于不满天主教当局压迫而将布拉格市长等7人掷出市政厅窗外，点燃了胡斯战争；第二次是1618年，新教徒发动反对斐迪南的起义，将3名帝国官员掷出布拉格城堡窗外，后者跌落粪堆而没有受伤，但波希米亚随后独立，引爆了三十年战争。

② 指莱茵-普法尔茨伯爵（亦作"莱茵-行宫伯爵"，地位相当于公爵）、普法尔茨选帝侯腓特烈五世（1596~1632年）。他力图把普法尔茨选侯邦打造成帝国内的新教领袖势力，1619年成为波希米亚国王腓特烈一世，但次年就被击败，结果被剥夺了领地和选帝侯资格。

希米亚，而且逐渐针对帝国内的所有新教对
手。在蒂利将军①的率领下，皇帝的雇佣大军在
1620 年夏季开进了林茨。

城市被占领使开普勒大为惊恐。过去几十
年间，上奥地利的许多市民和贵族皈依了新教。
这场运动如今戛然而止，而开普勒也面临着与
在格拉茨所经历过的相似处境。为确保安全，
1620 年 9 月，他暂时把家人送到了雷根斯堡，
并从那里多次出发前往符腾堡。

此时，得到加强的皇帝军队攻入了波希米
亚。斐迪南的军队在白山战役②中战胜了集结在
那里的冬王③的部队，占领了布拉格，草草审
讯了政变的首领。被处决者包括开普勒的朋友、
医学家扬·耶森纽斯。

此时在符腾堡，针对其母亲的女巫审判也进

---

① Johann Tserclars von Tilly（1559~1632 年），生于布拉
班特的蒂利堡，世袭伯爵。他 15 岁加入雇佣军，1605
年成为帝国元帅。三十年战争前期作为天主教阵营统
帅战胜波希米亚和丹麦，但被瑞典国王古斯塔夫二世
击败身死。
② 发生于 1620 年 11 月 8 日，帝国军队大获全胜，此战
使波希米亚丧失了独立地位并重新成为天主教邦国。
③ 波希米亚国王腓特烈一世的绰号，讽刺其统治时间短
暂。

入关键阶段。71 岁的"女开普勒"被关进了监狱。在司法程序进行期间，她一直被锁链拴着。判决是"言语恐吓①"并于 1621 年 9 月 28 日执行。

被告人被领到特定的刑具跟前，被告知即将面临的折磨。但是无论如何逼供，卡塔琳娜·开普勒都不肯招认。就算人们想要掏出她身体里的每一根血管，也无法使她就范。她总共经受住了 49 项"罪名"。

与诉状长度相当的是超过 100 页、面面俱到的辩护词，这是她的儿子请耶稣会士完成的。她又一次避免了最糟糕的结果。审讯过后，人们不得不释放了卡塔琳娜·开普勒。这位勇敢而受辱的女子只活了半年就去世了。

天球音乐②

尽管经历了战争、女巫审判和许多私人的

---

① territio verbalis，指行刑官向嫌疑人说明刑具的用法，迫使后者出于恐惧而招供。

② 又称"天体音乐"或"音乐宇宙"，是一个古老而流传甚广的哲学概念，也是开普勒写作《世界的和谐》的思想基础。毕达哥拉斯提出，天球和它所承载的天体转动时会发出声音，音高与它们的距离和速度成比例。所有声音汇集成一股和声，但普通人无法听见。

危机，开普勒在林茨还是写出了不少伟大的作品。1617 年，他涵盖广泛的天文学教科书《概要》①出版了第一卷。他在其中以更加清晰的形式重新阐述了他的行星理论。

当他的女儿卡塔琳娜得了重病的时候，他已经开始着手撰写第二卷，同时还在编制新的行星历表。这个按照开普勒母亲的名字命名的女孩死于 1618 年 2 月 9 日。短短几个月前，苏珊娜和约翰内斯·开普勒已经不得不埋葬了他们一起生养的第一个幼女玛加雷塔·雷吉纳（Margareta Regina）。在他们的七名子女中，只有一个能活到成年。

这对夫妻难以承受这双重打击。"我于是把星表放到一边，因为它们需要安宁的环境，并将我的思想转向对和谐的追求。"面对两个孩子的死亡，开普勒试图看破生死的界限。他意识到万物的流逝，想要与上帝实现天人合一，并沉浸于对宇宙的完美秩序的思考。几个月内，他就写出了《世界的和谐》，它的准备工作可以

---

① 全称为《哥白尼天文学概要》（*Epitome Astronomiae Copernicanae*）。

追溯到格拉茨时期，并且建立在一种与《宇宙的奥秘》相似的主导思想的基础上。

"您啊，您通过自然之光使我们更加渴求您的仁爱之光，以便引导我们通过它抵达您的荣耀之光，我感谢您，造物主，上帝，因为您以行动给我带来喜悦，我赞颂您缔造的伟业。看哪，我现在完成了使我蒙受召唤的作品。"

这是一个神秘主义者的话语，他赞美上帝创世的崇高，这体现在行星的运动上，同样也体现在音乐上。《世界的和谐》是以纯粹几何学为首要的宇宙综述。它为读者打开了一个规则形状——五边形、七边形、十二边形及相应的星辰，其中包括那些能够无缝地铺满一个平面的图形——的世界。

他从规则多边形的几何学中推导出所有可能的和声音程：从大三度和小三度开始，经过四度、五度、大六度和小六度，直到八度。开普勒研究了音乐的和声，讨论了人类所固有的普遍和谐的原型，又跳跃到星相学以及星辰方位对人类灵魂的影响。

而在最后一部分，行星的运动也转变成一

种持续不断的多声部音乐，它虽不能通过耳朵，但能够通过精神理解。如此，无法度量的时间进程就化为一种无与伦比的宏大交响乐。这本书，无论是为现世还是后世所写，"可能要为他的读者等候一百年，毕竟上帝也为祂的观察者等待了六千年"。等的就是他，开普勒。

《世界的和谐》是一部孑然独立的作品。音乐学家和自然科学家都没有继承开普勒的和谐猜想。然而，恰恰是在这里，深藏于五角星和两个八度之间，显现出那个艾萨克·牛顿将从中推导出万有引力定律的魔法公式：开普勒的"行星运动第三定律"，即两颗行星的运行周期与它们到太阳距离的平均值符合固定的比例。[1]

开普勒于 1618 年 5 月 15 日发现了上述规律。它瞬间驱散了他脑海中的阴影，"我 17 年来对第谷观测数据的研究和我当前的思考彼此吻合得那么好，使得我一开始以为自己在做梦

---

[1] 原始表述为：绕以太阳为焦点的椭圆轨道运行的所有行星，其各自椭圆轨道半长轴的立方与周期的平方之比是一个常量。

并误把结论当作了证据。它本身就十分准确，能够完美地协调"。

这个格外清晰的公式看上去同他关于毕达哥拉斯音乐体系的思考神秘地关联起来了。五度音程3：2的比例规定了他留给后人的价值连城的天文学方程式的指数，这或许不是巧合。当开普勒在其用几何图案拼成的地板上运动时，他在脑海里做起了自旋动作，使一切都忽然围绕一个确定的数量比例转动起来。他所有的天文学知识都注入了这团旋涡，再浓缩成一个数学公式。

禁书目录上的开普勒

《世界的和谐》再次表明了开普勒对哥白尼宇宙观的认同。他一开始并不知道，天主教会此时已将哥白尼的作品列入了禁书目录。直到伽利略通过一个中间人索要一册他的教科书《概要》时，他才得知此事。

开普勒"十万火急地"恳求获知罗马教令的原文。他想知道，这项禁令是否也对奥地利有效。如果有效的话，他的作品将会怎样？对于推广《世界的和谐》，他需要注意什么？

在德意志，没有人反对出版这本书。"当我……就此事询问皇宫里的天主教官员时，他们说，这似乎不违反天主教教义。"那么，在意大利又如何呢？

1619年春天，开普勒写信向意大利的书商求助，希望他们把这本书转给那些获得了特许而能够阅读的学者。他自称是支持天主教教义的好基督徒，而且较早就逐渐成为哥白尼的学生。但是现在"个别人没有在正确的地点、用恰当的方法展示天文学理论，导致近80年来（自该作品被献给教宗保罗三世以来）可以完全自由阅读的哥白尼作品被查禁，直到这本书被修改为止"。

这番批评同样针对伽利略。开普勒听说，伽利略在罗马处理个人事务的方式过于严酷。开普勒受到了直接影响。1619年5月，他的《概要》被禁止，不过仍继续被意大利数学家阅读。

大量文件证明，开普勒和伽利略在这些年里至少保持着间接联系。尽管如此，随着反哥白尼教令的出台和三十年战争的打响，出现了边缘化科学、拆散其代表人物的新离心力。此前，伽利略已经由于与异端的联系而背负嫌疑。而如今，像开普勒这样的数学家在罗马被视为双重意义上的异端分子：不仅因为他们的宗教信仰，还因为他们的科学信念。

在此期间，开普勒再次勤奋地发表作品，伽利略周围则安静了下来。虽然他仍在向全欧洲的接收者邮寄望远镜，但当他飞黄腾达之后，他在意大利的光芒似乎已经渐渐褪去。几年来，美第奇家族的宫廷哲学家没有做出新的发现，现在他也不能再公开支持哥白尼的思想了。

1616 年 3 月，他被禁言了。包括罗马学院中具有影响力的耶稣会士在内，越来越多的学者成为与哥白尼宇宙观同样重视经验依据却不必为此放弃地球中心地位的第谷宇宙观的捍卫者，他对此只得袖手旁观。

伽利略挑战第谷

1618 年，第谷·布拉赫经历了一次回光返照。当年下半年，夜空中接连出现了三颗彗星，这是望远镜被发明后的头一遭。突然间，第谷在 1577 年和 1585 年进行的彗星观测又成为天文学界热议的焦点。

耶稣会士利用他们在欧洲的科学网络，从不同方位观测这三颗被普遍视为灾星的彗星，特别是最后、最亮的那颗。伽利略则面临着又一场失利。"我在能够看到彗星的整个时段都躺在病床上。"

作为好天主教徒，他于同年 5 月前往以治愈奇迹著称的洛雷托朝圣。可是等到 9 月，他再次发烧，风湿病也复发了。他在床上躺了好几个月。虽然法国国王、奥地利的利奥波德大公、费德里科·塞西侯爵和罗马"猞猁学会"的全体人员都期待着他的报告，但这位已在全欧洲被视为望远镜代名词的科学家却无法对彗星进行系统观测了。

1618 年秋季和冬季，当关于彗星的讨论被点燃的时候，伽利略在其能够眺望佛罗伦萨的绝美别墅里接待了几位朋友，并向他们介绍了自己对彗星性质的观点。在意大利，公开辩论中的代言人则是耶稣会士。他们证实了第谷的测量结果，后者从中得出结论说，彗星是在月球轨道之外运动的天体。在这一点上，开普勒也同意其先师的意见。他在一篇长长的科学论文中回顾了 1607 年那颗非比寻常的彗星，它未来将以"哈雷彗星"之名著称于世。

直到彗星从夜空中消失之后，伽利略才发表看法。他在耶稣会神父奥拉齐奥·格拉西[①]的彗星论文里发现了一些漏洞，并公开发表了犀利的评论。他想要以此至少证明自己作为哲学家的优势。

伽利略所勾画的景象可以概述如下：在美第奇家族的宫廷哲学家置身于病榻期间，外面的世界蠢行肆虐。伽利略从根本上质疑其同行的全部观测。他们没有一次证明彗星是真实的物体。他自己还有另一种假设：彗星只是地球大气层中的光反射，也就是和北极光或彩虹一样的光学现象，而不是天体。

这一传统想象符合伽利略的宇宙学。他在两年前就已经猜测，地球和其他行星所蒸发的

---

① Orazio Grassi（1583~1654 年），耶稣会数学家、天文学家和建筑学家，罗马学院教授。

气体可能会径直扩散至太阳。按照他的观点，这些物质流在击中太阳时会形成暗色的太阳黑子。按照伽利略的设想，太阳用这些来自周围空间的物质"喂饱自己"并向外发出光芒。

他和耶稣会士格拉西将围绕彗星问题展开一场历时七年多的辩论。他把对手描述为随意整理和编造论据的第谷·布拉赫的盲目信徒。格拉西确实认为应当在科学问题上追随一位著名作者，但哲学不是像《伊利亚特》或《罗兰之歌》那样被人虚构出来的作品："哲学被书写在那本始终在我们眼前打开（我指的是宇宙）但如果没有事先学习语言并熟悉符号就无法看懂的伟大书籍之中。它是用数学语言写就的，字母是三角形、圆形和其他几何图形。如果没有它们，人类就会连一个词都无法看懂；如果没有它们，就只能在一片黑暗的迷宫里徒劳地四处乱跑。"

这样的段落使伽利略包罗万象的彗星论著《试金天平》① 格外出众。为了扭转被动防御的

---

① *Il Saggiatore*，本意是金匠用来称量黄金或珠宝的精密天平，旨在强调作者的思考和计算严密，讽刺格拉西的观点不严谨。

局面，他动用了其全部演说技巧。他犹如一位讽刺画家，成功地将耶稣会士格拉西刻画成一个头脑固执的经院哲学家，尽管伽利略的一些论据同样可以用来反对他自己：没有观察宇宙、不懂数学知识就不能谈哲学——可现在偏偏是那个据称没有看到彗星的人想要教训那些进行了观察的人？

耶稣会神父为他对彗星的解释提出经验证据，这在伽利略看来并不重要，因为格拉西的论证包含多处自相矛盾。伽利略向每一处可疑的表述发动了猛攻，同时把第谷·布拉赫揪出来批判。

第谷已经在他的著作中丢掉了"最基本的数学知识"。他觉得，第谷的行星理论就像古老的托勒密体系和哥白尼体系的古怪混合物。它不够完善，并且不同于其前人托勒密和哥白尼，它不是独立首创的成果。伽利略把第谷的宇宙模型说得一无是处。

受宠于新任教宗

通过凶狠的论战，他最终把许多在克里斯

托弗·克拉维乌斯去世前曾与他保持良好关系的耶稣会士变成了敌人。反过来，他的《试金天平》在他出入的宫廷圈内收获了不少掌声。特别幸运的是，就在这本书计划在罗马出版的时候，选举产生了一位新教宗：与他关系友好的马菲奥·巴贝里尼。在举行教宗选举几周之前，他曾感谢伽利略指导他最喜爱的侄子弗朗切斯科·巴贝里尼[①]。此前，他把一首诗寄给伽利略，并称赞了他的发现。"这篇故作正经的文字"落款为"come fratello"——"亲如兄弟"。

伽利略将关于彗星的著作献给新任教宗乌尔班八世，这是开启充满希望的教宗任期的第一道哲学和文学盛筵。后者让人读给自己听。他特别喜欢伽利略在书中插入的关于一个男子的寓言，后者想要找出特定音调的成因，结果发现自然界的音调是由无穷多种方式产生的。

[①] Francesco Barberini（1597~1679年），在其叔叔当选教宗的同年被封为枢机主教，作为"侄子枢机"拥有很大影响力，同时也是艺术和科学赞助人。他是1633年教廷审判伽利略的十名法官之一，主张从轻发落。

相同的音调有时出自一只鸟儿，有时出自一支笛子、门打开时的枢纽、管风琴和拉弦乐器。这位科学家最后想知道，蟋蟀是如何发声的。他切断了蟋蟀体内的一些细丝，把它杀死了。结果，他不仅夺去了它的声音，还夺走了它的生命，"并且再也无法弄清楚，歌声是不是从这些丝线中传出来的"。

伽利略用这则寓言表明，自然界之丰富远远超出人的想象。谁要是藐视这种多样性而过度热情地做事，就会破坏科学的真正目标。乌尔班八世从各个方面都同意对这种丰饶及上帝创世之不可思议的赞美。1624 年春季，当伽利略再次访问罗马时，教宗六次邀请他促膝长谈。人们在罗马又一次听到了那句久违的"你赢了，伽利略！"

可是，来到这里的已经不是过去的伽利略，那个木星卫星的发现者，也不是那个虽然较晚但是较好地观测太阳黑子的人，而是如今完全融入宫廷哲学家角色的思想者、讲述者和论辩者。在他此前发表的作品中，没有一部像《试金天平》这般冗长和充满科学哲学思想——而且在上述作品中，他都没有在实质问题上犯过如此严重的错误。

开普勒反对伽利略

1624 年 10 月，开普勒在维也纳皇宫内一次较长的停留期间看到了这本书。他阅读本文的态度与教宗不同。这不只是因为他亲自观测了彗星。开普勒肯定觉得自己也受到了《试金天平》的攻击。他本人的研究主要依据第谷的观测数据，故而伽利略在论战中反对第谷也有损开普勒的威信。

开普勒说，他虽然不想卷入与格拉西的争论，但他不能不理会伽利略在第谷问题上的立场：他不想造成一种印象，即他不愿意为第谷辩护。他在一部 1625 年出版的作品的附录中逐一这么做了。

无须赘言，第谷的模型和托勒密与哥白尼的模型一样，都是完整的宇宙体系。在其《新天文学》中，开普勒详细阐述道，三者都符合观测结果。如果用伽利略的标准衡量哥白尼，就必须认为后者早已不具备原创性，因为在哥

白尼之前很久，阿里斯塔克①就提出了日心说的
理论。

对于伽利略来说，批评欧洲各地测算彗星
方位的结果不能相互匹配，这也不是一概拒绝
包括第谷在内的所有观测的理由。伽利略自己
很清楚如何从赝品中分辨出真金白银。他也知
道，在第谷观测时所怀的极大责任心和其他许
多人对于这项艰巨任务的惰性之间，存在着天
壤之别。谁能如此放肆地在这个问题上将其他
任意一位数学家和第谷相提并论呢？第谷本人
没有指摘过别人的观测，但在挑选最佳观测数
据时，他对自己和别人的标准是一视同仁的。

开普勒认为，伽利略肯定是在论战中过于
激动，才对第谷做出如此评价。他甚至带有一
些讽刺地为伽利略辩解说，后者不是出于对第
谷权威性的嫉妒才这么做的。他还顺便提到了
他自己被点名引用的个别章节。

伽利略在《试金天平》中的一个地方把他

---

① Aristarchus（约前310~约前230年），古希腊天文学家，
著有《论日月的大小和距离》，是已知最早提出日心说
的人。

的德意志同行称为一位"既聪明、有教养，又直爽和正派"的人，然而立刻就让后者为自己的意图服务。开普勒难以接受伽利略提出的彗星是光在地球升腾水汽上的映像的说法。可正是在这件事上，伽利略把他列为证人。伽利略在此错误地引用了他，开普勒写道。

早在几年前写给雷默·奎塔诺的信中，开普勒就指出，彗星和群星一起上升和下降，而且从不同国家望去，都可以在天空的相同位置看到它。当时他已在思考，这如何才能符合伽利略的假设。伽利略一直没有说明，其理论中彗星的样子是如何随着太阳的位置而变化的。

开普勒向他提出了自己对于彗星性质的观点，并把它的头部描述为球状的浓雾。那根尾巴则是"从头部散发出来的，被太阳光赶向背离它的一侧。由于这股离散流，头部本身将会逐渐耗尽，使得尾巴仿佛就意味着头部的终结"。这听上去颇为现代。不过，开普勒没有考虑到，彗星在多次绕行太阳之后才会以这种方式消散。他以为它要短命得多。

他针对伽利略的口气是礼貌、幽默、在许

多地方表示出认可的。他赞扬了他由于计算精巧而得到普遍推荐并受到哲学学生追捧的书。尽管如此，开普勒的解读毕竟是他第一次和唯一一次明确地批评他在哥白尼问题上的同道之人。

伽利略的撤退

很快，从罗马、切塞纳①、博洛尼亚和威尼斯寄来的不少信件向伽利略谈到了皇帝御用数学家的不同意见。当然，他不会对这种批评无动于衷。

1626 年 1 月 17 日，他向博洛尼亚的切萨雷·马尔西里②写道，说实话，他很不理解开普勒的文章，但不知原因是在于他自己理解力不足，还是在于作者的风格夸张。"在我看来，因为他无法抵挡我对他的第谷的进攻，他只好通过写一些别人看不懂、也许他自己都看不懂的东西救急。"这是伽利略在类似情况下的惯用

---

① Cesena，意大利中东部的古城，位于里米尼西北 30 千米。
② Cesare Marsili（1592~1633 年），意大利学者。

说辞。

他在短短 14 天后宣布："在我的对话中，我会有足够的空间防守开普勒毫无根据的异议。"3 月 28 日，他致信马尔西里，觉得自己不得不回应开普勒的附件，这是为了双方的名声着想。驳倒开普勒的论据并非难事，他只是还不知道该用什么方式发布他的回应。他在 4 月 25 日依然不知道。4 月 27 日，他向马尔西里致歉说，他被各类事务牵绊，还得晚一点回应。等到 7 月 17 日他再次致信马尔西里时，此事不是像之前那样出现在信的开头，而是在末尾。他又一次对推迟表态表示遗憾。直到 8 月，这件事似乎才被忘得差不多了，使得他可以不动声色地略过它。

上述文件见证了一次拖延和撤退。几个月来，伽利略一直受到向开普勒应战的压力。正如他在彗星之争中的其他行为，他抵触的姿态为阿尔伯特·爱因斯坦的精辟归纳提供了一个范例："如果一名科学家自己犯了错误，他就是一株含羞草；如果他发现了别人的错误，他就是一头咆哮的狮子。"

伽利略在他的宣传文章中使用的修辞武器这回失灵了。这些手段无助于反驳开普勒的批评。由于伽利略自己关于彗星的假说基础不牢，以及他无法用观测数据加以证明，他说话就越来越谨小慎微。

在他已经开始创作哥白尼主义的《对话》期间，开普勒的批评至少有一阵让他感到不快。15 年前把他捧上天的皇帝御用数学家最后难道会成为他的对手？1627 年 8 月，伽利略再次寄给他一封信：为一位年轻人写的正式推荐信。这是在试图恢复联系吗？

又被逐出林茨

开普勒此时已经离开了上奥地利。在蒂利和瓦伦斯坦的率领下，皇帝的雇佣军在短短几年内就控制了几乎整个帝国疆域。斐迪南二世达到了其权力的巅峰，他想要使出全力逆转历史的巨轮。他下令，自 1555 年《奥格斯堡宗教和约》以来所有被世俗化的教产都必须归还天主教会。

对于帝国内的新教徒而言，这是昏暗的岁

月。林茨的非天主教徒受到欺侮，并被驱逐出城。始终致力于宗教和解的开普勒再次被夹在了两个阵营之间。

最后，他仍旧在林茨开始印制自己编纂了25年的《鲁道夫星表》。为了筹集到至少一部分印刷经费，他在德意志奔波了好几个月。接着，当上奥地利全境的农民于1626年春天发动起义并攻打林茨时，印刷厂被焚毁了。难道所有的努力都要付诸东流了吗？哪里还能以剩余的资金找到一家印刷厂，让他完成第谷·布拉赫的毕生巨作？"我应该选择一处怎样的地方，是已经被毁掉的，还是正在被毁掉的？"面对绝望的局势，他问自己。

开普勒再也无法找到稳定的家园。他把自己的家人重新迁往雷根斯堡，紧接着前往乌尔姆，在那里以自我牺牲为代价完成他最后的天文学著作。它或许是"和约不再遥远的吉兆"，他在给皇帝的献词中写道。

《鲁道夫星表》将成为接下来100年内为科学界量身打造的星表。其中包含大约1000颗恒星的数据，它的可靠性将为哥白尼体系获得承认——这是开普勒一生的追求——做出重要贡献。但是战争的进程却未能如开普勒所愿，而是进入了一个残酷得无法形容的新阶段。马格德堡等城市在遭到破坏之后，除了一片瓦砾，什么都没有留下。

分裂的天空

对伽利略的审判与近代宇宙观的诞生

突然间，天空为我所独有：9000 颗恒星，比肉眼在晴朗的夜空中所能看到的还要多。在我面前是一个遍布着蓝色和红色按钮的控制台。我有些犹豫地用一个调光器调出了月亮，然后调出了巴洛克风格的星座。当星空如旋转木马一般徐徐呈现在圆顶室里的时候，柏林天文馆馆长约亨·罗泽（Jochen Rose）正在门口用手机打电话。东方不断出现新的星辰和星座，它们亘古以来夜复一夜地做着回归运动。

整片天穹散落着那么多恒星，而圆顶上的几颗行星沿着一条狭窄的地带——黄道运转。

它是行星的运行轨道，罗泽在回到控制台时说道。组成这条黄道的星座流传自古典时代：白羊座、金牛座、双子座、巨蟹座、狮子座、室女座、天秤座、天蝎座、人马座、摩羯座、宝瓶座和双鱼座[①]。它们构成了太阳和行星运动的舞台布景。

如果加速播放，它们就会飞快地掠过圆顶。在观察者看来，整个场景会佯装出两种不同的形态：一是他居于宇宙的中心，一切都围绕着他所在的点转动；二是所有天体极富规律地一次次回归，原因是它们在圆形轨道上奔跑。难以发现的是，上述两者都只不过是错觉。

在我们灯火通明的城市里，恒星和行星的闪烁被隐没了。但在天文馆里，人们得以又一次理解，对宇宙的认识如何以及为何在近代的门槛上发生了如此根本的转变。

---

① 实际上，黄道星座共有 13 个，天蝎座和人马座之间还有蛇夫座，各个星座的面积和形状千差万别。为便于描述，黄道被等分成 12 个各宽 30 度的抽象区域，称为"黄道十二宫"，并以上述 12 星座命名每个"宫"。

宇宙的四重奏

人造星空使人们可以随意地倒转时间之轮。比如退回到 1577 年 11 月 13 日：这天，当太阳快要落山时，30 岁的第谷·布拉赫站在他在丹麦汶岛的一个池塘边，为准备晚餐而垂钓。突然，他发现西边的夜空——在射手座的头部上方——出现了一颗格外明亮的星星。随着夜色逐渐深沉，这颗星变得越来越大，显现出一颗彗星的形状。它长而微曲的尾巴指向摩羯座。

有好几个星期，整个欧洲都可以望见这颗彗星。在南德意志的莱昂贝格，还不到 6 岁的约翰内斯·开普勒与他的母亲登上一座丘陵，他惊奇地注视着这颗长尾星和所谓的灾星。在佛罗伦萨附近的瓦隆布罗萨修道院内，13 岁的学生伽利略·伽利雷也目睹了这一幕令人难忘的天空奇观。

第谷断定，彗星是横越过众行星的。如果像当时普遍认为的那样，宇宙中存在承载着行星的水晶球壳，彗星就会在其轨道上撞穿它。第谷只需要进行少量精确测算，就能摧毁关于宇宙是像洋葱一样的同心水晶球的古老观念。

尽管如此，他还是抱有幻想，认为所有行星在运行时画出的都是圆形轨道。另外，第谷直到其生命的尽头始终坚信地球是宇宙的中心。他虽然认识到哥白尼的宇宙模型具有许多优点，但是没有参与最终也最关键的视角转换。按照他的观点，日常经验和物理学思考尤其无法接受地球的运动。

他的学生，那个来自南德意志的近视男孩，重新整理了第谷的观测数据。开普勒成为首个解决极其复杂的数学问题并算出行星的"真正"运动的科学家。据此，我们这些在天文馆里观看星辰胜景的人是在围绕太阳运动的地球上漫游，且不是沿着圆形轨道，而是像全体行星一样沿着一条椭圆的路径。

开普勒还对天体运动的原因提出了一种新解释。他所说的不是水晶天球，而是太阳系内部的吸引力。这样，他就率先认识到现代引力理论的一项重要思想。然而，他未能彻底驳倒第谷在物理层面对地球运动和哥白尼体系的异议。

正是在这里，伽利略有些迟延地开始阐述

他对宇宙结构的认识。他在晚期的宇宙学著作中才解释，为什么我们感觉不到地球的运动，为什么地球急速旋转和绕日飞行没有在我们身边持续形成一股呼呼作响的逆风。他用一种新式物理学为新的哥白尼天文学提供了依据。

不过，伽利略的研究并不是对开普勒的那些研究的补充——它甚至与后者相抵触。他用以支撑哥白尼宇宙观的物理学思考无法与开普勒的椭圆理论彼此兼容。对伽利略来说，星辰运动的自然轨道仍是圆周。

回首望去，第谷在哥白尼之后依然坚持地心说，以及伽利略在开普勒之后仍然赞成圆形轨道，这貌似是一番时空错乱。但这样的比较只是表明，科研不是笔直向前迈进的。基于单个科学家提出的具体问题，既有材料总是会以令人惊讶的方式不断组成新的模型。

知识不是被简单聚集起来的，而是会形成具有独特优点和缺点的不同理论。即使是后来获得证实的设想，一开始也具备纯粹假说的特征。它们必须证明自己，赢得认同。从这个角

度来说，16~17 世纪的变革时期特别活跃。围绕
突然产生的、异于古老观念的新世界观的争论
进行得格外激烈。

科学界的代际更替

1616 年反对哥白尼的教令没有终止这场辩
论。伽利略的研究虽然因此陷入了停滞，但在
新任教宗当选之后，他立刻重新燃起对雄心勃
勃的哥白尼工程的希望。他现在打算最终为自
己的毕生杰作画上圆满的句号。

为此，伽利略选择了三人对话的文学形式。
其中，除了他多年的好友菲利波·萨尔维亚蒂
和乔瓦尼·弗朗切斯科·萨格雷多以外，另一
位参加谈话者是虚构的人物：辛普利西奥 ①，这
是对一位经院哲学家和亚里士多德主义者的讽
刺。所有反对哥白尼体系的论据都被记在了这
个头脑简单的家伙的名下，他必须一点一滴地
把它们收回去。作者本人站在幕后，使他自己

① Simlicio，得名于奇里乞亚的辛普利西乌斯（Simplicius，
约 490~约 560 年），他是最后一位重要的异教哲学家和
亚里士多德的注释者，曾受到东罗马帝国皇帝查士丁
尼的迫害而流亡波斯。

的观点明明白白地表达出来——考虑到罗马方面的禁令，这是一场冒险。

1629 年秋天，伽利略向巴黎的埃利亚·狄奥达蒂[①]写道，他在三年之后终于重新开始撰写《对话》。如果他在这个冬天安然无恙，他就能在上帝的庇佑下完成这部作品。他向笔友保证说，第谷和其他人用以反对哥白尼的所有证据都是站不住脚的。

站不住脚？第谷对行星位置测量的准确性被认为在整个天文史上都遥遥领先。不过，伽利略丝毫不打算用观测数据逐一重建行星运行轨道。在他看来，这项刻板的工作是在效仿第谷和开普勒。65 岁的美第奇宫廷哲学家要走另一条道路。他想要打造出能够成为宇宙构造依据的物理学原理。

为此，他不需要《鲁道夫星表》。当开普勒为科学界准备的大型数据库登陆意大利时，伽利略立刻就把它转给了自己的门徒博纳文图

---

① Elia Diodati（1576~1661 年），生于日内瓦，在巴黎担任律师。1620 年，他在赴意大利旅行期间结识伽利略，与后者长期通信并积极传播其学说，被伽利略称为"我最珍贵和真正的朋友"。

拉·卡瓦列里①，后者是一位年轻的数学家，伽利略推荐他在博洛尼亚担任教授。星表在他的手里发挥了积极作用。卡瓦列里研究了星表和开普勒的教科书。不久，他就在教学内容中加入了开普勒的行星运动定律。他告诉导师伽利略："我以四位最重要的作者，也就是托勒密、哥白尼、第谷和开普勒的视角讲授行星理论。"

此时，多数欧洲数学家罗列出相同的重要天文学家名单，以便阐明形形色色关于宇宙构造的假说。伽利略却自视为哥白尼唯一合法的继承者和天文学的革新者。"发现所有新天象的使命不属于其他任何人"，而只属于他一个人。

相应地，他的大作——其标题在卡瓦列里来信后几个月还需按照教宗的愿望再次修改——名为《关于托勒密和哥白尼两大世界体系的对话》，而当代最伟大的两位天文学家——第谷和开普勒的理论在其中没有出现。他们直接被伽利略忽略了。

---

① Bonaventura Cavalieri（1598~1647年），意大利神学家和数学家，博洛尼亚大学教授。他提出了解决无穷小问题的"不可分原理"，为微积分的创立做出了重要贡献。

就在伽利略出版《对话》的同时，卡瓦列里发表了一本完全不同的书。这是一本关于圆锥曲线的专业书籍，它介绍了这种数学图形，包括伽利略在帕多瓦研究过的抛物线和开普勒的椭圆。在两位科学家的著作的激励下，卡瓦列里总结了他们在数学层面的知识。他这次说得更加明白：开普勒"通过在《新天文学》和《概要》中展示关于行星绕日运动的轨道不是圆形而是椭圆的确切证据，将最高贵的地位赋予了圆锥曲线。"

这段话说得非常明确！开普勒的教科书让年轻的数学家看到，椭圆轨道能够为整个天文学带来极大的便利。为什么伽利略不愿意迈出这一步呢？

他也曾仔细研究过圆锥曲线。在分析炮弹的飞行曲线时，他深入挖掘了椭圆、抛物线和双曲线的数学性质。尽管如此，伽利略从一开始就没有用卡瓦列里不抱成见的眼光看待开普勒的椭圆。他被困在了他的傲慢和信念所编织的金笼子里。

正圆还是椭圆？

哲学之书是用数学语言写就的，伽利略如是说，开普勒也如此认为。伽利略首先借助数学描述落体运动和抛体运动等地面上的过程。此时，他需要排除空气阻力和摩擦力的影响。仅凭观察，物理学家伽利略无法获得准确的结果。

比如说，一名炮手永远不会把炮弹的飞行轨迹描述为抛物线。伽利略在帕多瓦的时候却算出了这样一条轨道。他的数学飞行曲线是两个运动的产物：一个水平运动和一个垂直运动。在伽利略看来，假如没有干扰因素的话，炮弹就会一直向前飞，它的水平运动不会停止，而将围绕地心画出一个圆。但干扰因素偏偏存在：以重力的形式存在。它迫使炮弹做一个加速向下的运动。这两种成分共同构成了抛物线状的飞行曲线。

行星的情况有所不同。伽利略设想它们的运动是不受干扰的循环。因为他把圆周运动理解成一种不需要持续的力的作用的状态，这能够以最佳方式嵌入一个永恒的宇宙秩序。因此，坚持这番简化就绝对说得通，哲学家卡尔·波普尔①评论道。谁要是看不到这一点，就会误解伽利略的历史境遇。

伽利略把从他的力学中得到的结果投射到天上，并与天文学家的观测数据保持了距离。反过来，开普勒相信数学规律在宇宙中完全适用。地球上或许是一片混乱，而天上存在着在他看来完美的秩序。因此，他想要如实地描述世界：从第谷·布拉赫精确的天文测量数据出发。正是这些数据才使得他用唯一"完美的"椭圆取代了天上的各种圆形。数学的全貌由此变得简单，但要求一种未知的吸引力发挥作用。

开普勒的天体物理与伽利略的物理学思想截然不同。对于意大利人来说，所有关于吸引力的猜想都是多余的，开普勒的椭圆轨道无非是必须赶走的妖孽。当他第一次面对它们的时候，他已经把圆形轨道确定为其运动理论的

① Karl Popper（1902~1994年），奥地利犹太哲学家，后加入英国籍，成为皇家学会会士并被封为爵士。批判理性主义的创始人，著有《开放社会及其敌人》《科学发现的逻辑》等。

基本元素。至于深究和改进他的"圆周惯性定律",将要留给卡瓦列里和其他更年轻的科学家完成。

"一项新的科学真理通常不会以其对手被说服并宣布接受教育的方式获得普遍承认,"物理学家马克斯·普朗克如是说,"而是以对手逐渐逝去,新生代从一开始就熟悉这项真理的方式。"

上帝的伟力一掷

伽利略把行星的圆形轨道引入其《对话》中的手法值得注意。他在开头的几段话里就提醒读者说,宇宙大厦的基础肯定是不可动摇的。谁想要理解宇宙的结构,就不能盲信亚里士多德的权威。因为此处有迹象表明,"他有意和我们耍花招,即按照现成的建筑调整建造方案,而不是根据方案的规程搭建建筑"。

伽利略向其读者打出的牌贴着"宇宙①"的标签。这一概念源自宇宙中存在的最高秩序。

萨尔维亚蒂说:"在确定这一原则之后,就

---

① 德文"Kosmos",来源于希腊语,本意为"秩序、和谐"。

很容易得出结论，如果宇宙的大部分基于其性质在运动的话，它们的运动就不可能是直线或者除圆形以外的其他形式。原因很简单，也显而易见。因为直线运动的物体会改变位置，且随着运动的进行越来越远离出发点和所有在运动过程中经过的点。如果现在一个物体被天然地赋予这种运动，那么它从一开始就不在它的自然位置，结果是宇宙各部分的整体安排不够完美。"

伽利略刚刚发动了针对亚里士多德的论战，继而他就运用了非常相似的形而上学概念。艺术史家埃尔文·潘诺夫斯基[①]猜测，这些段落也体现出伽利略的审美。伽利略不只是科学家，人们在佛罗伦萨还尊称他为艺术批评家。按照潘诺夫斯基的说法，他的艺术观念，特别是他对纯粹主义和古典主义的偏好是同他的科学思想分不开的：只有圆形轨道配得上天体，而开普勒的椭圆不过是一种扭曲的圆。

[①] Erwin Panofsky（1892~1968 年），美籍德裔犹太人，图像学家，曾任教于汉堡大学和普林斯顿高等研究院。

伽利略对创世的想象大致如下：上帝从一个点释放全部行星，使它们落入宇宙。它们最初在笔直的轨道上飞行，在达到各自的速度之后转为围绕太阳做永恒的圆周运动。

为了论证上帝伟力一掷的假设，伽利略提出运用数学方法。他计算了作为一切之开端的那个点，其间发现它很好地符合观测情况。不过，他没有透露计算的具体结果。

但是，他的指引足以让其身后包括艾萨克·牛顿在内的几代科学家检验初始坠落模型。它至少可以解释，为什么距离太阳较近的内侧行星——金星和水星的速度远高于外侧的木星和土星：它们从创世起点出发、通往目的地的初始坠落轨道更长，按照伽利略的落体定律，这些行星的加速经过了一个更长的距离。

晚近的历史学家查找了伽利略的计算，并果真在他的文件中找到了它。在一份保留于佛罗伦萨的手稿中，绘有记录着行星与太阳的距离及其各自运行速度的图和表格。它们产生于1597年至1603年之间。

"伽利略为此使用的数据取自开普勒的《宇宙的奥秘》"，科学史家约亨·布特纳[1]表示。但是，当开普勒在《宇宙的奥秘》中思考上帝创世的一种几何学方案时，伽利略想的却是一种物理学的创世壮举。布特纳重新进行了后者的计算，认为伽利略绝对无法从经验上证明他的假说。假想的行星坠落轨迹不能追溯到一个共同的起点。所谓的"很好地符合"也不见踪影。然而对于伽利略来说，这不是放弃他的美妙模型的理由。

两位学者，两种思想

这个小例子说明，伽利略从一开始通信起就注意到了开普勒的研究工作。他肯定收集了开普勒的全部作品，后者是他的一个重要的灵感源泉：他有时引用一项数据，有时又为了解释约书亚的神迹——"日头啊，停下吧！"——而援引关于太阳推动力的理论。甚至开普勒算出的、与伽利略的天空圆周运动根本不符的彗

---

① Jochen Büttner，德国物理学家，柏林马克斯·普朗克科学史研究所和柏林机器学习中心研究员。

星直线轨道也提供了另外一种注解：伽利略干脆把直线轨道搬到地球大气层里，猜测说彗星是大气中的发光现象。

每当他援引开普勒的观点和构想，他都会将其置于一个新的背景之下。他总是从中得出某些属于自己的结论。他在 1634 年 11 月向一位笔友写道，他一直很欣赏开普勒独立而机敏的理解力。"只是我思考的方式与他大不相同。"或许他们有时写的是同一件事情，为一种真实的自然现象给出同一个真实的原因，伽利略说道。"但是这从来没有与我的想法达成百分之一的契合。"

这是伽利略谈到他对开普勒的敬意以及他们不同的思考方式的唯一书信。他的结论令人意外。如果用今天的视角审视这两位科学家，首先会注意到他们一致认同哥白尼的基本信念：两人都支持一种新的世界观——这让其他一切都退居次席。

正因为如此，开普勒才对伽利略抱有好感，后者却唯独强调他们的分歧。按照他的总结，他们的见解差异是如此之大，以至他自己的物理学基础和开普勒的天穹在任何地方都不能真正融合。如此说来，哥白尼的"那个"理论在17世纪初就已经不复存在，它发散成了科学家不同视角下的不同模型。

伽利略的新物理学

伽利略的《对话》是一本完全不同于开普勒的《新天文学》的书，这不只是出于上述原因。伽利略写的不是笨拙而学究气的拉丁文，而是一种美妙的意大利文。他几乎没有使用数据和复杂的数学知识，而是用图画和比喻转写了他的知识。开普勒在其作品中探讨最宏大的宇宙理论，并在各种模型之间来回切换，伽利略的《对话》则拥有一条清晰的叙述线索。

这本书是一部文学杰作，也是针对一位虚构对手的周密反驳。伽利略从一开始就把圆形轨道宣布为天体的自然运动，以此避免与意气相投的科学家开普勒进行辩论。之后，他就选择了一个完全不同的方向。

伽利略想要通过他的《对话》解释清楚，为什么我们既不能感觉到地球绕轴自转，也不能以任何方式感觉到它的运行。阿尔伯特·爱因斯坦认为："正是在与这一问题的角力上，伽利略的原创性表现得特别令人钦佩。"

第谷·布拉赫明确排除了地球的自转。他还试图借助亚里士多德的物理学驳斥哥白尼的学说：如果地球会旋转，从一座高塔上坠下的石头就不可能落在塔脚下。在此过程中，地球将在石头的下方转动，石头则会落在后面。

伽利略对这项实验的解读与他的前人完全不同。他不像亚里士多德那样认为自由落体是单一运动，而是合成运动：只要石头静止在塔尖上，它就会以与塔相同的速度加入地球的旋转。即使它被释放而下落，它也会保持这一速度。所以，它在下落过程中丝毫不会远离该塔。在其《对话》中的第二天，伽利略以一艘船舶的航行为例阐述了合成运动。

萨尔维亚蒂："您和一位朋友身处一艘大船甲板下方的一个尽可能大的房间里。请您在那里弄些蚊子、蝴蝶和类似会飞的动物；再准备一个装有水和小鱼的容器；在那上方挂一只小桶，使它往下方的第二个细颈容器里一滴滴地注水。现在仔细观察，在船舶静止的情况下，会飞的小动物是如何按照原有的速度在房间里飞来飞去的。我们将会看到，鱼儿们没有任何差别地朝各个方向游动；下落的水滴都将流入下方的容器……"

所有这些情况都得仔细看清楚。并且注意，如果船开始航行，将会发生什么。"您将——如果运动是恒定而非来回摇晃的话——不会看到上述现象出现任何最微小的变化。您从中根本无法判断，船究竟是处于运动还是静止。"

这同样适用于一块被人从船桅上释放的石头。不管船是在抛锚停泊还是匀速运动，这块石头都会落在桅杆脚下。就算没有做过这项实验，伽利略也确信结果将会如此。

法国人皮埃尔·伽桑狄在几年后进行了实物实验。他真的让一块石头从法国舰队一艘快速行驶的橹舰的桅杆上落下。当时，这类桨帆船可以达到每小时 18 千米的瞬时速度，也就是约每秒 5 米。根据亚里士多德的传统运动学说，从 15 米或 20 米高处坠落的石块肯定会落在靠后几米的位置。伽桑狄的实验明确支持伽利略的观点，而不符合原先的理论。

这个理论是开普勒及其多数同时代者从未认真怀疑过的。尽管开普勒对行星的运动进行了正确的数学描述，非常前卫地提出了物理的吸引力，他的思考仍然没有脱离亚里士多德的旧式范畴。在他看来，每一次运动都需要以一个力作为前提，而速度与作用力保持固定的比例。

伽利略率先颠覆了亚里士多德的物理学：得以持续的不仅是静止，还有速度不变的运动。只要开始前进，就会自发地继续下去。唯有速度的改变，也就是加速或者减速，才需要力的参与。伽利略的物理学为一种对自然的新式数学描述铺平了道路。

在教宗暂时的庇护下

然而，从落体实验中还无法断定，地球是否真的在转动，哥白尼体系是否正确。二者皆有可能。《对话》的这样一种开放式结尾非常符合教宗的意见。伽利略已经在他的《试金天平》

开普勒为他的《鲁道夫星表》设计的天文学神殿。喜帕恰斯、托勒密、哥白尼和第谷·布拉赫构成了支柱，而开普勒为自己选择了一个坐在左下方基座上的谦卑位置。

中谈到过上帝创世的高深莫测，此处是又一个例证。

1630 年春天，伽利略同乌尔班八世谈起他的《对话》即将付梓之事。教宗向他释放了积极信号，甚至答应赐予他一份丰厚的养老金。与伽利略一样，教宗也自视为知识分子，两个人都出身于佛罗伦萨望族。

不过，教宗还需要处理好与罗马众多贵族的关系。马菲奥·巴贝里尼为此采取了典型的做法：他在继位后任命他的侄子们为枢机主教，任命他的朋友们为高级教士，并以艺术家和伽利略等科学家的赞助者身份示人。

乌尔班八世的最大雄心体现在建筑工程上。他用刻有其蜜蜂图案的家徽的石板铺满了罗马城。这座圣城的建筑风格经历了一次洗脑般的巨变，教宗把大斗兽场当作采石场，并让人剥下了万神殿顶部残存的青铜涂层。直到今天，罗马人还在这么说他："野蛮人没有做到的，巴贝里尼做到了。"

乌尔班八世不是像前两任教宗那样全力推进反宗教改革运动并支持皇帝斐迪南二世同新

教徒作战，而是主要关心其家族的利益。因此，他在任内受到越来越大的压力。

人们批评他在曼图瓦公国继承人之争的问题上犯了特别严重的错误。教宗在这场棘手的冲突中选择与法国结盟而反对西班牙哈布斯堡一方。教会的最高掌门人不愿看到已经在意大利占据压倒优势的西班牙人继续做大。

发生于意大利北部的战事牵制了皇帝的相当一部分兵力。它的最高统帅瓦伦斯坦对皇帝不满，于 1630 年 8 月被解职。就在这时，瑞典国王古斯塔夫·阿道夫从北方入侵德意志。他的炮兵部队扭转了天主教阵营看起来几乎已稳操胜券的三十年战争的形势。

开普勒之死

开普勒从 1628 年起为瓦伦斯坦效力。编制出《鲁道夫星表》之后，他觉得自己完成了作为御用数学家最重要的使命——尽管没有人真正为此向他支付过报酬。皇帝一共欠他 11817 古尔登。这笔钱是"在 30 年间挣得的"，但开普勒和他的继承人将永远都得不到。皇帝陛下按照惯常的做法将这笔欠款转嫁他者，比如像纽伦堡这样已经被水涨船高的军费压榨得不堪重负的城市。

开普勒在化作瓦砾的德意志土地上徒劳地讨债。在此过程中，他遇到了笃信星相的瓦伦斯坦，后者在偏远的萨根①——西里西亚的一座省城给他提供了一个有利可图的职位。据说，瓦伦斯坦打算在那里开设一所大学。他甚至为开普勒准备了一台属于自己的印刷机和采购纸张的费用。

搬家之后不久，瓦伦斯坦被解职的消息就令开普勒大吃一惊。或许是出于对其家庭未来的担心，58 岁的开普勒于 1630 年秋天踏上了他的最后一趟旅程。就在伽利略对他的《对话》——开普勒将是最有资格批判这本书的人——做最后的修改时，开普勒骑着一匹老马从萨根经过纽伦堡前往雷根斯堡。这位数学家想在那里临近尾声的诸侯会议上追讨他的债。

1630 年 11 月 2 日，开普勒经过长达 600 公

① 波兰文"Żagań"，德语"Sagan"，在今波兰卢布斯卡省，历史上是萨根公国的首府。

里的旅途，疲惫地到达了雷根斯堡。他在一位朋友的家中落脚。三天后，他开始发烧，而且越来越严重。他陷入昏迷，于 11 月 15 日去世，家人都不在身边。

四天后，他以路德宗信徒的身份被埋葬在城墙之外，那片墓地连同坟墓都在接下来的战争中遭到了毁坏。确切保留下来的只有在朴素的墓碑上由他自己定的铭文，从拉丁文翻译过来是："我曾经探究天宇，而今丈量地之幽深；天空赐予我灵魂，肉身现如幻影无存。"

一场法律困局

1630~1631 年的冬天，黑死病在意大利肆虐。佛罗伦萨采取了隔离措施，数千人沦为瘟疫的牺牲品。伽利略也被关在他的乡间别墅里。想到自己可能会死在其《对话》出版之前，这位 67 岁的数学家感到忐忑不安。

时间没有站在他这一边。他的视力变得越来越差，而且他在罗马最重要的赞助人费德里科·塞西侯爵也在前一年夏天离世。现在，伽利略打算尽快在佛罗伦萨将《对话》出版，而不是在罗马。不过，这部作品需要通过教会的事前审查，该程序却陷入了令人心焦的困局。

每个人都听说过反对哥白尼的教令以及伽利略与罗马一些耶稣会数学家之间日益公开化的敌意，但大家也知道伽利略与教宗的关系不错。

乌尔班八世打算亲自解决这件事。他不是让它履行正常程序，而是试图绕过诸如宗教法庭和禁书审定院等机关。与此同时，他却没有亲自审阅伽利略的手稿，而是把颁发出版许可的主要职责推给了教宗府总管① 尼科洛·里卡蒂②。

事情非常纠结。里卡蒂本人是伽利略的崇拜者，但他肯定意识到，伽利略在其书中不只是假设地谈到了哥白尼，而是试图证明只有地球在运动才能解释为何潮起潮落始终交替发生。伽利略认为，大海的来回晃动是对哥白尼理论

---

① 拉丁文 "Magister sacri palatii"，通常由多明我会修士担任，最初是教宗侍从和枢机主教的老师，16 世纪起主持编制《禁书目录》，1968 年改称 "教宗府神学家"。
② Niccolò Riccardi（1585~1639 年），意大利多明我会修士，1629 年被任命为教宗府总管。

的一项清晰证明。因此，他一开始想把这本书命名为《关于潮汐涨落的对话》。教宗不同意这个标题。他完全无法接受伽利略如此直白地支持哥白尼的主张。

里卡蒂进退两难。另外，伽利略也不想再等待获得批准了。鉴于几个月以来都没有收到罗马方面的回复，他请托斯卡纳大公出面干预。于是，托斯卡纳驻罗马大使开始不断向里卡蒂施压，直到他最终让步。

不过，他这么做有一个条件，即伽利略在前言和后记中写明，仅仅打算把哥白尼的理论主张为假说。1631 年 7 月，他给伽利略寄去一份相应的前言，并要求必须在书的结尾再次使用与开头相同的论据。之后，里卡蒂就把违心的责任推给了佛罗伦萨的宗教裁判官，后者还不如他了解教宗的想法。

定罪

1632 年初，伽利略截至当时最伟大的著作在佛罗伦萨出版了。就在此时，梵蒂冈发生了一起轰动事件：西班牙反对派领袖、枢机主教波吉亚^①猛烈抨击乌尔班八世为反对新教徒的斗争所提供的支持不够。他批评教宗要么没有意愿、要么没有能力捍卫天主教会的利益。在场的枢机主教陷入了混乱，瑞士近卫队不得不赶来维持秩序，以免大打出手。

事件发生后，乌尔班八世一怒之下退入了他的府邸——富丽堂皇的冈铎尔弗城堡^②，那是他下令在罗马城外为自己修建的。由于担心遇刺，他一开始不接见任何人，他怀疑阴谋无处不在，并解雇了他的秘书、伽利略的重要支持者乔瓦尼·齐安波利^③等高级官员。

忽然间，天主教阵营的危机在欧洲许多地方影响了个人的命运。瑞典国王古斯塔夫·阿

① Gaspar de Borja y Velasco（1580~1645年），西班牙贵族，教宗亚历山大六世的六世孙，1611年成为枢机主教，当时是西班牙驻教廷大使。由于乌尔班八世的亲法政策违背西班牙利益，他在1632年3月8日的枢机主教会议上发起攻击，威胁将其废黜。同年，乌尔班八世把他封为塞维利亚大主教，将其支离罗马。

② Castel Gandolfo，位于罗马东南25千米的丘陵上，俯瞰阿尔巴诺火山湖。城堡从1596年起归教宗所有，乌尔班八世任内建造了夏宫。

③ Giovanni Ciampoli（1589~1643年），佛罗伦萨教士和人文主义者，1623年起担任乌尔班八世的管家，由于支持波吉亚而被免职。他与伽利略交好，曾加入猞猁学会，为《对话》通过审查发挥了积极影响。

道夫此时已经控制了阿尔卑斯山以北的几乎整个帝国疆域。1632 年春天，皇帝十万火急地把两年前解职的瓦伦斯坦召回到军队统帅的位置上。这位机智的战略家到来，看见，并在同一年就击败了瑞典 ①，而古斯塔夫·阿道夫阵亡——短短两年之后，皇帝就下令谋杀了对他来说变得过于强大的瓦伦斯坦。

在战争的旋涡中，就连乌尔班八世恐怕也难以保住权威。此前，从来没有枢机主教敢于明白无误地当面顶撞教宗，说他在罗马应当维护教会的利益，而不是其个人和家族的利益。从此，乌尔班八世转向了另一个路线。

就在他身处教宗任内的低谷时，他收到了伽利略刚刚出版的《对话》。他委托伽利略给这部作品赋予一个假设性的结论，最后应当以上帝的全知全能收尾。但是，伽利略偏偏把这段话交由三位谈话伙伴中最愚蠢的辛普利西奥说出。只需要旁人的几次暗示，就能使教宗相信，

---

① 此处化用恺撒的著名捷报"我来，我见，我征服"（Veni, vidi, vici）。事实上，瓦伦斯坦并没有击败瑞典军队，双方互有胜负。他主张防御，在基本遏止了瑞军的攻势之后倾向于和谈，结果被怀疑有二心。

这个辛普利西奥正是对他本人的讽刺。

乌尔班八世被激怒了。继齐安波利之后，伽利略竟然也敢如此！当托斯卡纳大使在一次觐见他的时候回答说，伽利略按规定接受了完整的审查程序时，乌尔班八世大发雷霆。就是这位原先表示在自己任内绝对不会出现反对哥白尼的教令的教宗，如今把伽利略的书称为对教会最严重的损害。其中的每一个词都必须严加审查。

接下来进行的宗教法庭审判至今仍是科学家、神学家和史学家所争论的话题。无论是对于审查失灵、裁判官看不懂作品内容的教会还是对于被告来说，这都不是光彩的一页。

伽利略不是科学的殉道者。他不仅没有在法庭上捍卫哥白尼的学说，甚至还背叛了它。1633年4月12日，他在第二次审讯时竟敢宣称，他打算在《对话》中驳斥哥白尼。只是因为过于激动和粗心大意，他才想出了特别有利于错误一方的论据——这显然是假话，是对法庭的嘲讽。

按照托斯卡纳大使的说法，伽利略在审讯结束之后感到"生不如死"。他犯了一个严重的错误。如今除了教宗，宗教法庭也觉得受到了欺骗。

在最终宣判之前又进行了两场审讯。1633年6月22日，69岁的伽利略被带到神庙遗址圣母堂①中一间简朴的房间里。当他跪下来接受判决的时候，有七位枢机主教在场。

伽利略被要求立刻公开收回他的异端邪说。书被查禁，他本人被判处终身监禁。接下来的三年之内，他每个星期必须诵读七篇《忏悔诗》。伽利略跪着宣读了为他准备的收回声明，并发誓放弃哥白尼的学说：他"真心实意地"憎恶自己的错误和异端行为。

传说不会就此打住，它还让科学家留下最后一句话——据说，他在起身的时候说道："可是它在运动！"伽利略足够聪明，知道此时应该沉默并完成教会要求他做的一切。

---

① Santa Maria sopra Minerva，建成于1370年的多明我会教堂，位于万神殿东侧，因建在古埃及女神伊西斯（对应古罗马女神密涅瓦）神庙遗址之上而得名，是罗马唯一的哥特式教堂。

返乡

几天后，他离开了圣城，心中充满绝望。托斯卡纳大使设法把他的监禁改为在大主教阿斯卡尼奥·皮科洛米尼①位于锡耶纳的宫殿里软禁。但是，伽利略诅咒了科学和他写的书。他在主教宫中彻夜无眠，高声呼号，脾气暴躁，以致皮科洛米尼考虑把他绑在床上，以免发生更糟糕的事情。

皮科洛米尼崇拜伽利略已有多年。他把这位被判有罪之人奉为上宾，通过邀请其他学者用餐、交谈或者让他参与诸如铸造一口新钟等当下的技术辩论等方式，努力使他重新鼓起勇气。渐渐地，感同身受的大主教成功将伽利略的思绪引回到科研上来，而且是伽利略在离开帕多瓦之后就搁置的那些实验和物质科学研究。

当时，伽利略发现了测量很短的时间间隔、记录快速的落体运动和飞行运动的惊人方法；

---

① Ascanio Piccolomini（1596~1671年），他的父亲是托斯卡纳大公科西莫二世·德·美第奇的老师。早年为枢机主教弗朗切斯科·巴贝里尼服务，1628年起担任锡耶纳大主教。

作为最早的研究者之一，他把机械作用数学化，并在他的实验室里进行了有针对性的实验。通过这种方式，他还发现了他所提出的运动定律。

由于望远镜和哥白尼的理论完全吸引了他的注意力，这些珍贵的结论和手稿多年来一直没有被公开。这位科学家被罗马教会定了罪，此时才开始在教会于锡耶纳为他提供的栖身之所写作其对于科学事业最为重要的作品:《关于力学的对谈》，即近代物理学最重要的基石之一。

半年后，伽利略获准返回他在佛罗伦萨附近的阿切特里的别墅。他将在那里以软禁的方式度过余生。尽管与宫廷的联系基本断绝，只能通过书信与其他学者保持联系，他还是以高龄完成了《对谈》。如果没有获罪的话，他是否还会及时撰写这部著作呢?

他身后的名声是以多种方式与那场宗教审判联系在一起的。伽利略经由定罪才真正升格为英雄。他的天才所面对的是天主教会——这个最强大和臆想中最黑暗的对手，它在几百年来被斥为科学的死敌。

这里有一个意想不到的情况：正是教宗使科学家免于蒙受最大的羞辱。伽利略相信能够用他的潮汐理论证明哥白尼体系。这番证明却不够严谨，所幸教宗坚持把最初的标题《关于潮汐涨落的对话》改掉。一本在封面上宣传错误主张的书籍恐怕难以在后世为伽利略赢得如此程度的赞誉。相反，在更换了题目之后，《关于托勒密和哥白尼两大世界体系的对话》被科学界高举为力挺哥白尼的著作，并被用于抨击教会的无知。

潮汐的洪流之中

伽利略直到《对话》的结尾部分才打出他的王牌。其中，他回顾了自己在潟湖之城威尼斯的时光，那里的街巷和广场在涨潮时总是被水淹没。自那时起，这一现象就让他费了许多脑筋。关于潮汐的成因，他以那些向威尼斯提供淡水的运输船为例进行解释。

萨尔维亚蒂："让我们想象一下，一艘这样的驳船以适当的速度穿过潟湖，平静地运输着它所装载的水。这时，它的速度明显降低，可能是因为它搁浅了，或者是遇到了什么障碍。接着，装在驳船里的水不是像其本身那样立刻失去既有动力，而是保持动力地向船头涌去；那里的水位会显著上升。"

伽利略完全正确地看出，海盆中的水也无法像结实的地球那样迅速地跟上速度的变化。水积聚的地方就出现了涨潮。但是这个加速度是由什么引起的？伽利略认为，该问题的答案能直接在哥白尼体系中找到：地球自西向东绕轴旋转，同时还继续沿着轨道绕太阳运动。伽利略有了一个新奇的主意，即这两个速度会在地球的远日侧叠加，而近日侧的水会对轨道速度和自转速度之差做出反应。他推想，这样就会在地球表面产生周期性的加速和减速现象。

伽利略试图仅用运动理论解释潮汐涨落——尽管他的模型很明显不符合经验事实。比方说，涨潮每天都会延迟 15 分钟，与月球每天推迟升起的时长相同——这清晰地提示了地球的卫星所施加的影响。这也是开普勒把潮汐归因于月球的吸引力的原因之一。伽利略的理论却没有对这一规律性的延迟做出解释。它与近乎所有已知的潮汐现象相矛盾。

"伽利略肯定注意到，根据他的理论，每天只应该出现一次涨潮和落潮，"物理学家恩斯特·马赫断定，"但他对困难视而不见。"海盆的复杂形态和水的固有振动使他有余地寻找相应的借口。

假如他曾经和开普勒就潮汐问题进行过辩论的话——后者早在 1597 年就想这么做，他们或许能一起接近答案。两人都发现了决定性的线索。直到艾萨克·牛顿才意识到，正是由开普勒引入太阳系的吸引力导致了伽利略所寻找的加速度。最后，阿尔伯特·爱因斯坦还将更进一步：他认识到万有引力和加速运动彼此等效，这是开启广义相对论的一把钥匙。

上述进步使人们思考，一场思想交流将会把近代科学的两位主角引向何方。如果伽利略提出他的运动学说，富有创造力且无惧复杂数学计算的开普勒会做何反应？

人们可以想象出美妙的辩论，就好像阿尔

伯特·爱因斯坦和尼尔斯·玻尔之间进行的、至今赋予科学界灵感的辩论。可是，历史的机遇稍纵即逝。取而代之的是伽利略采用了科学家在不愿危及自己脆弱的思想大厦，又根本无意讨论诸如引力、弯曲的时空或者黑洞等新点子时的一种常用手段：他们把其同行的观点说成是荒谬的。

萨尔维亚蒂说："在所有对这种奇特自然现象进行过思考的重要人物之中，我对开普勒比对其他任何人都更感到惊奇。他怎么能以其掌握地球运动学说的精妙思想和敏锐洞察，倾听和容忍诸如月球对水的控制、看不见的属性以及更加幼稚的事物？"

开普勒的"幼稚"

这是唯一流传下来的伽利略对开普勒的天体物理学的评论。关键词"幼稚"至今仍常被用来强化这两位科学家的对比。一边是冷静的观察者和实验者伽利略，另一边是狂热的理论家和形而上学者开普勒——他们之间的矛盾经常被归纳为这个简短的措辞，并被描述成无法弥合的。

阿尔伯特·爱因斯坦持有完全不同的观点。他强调了伽利略作品中的理论和经验的不可分性：“人们多次声称，就以经验和实验的方法取代推测和演绎的方法而言，伽利略是现代自然科学之父。但我认为，这个观点经不起进一步推敲。不包含对概念和体系的推测性建构的经验方法是不存在的；如果推想所使用的概念在进一步考察时没有显露出这些概念所由来的经验质料，则这样的推想也不存在。把经验和演绎的观点如此鲜明地对立起来，这具有误导性，绝不符合伽利略的情况。”

身处他们生涯中的不同时期和不同情境，伽利略和开普勒在理论构建和观察的相互作用之中，时而更多依靠经验和实验，时而更多借助推测和演绎。伽利略在用望远镜完成发现之后自诩为理智的观察者。但在佛罗伦萨，身为美第奇的宫廷哲学家，他对推测的关注明显更加突出。他漠不关心地略过了经验数据和测量数据。

围绕针对开普勒的指责，人们可以做多种深

入解读。或许"幼稚"一词仅仅是伽利略特有的一种防御姿态。因为他的私人通信表明，他很快就不再认为月球的吸引力如此不着边际：《对话》发表之后，伽利略由于其潮汐理论而受到法国人让－雅克·卜夏德①等学者批评。不久，这位几近失明的科学家发现了月球的摆动：天平动②。这使得人们不总是看到严格意义上的月球正面，有时也会看到其右侧或左侧边缘以外的些许部分。

伽利略断定，这种摆动包含三个周期，分别以日、月、年为单位。1637 年 11 月，他在信中向威尼斯的笔友福尔根奇奥·米坎奇奥③问

---

① Jean-Jacques Bouchard（1606~1641 年），法国作家，其父是法国国王的秘书，生活放荡不羁，与伽利略、伽桑狄等有通信往来。1631 年在罗马获得枢机主教巴贝里尼恩宠，1641 年成为枢机主教会议书记官，不久被刺杀。

② 天平动使人可以在地球上观测到约 59% 的地球表面，根据成因分为几何天平动和物理天平动。几何天平动包括月球自转轴与绕地轨道面的夹角而产生的纬度天平动，月球自转速度不变而公转速度变化而产生的经度天平动，地球自转使观察者视角改变而产生的周日天平动。物理天平动是月球本身的摆动，其程度非常轻微。

③ Fulgenzio Micanzio（1570~1654 年），意大利神学家，圣母玛利亚修会修士，1606 年成为保罗·萨尔皮的门徒，后来接替了萨尔皮的职位，并延续了萨尔皮对伽利略的支持。

道："如果您将月球的这三个周期与海洋的日度、月度和年度周期——按照所有人的一致意见，它们为月球所主宰——相比较，您现在会说什么？"

米坎奇奥糊涂了。伽利略不是在其《对话》中明确表示，月球的吸引力不可能是潮起潮落的原因吗？他在几个月间试图诱使伽利略说出，这种摆动对他的潮汐理论意味着什么。他甚至主张公开伽利略对天平动的发现。

伽利略巧妙地回避了米坎奇奥，通过提出针对特定涨潮现象的问题转移了他的注意力。"他当然永远不能公开承认，他关于地球运动的最宝贵证据，也就是导致他经受挫折并引发了'基督教最大丑闻'的证据，根本不是证据，"科学史家罗兰·内勒（Ronald Naylor）说道。

伽利略的神话

科学事业常常被描述为成功史和发现史，本书也为此费了不少笔墨。这一过程从作为科研仪器的望远镜的改进开始，历经对月球山脉和太阳黑子的观测，直到对行星椭圆轨道的计算和对新式光学仪器的理论描述。伽利略和开普勒缔造了划时代的壮举。他们用非凡的热情、想象力和洞察力直面科研的挑战。他们开创性的成就搭建了近现代科学的支柱。

但是，这两位学者的对比同样表明，他们各自的理论都有很大的局限性，正如两人都抱定传统观念，并在许多问题上犯了错误。这特别清楚地表明，知识边界地带的研究是不确定和有争议的。"正确"或"错误"在这类语境下常常不是可用的范畴。正因如此，对不同观点的讨论成为认知过程中极为重要的一环。德意志人和意大利人分别用不同方式应对这一挑战：当开普勒要求同行思考伽利略的发现所引发的后果并效仿他的做法时，伽利略却把前者的成果贴上了"幼稚"的标签。

自古以来，伟大科学家的评价对学术界和后世具有特殊的影响。在历史进程中，伽利略的观点得到了高度重视。尤其是他在一种获得正确理解的科研的"真理之光"和经院哲学家与神学家对概念的盲信之间做了绝对区分，这极大地刺激了正在实现建制化的科学。

　　不过，由他自己挑起的、与克里斯多夫·沙伊纳或奥拉齐奥·格拉西等耶稣会士的激烈争执往往更多反映出他的个人特质，而不是当时数学和自然哲学的水平。耶稣会数学家与他同步制造了望远镜，发现了金星的相位，但依然在罗马赞扬了他的天文观测。他们比他更早开始有系统地考察太阳黑子，其中至少有几人起初也对哥白尼的理论表现出青睐。在彗星之争中，伽利略在论证时没有理会他们应被认真看待的观测结果。通过与沙伊纳、格拉西等同行展开激烈的论战，他分裂了科学团体，使自己和耶稣会学者都受到了伤害。

　　人们也早就知道，伽利略不是教会的反对者，而是虔诚的天主教徒和教宗的宠儿。尽管如此，但凡提到宗教与科学之间的关系，总是绕不开他的审判。

　　对此，开普勒提供了一个全然不同的范例。作为信徒，他积极支持在教派之间建立对话；作为学者，他积极支持公开的科学思想交流。对他来说，宽容是消弭信仰与科学之矛盾的最高准则。在他的研究中，正是通过基督教的创世思想，数学上严格适用的自然规律才具有了充分的说服力。

那句已经引述过的"可是它在运动！"和据说在比萨"斜塔"上进行的自由落体实验同样顽固地留存在我们的想象中。开普勒没有给此类传说提供多少空间。他一直在（向外界）通报他的生活和他的科学。不同于当今的科学家，他没有抹去其工作中的痕迹和歧路。

学术界经常批评他软弱。但是，非常真诚地对待自己正是开普勒的一大天赋。他自己公开了其学者人格中的许多光影变化，它们使得此类认知过程以独特的方式变得一目了然。

开普勒的创造性成就得自巴洛克式丰富多样的思潮和逐渐为科研所过滤的观点洪流。其中一些很快就让后世感到不再可信。它们至今难以符合自然科学的自我认知，也根本不符合它们的天才崇拜。

伽利略在许多方面都更加现代。他重新书写了他的发现史，修饰了他自己的形象，使它很适合作为其同时代者和后世科学家的投影屏幕。他的关门弟子和首位传记作者文琴佐·维维亚尼接过了这项任务。维维亚尼把他变成了一位神童和青年英雄——这一形象保持了数个世纪。科学史家过了很久才得以知晓，是什么深刻影响了伽利略的学者道路，他决定性的认识归功于何人，以及他具体是在什么时候成功地克服了固有的观念。

宇宙的奥秘

那些刻画自然科学形成阶段的特征的沟堑和巨变在开普勒的人生道路上得到了清晰得多的体现——从他的第一本书《宇宙的奥秘》开始。在书中发言的是科班神学家、养成中的数学家和文艺复兴人开普勒，他把从圣三位一体到柏拉图立体的许多事物联系在一起。尽管如此，这部作品是他走进科学殿堂的入口。它包含他未来将要研究的许多主题，并使他得以结识第谷·布拉赫等提携了他又幸而没有完全剪去他的想象之翼的天文大家。

开普勒是一位自由思想者。如果不是他超

凡的思想自由、无穷的好奇心和洞察力，他将根本不可能把他的行星运动定律嵌入一个哪怕只能在物理上获得勉强理解的模型，并提出太阳系内存在着吸引力的猜想。他的科研生涯充分证明了爱因斯坦的观点，即独一无二的"科学方法"是不存在的。

伽利略在更年轻的开普勒的身后又活了 11 年。1642 年 1 月 8 日在其位于阿切特里的别墅中，77 岁的他在孤独和失明中辞世。当大公意欲为他的宫廷哲学家树立一座庄重的大理石墓时，罗马教会阻止了此事。直到百余年后，伽利略才在佛罗伦萨圣十字教堂①内获得了一块精致的墓碑。在他的家乡，对其科学遗产的维护至今堪称典范。而对于一次次遭到驱逐的开普勒来说，却没有这样的地方。

开普勒未能看到伽利略最著名的两部作品。他对伽利略的高度敬佩仅仅以对其实际成就的

---

① Santa Croce，建成于 1442 年，是一座方济各会教堂。伽利略、米开朗琪罗、马基雅维利、罗西尼、马可尼等名人之墓所在地，故被誉为"意大利的先贤祠"。

诠释为前提。它不单是针对科学家伽利略或他这个人，而主要是源于他本人的追求和梦想。也许，《宇宙的奥秘》的作者曾渐渐认识到，伽利略并不符合他自己的学者理想。话虽如此，依然是开普勒——他在这个问题上也领先于他的时代——为"伽利略的神话"铺下了第一块基石。

附　录

时间表

伽利略·伽利雷

1564 年　伽利略出生于 2 月 15 日，系朱丽娅和文琴佐·伽利略的长子

1581 年　开始在比萨的医学学业

1585 年　伽利略没有毕业就离开了大学，在佛罗伦萨担任数学教师，并在私下里继续他的研究

1589 年　伽利略成为比萨大学的数学教师

1592 年　获得帕多瓦大学的教席

1597 年　首次与开普勒通信并表示认同哥白尼世界观

1600 年　伽利略的长女出世；从未与其结婚的威尼斯人玛丽娜·甘芭还将同他生育两个孩子

1604 年　发现自由落体定律；伽利略在其实验室里加紧实验工作，此外还求得了抛物线

1609 年　伽利略把荷兰的望远镜改造成一部科研仪器，他观察和记录了月球上的山脉

1610 年　发现木星的四颗卫星，观察金星绕日公转；伽利略被佛罗伦萨的美第奇大公任命为宫廷哲学家，以及与玛丽娜·甘芭分手

1611 年　凯旋般的罗马之行

1613 年　伽利略首部支持哥白尼观点的作品《关于太阳黑子的书信》出版

1615 年　伽利略被告发于宗教裁判所

1616 年　反对哥白尼学说的教令在罗马颁布；伽利略被劝告勿继续支持该学说

1623 年　伽利略将他关于彗星的论文《试金天平》献给新任教宗乌尔班八世

1632 年　伽利略发表《关于两大世界体系的对话》

1633 年　宗教裁判所审判伽利略；《对话》遭到禁止，科学家本人被判处终身软禁

1637 年　伽利略发现月球的天平动，之后不久失明

1638 年　《关于力学的对谈》在莱顿出版，它总结了伽利略在帕多瓦时期对材料学和力学的研究

1642 年　伽利略于 1 月 8 日在佛罗伦萨附近的阿切特里去世

约翰内斯·开普勒

1571 年　约翰内斯·开普勒于 12 月 27 日出生在维尔德施塔特，他是卡塔琳娜和海因里希·开普勒的长子

1591 年　开始在图宾根学习神学

1594 年　开普勒在毕业前夕被派往格拉茨担任地方数学教师

1597 年　开普勒的处女作《宇宙的奥秘》问世；与芭芭拉·穆勒结婚，两人共有 5 个孩子，其中 3 个早夭

1600 年 被逐出格拉茨；在布拉格与著名天文学家第谷·布拉赫共事

1601 年 开普勒在第谷死后被任命为皇帝御用数学家，并负责管理第谷的遗产

1604 年 开普勒发表首部光学著作

1609 年 包含他的前两条行星运动定律的《新天文学》在海德堡出版；开普勒随后撰写了《梦月》

1610 年 开始一段与伽利略频繁通信的时期；开普勒在其《折光学》中解释了望远镜和人眼的成像原理

1611 年 开普勒的妻子芭芭拉由于战乱在布拉格去世；他辞去了职位，成为林茨的地方数学家

1612 年 由于非正统的宗教观念而被禁止参加路德宗的圣餐

1613 年 与苏珊娜·柳丁格结婚，两人共育有 7 个孩子，其中只有 1 个活到成年

1615 年 开普勒的母亲被指控为女巫，审判一直持续到 1621 年

1618 年 开普勒撰写了《世界的和谐》并发现了行星运动第三定律

1627 年 开普勒在乌尔姆出版《鲁道夫星表》

1628 年 在萨根作为数学家为瓦伦斯坦效力

1630 年 开普勒于 11 月 15 日在雷根斯堡辞世

世界大事

1543 年　尼古拉·哥白尼发表《天球运行论》

1564 年　教宗庇护四世批准特伦托公会议做出的反宗教改革决议

1569 年　第一幅用墨卡托投影制作的近代世界地图问世

1571 年　基督教舰队在勒班陀击败奥斯曼海军

1580 年　人文主义者米歇尔·德·蒙田创立了散文的艺术形式

1582 年　沿用至今的格里高利历在天主教国家颁行

1600 年　威廉·莎士比亚创作《哈姆雷特》；佛罗伦萨首次上演歌剧；威廉·吉尔伯特发现地磁；自然哲学家乔尔丹诺·布鲁诺在罗马被处以火刑

1608 年　眼镜制造商汉斯·利普希在荷兰首次展示一部望远镜

1618 年　布拉格"掷出窗外"事件标志着三十年战争的开端

1623 年　威廉·席卡尔德 ① 在图宾根制作了第一台计

---

① 　Wilhelm Schickard（1592~1635 年），德意志教士、希伯来语学家、天文学家、数学家和测绘学家，毕业于图宾根神学院，1617 年结识开普勒，1619 年成为图宾根大学教授，死于 1635 年由战争引发的鼠疫。据说，席卡尔德在 1623~1624 年写给开普勒的信中记有计算机的草图，可以进行六位数的加减运算，在超过位数时还有闹铃提示。这是已知最早的机械式计算机之一，比著名的帕斯卡加法机还要早 20 年。

算机

1625 年　尼德兰人雨果·格劳秀斯在其著作《战争与
　　　　和平法》中奠定了国际法的基础

1630 年　新教的瑞典介入天主教阵营原本看似已胜券
　　　　在握的战事

1636 年　北美洲第一所大学——哈佛大学筹建

1637 年　数学家和哲学家勒内·笛卡儿发表了他的
　　　　《方法论》

1643 年　伽利略的学生埃万杰利斯塔·托里拆利发明
　　　　了用于测量气压的水银气压计

1648 年　《威斯特伐利亚和约》结束了三十年战争

人物索引

（索引页码为原书页码，即本书页边码）

宇宙的奥秘：开普勒、伽利略与度量天空

参考文献

伽利略和开普勒的作品全集是撰写本书的基础。

Galilei, Galileo: *Le Opere di Galilei*; herausgegeben vonAntonio Favaro; Giunti Barbera Editore, Firenze, 1890 - 1909 (Nachdruck 1968)

Kepler, Johannes: *Gesammelte Werke*; herausgegeben von der Kepler-Kom-mission, München, 1937ff.

每个人都能通过以下网络链接调取伽利略的文章和书信，包括评论和交叉引用，这使检索工作大为简化：

http://moro.imss.fi.it/lettura/Lettura
WEB.DLL?AZIONE=CATALOGO

就开普勒而言，不存在哪怕只是类似的事物。他在德国长期无人问津的遗物现存于俄罗斯，开普勒无家可归的后果至今可见。与伽利略全集相比，整理开普勒作品的工作落后了几十年。如果没有另行标注的话，本书中的开普勒书信援引自一个内容丰富的版本：作者是马克斯·卡斯帕（Max Caspar）和瓦尔特·代克（Walther Dyck）。

Johannes Kepler in seinen Briefen; Oldenbourg Verlag, München, 1930

马克斯·卡斯帕的权威的开普勒传是另一个重要来源：

Caspar, Max: *Johannes Kepler*;Verlag für Geschichte der Naturwissenschaf-ten und der Technik, Stuttgart, 1995

科学史家马西莫·布齐安蒂尼研究了伽利略和开普勒这两位科学家，他的作品也为本书的创作提供了一些激励：

Bucciantini, Massimo: *Galileo e Kep-lero*; Giulio Einaudi editore,Turin, 2003

第一部分　目光透过望远镜

抛光镜片背后的世界

伽利略如何又一次发明了望远镜

范·赫尔登（van Helden）详细叙述了望远镜在尼德兰的发明。关于望远镜和透镜的一般早期史，维拉赫（Willach）获得了有趣的新认识。莱恩（Lane）提供了16世纪威尼斯商业的概貌。伽利略的《星际信使》在此引用的是穆德雷（Mudry）的版本。

Bedini, Silvio: »The instruments of Galileo Galilei«; aus: *Galileo. Man of Science*; McMullin, Ernan (Hrsg.); Basic Books; New York, 1967

Camerota, Michele: *Galileo Galilei e la cultura scientifica nell'eta della controriforma*; Salerno Editrice, Roma, 2004

Claus, Reinhart: »Was leisten Galileis Fernrohre?«; *Sterne und Weltraum*, Heidelberg, 12/1993

Distefano, Giovanni: *Atlante storico di Venezia*; Supernova,Venezia, 2007

Drake, Stillman: *Essays on Galileo and the History and Philosophy of Sci-ence*,Vol. III; University of Toronto Press; Toronto, 1999

Favaro, Antonio: *Galileo Galilei e lo studio di Padova*; Editrice Antenore, Padova, 1966

Helden,Albert van: »The invention of the Telescope«; *Transactions of the American Philosophical*

Society, Vol. 67, Part 4, Philadelphia, 1977

Jaschke, Brigitte: *Glasherstellung*; Deutsches Museum, München, 1997

Kuisle, Anita: *Brillen*; Deutsches Museum, München, 1997

Lane, Frederic: *Storia di Venezia*; Ein-audi, Torino, 1978

Machamer, Peter (Hrsg.): *The Cam-bridge companion to Galileo*; Cam-bridge University Press; Cambridge; 1999

Mudry, Anna (Hrsg): *Galileo Galilei. Schriften, Briefe, Dokumente*; Rütten & Loening, Berlin, 1987

Riekher, Rolf (Hrsg.): *Johannes Kepler. Schriften zur Optik*; Verlag Harri Deutsch, Frankfurt/Main, 2008

Ringwood, Stephen D.: »A Galilean telescope«; *Quarterly Journal of the Royal Astronomical Society*, Vol. 35, University of Sussex; 1994

Shirley, John W.: *Thomas Harriot. A Biography*; Oxford, 1983

Strano, Giorgio (Hrsg.): *Il telescopio di Galilei*;

宇宙的奥秘：开普勒、伽利略与度量天空

Giunti Barbera, Firenze, 2008

Tucci, Ugo: *Mercanti, navi, monete nel Cinquecento veneziano*; Il Mulino, Bologna, 1981

Valleriani, Matteo: »A view on Galileo's ricordi autografi. Galileo practitioner in Padua«; aus: Montesinos, José und Solís, Carlos (Hrsg.): *Largo Campo di filosofare*; Fundacíon Canaria Orotava de Historia de la Ciencia, Orotava 2001

Valleriani, Matteo: *Galileo Engineer*; The Boston Studies in the Philosophy of Science, Boston, 2009 (im Druck)

Willach, Rolf: »Der langeWeg zur Erfindung des Fernrohrs«; aus: Hamel, Jürgen und Keil, Inge (Hrsg.): *Der Meister und die Fernrohre*; Harri DeutschVerlag, Frankfurt/Main, 2007

Wohlwill, Emil: *Galilei und sein Kampf für die kopernikanische Lehre*;Verlag von LeopoldVoss, Leipzig, 1909

Zuidervaart, Huib (Hrsg.): *Embassies of the king of Siam sent to his excel-lency prince Maurits, arrived in the Hague on 10 September 1608*; Peter

Louwman,Wassenaar, 2008

一架数学的登天阶梯

开普勒的月亮之梦

描述鲁道夫二世时期的布拉格情况的不仅有克鲁梅茨基，还有伏契科瓦（Fucikova）的精美画册。开普勒的《新天文学》在此引用的是克拉夫特（Krafft）的译本，《梦月》是君特（Günther）的译本。

Bärwolf,Adalbert: *Brennschluss. Ren-dezvous mit dem Mond*; UllsteinVerlag, Frankfurt/Main 1969

Bialas,Volker: *Johannes Kepler*; C.H. BeckVerlag, München, 2004

Chlumecky, Peter Ritter von: *Carl von Zierotin und seine Zeit. 1564 - 1615*; Verlag von U. Nitsch, Brünn, 1862

Evans, Robert: *RudolfII.and his world*; Clarendon Press, Oxford, 1973

Fucikova, Eliska: *Rudolf II. und Prag*; Verwaltung der Prager Burg, Prag, 1997

Görgemanns, Herwig: *Untersuchungen zu*

Plutarchs Dialog »De facie in orbe lunae«; CarlWinter Universi–tätsverlag, Heidelberg, 1970

Günther, Ludwig: *Keplers Traum vom Mond*; Verlag von B. G.Teubner, Leipzig, 1898

Hammer, Franz (Übersetzung), Leh–mann,Werner (Hrsg.): *Johannes Kepler; Unterredung mit dem Ster–nenboten*; Kepler Gesellschaft,Weil der Stadt, 1964

Krafft, Fritz (Hrsg.): *Johannes Kepler. Astronomia Nova*; MarixVerlag, Wiesbaden, 2005

List, Martha und Gerlach,Walther (Hrsg.): *Johannes Kepler. Somnium*; Faksimiledruck der Ausgabe von 1634; Otto Zeller, Osnabrück, 1969

Mann, Golo: *Wallenstein*; S. Fischer Verlag, Frankfurt/Main, 1971

Mann, Golo und Nitschke,August (Hrsg.): *PropyläenWeltgeschichte*, Bd. 7: Von *der Reformation zur Re–volution*; UllsteinVerlag, Frankfurt/ Main, 1986

Roeck, Bernd (Hrsg.): *Deutsche Ge–schichte in Quellen und Darstellung*, Bd. 4: *Gegenreformation und Drei–ßigjähriger Krieg*; ReclamVerlag, Stuttgart, 1996

Schreiber, Hermann: *Geschichte der Al–chemie*; area verlag, Erftstadt, 2006

Schwarzenfeld, Gertrude von: *Rudolf II. Ein deutscher Kaiser am Vor–abend des Dreißigjährigen Krieges*; Verlag Georg D.W. Callwey, Mün–chen 1961

Swinford, Dean: *Through the Daemon's Gate. Kepler's Somnium, Medieval Dream Narratives and the Polysemy of Allegorical Motifs*; Routledge, New York, 2006

Trunz, Erich (Hrsg.): *Wissenschaft und Kunst im Kreise Kaiser Rudolfs II. 1576 - 1612*; Kieler Studien zur Deut–schen Literaturgeschichte, Band 18; Karl Wachholtz Verlag, Neumünster, 1992

Walter, Ulrich: *Zu Hause im Universum*; RowohltVerlag, Berlin, 2002

新的宇宙

仰仗目力的伽利略

关于艺术家伽利略，布雷德坎普写过一本令人印象深刻的书。他的作品在许多方面能激发灵感。伽利略的《星际信使》在此引用的是穆德雷的版本。

Blumenberg, Hans (Hrsg.): *Galileo Galilei. Sidereus Nuncius. Nachricht von neuen Sternen*; InselVerlag, Frankfurt, 1965

Bredekamp, Horst: *Galilei. Der Künstler*;AkademieVerlag, Berlin, 2007

Casini, Paolo: »Il dialogo di Galilei e la luna di Plutarco«; aus: *Novità celesti e crisi del sapere*; Galluzzi, Paolo (Hrsg.); Giunti Barbera,Florenz, 1984

Drake, Stillman: *Galileo atWork*; The University of Chicago Press, Chicago, 1978

Holton, Gerald: *Einstein, die Geschich-te und andere Leidenschaften*; ViewegVerlag, Braunschweig/ Wies-baden; 1998

Hooke, Robert: *Micrographia or some physiological descriptions of minute bodies made by magnifying glasses with observations and inquiries the-reupon*; Dover Publications, New York, 1961

Kemp, Martin: *Bilderwissen; Dumont*, Käln,

参 考 文 献

2003

Lefèvre,Wolfgang, Renn, Jürgen und Schoepflin, Urs (Hrsg.): *The power of images in early modern science*; BirkhäuserVerlag; Basel, 2003

Lücke,Theodor (Hrsg.): *Leonardo da Vinci. Tagebücher und Aufzeichnun-gen*; Paul ListVerlag, Leipzig, 1952

Mudry,Anna (Hrsg): *Galileo Galilei. Schriften, Briefe, Dokumente*; Rütten & Loening, Berlin, 1987

Padova,Thomas de und Staude, Jakob: »Galilei, der Künstler. Ein Interview mit Horst Bredekamp«; *Sterne und Weltraum*, Bd. 12/07, Spektrum der Wissenschaft, Heidelberg, 2007

夜晚为什么会变暗?

开普勒与科学的伟大时刻

里克海尔用一部评论精彩的文集重新出版了开普勒关于光学的全部作品。开普勒的《与星际信使的对话》在此引用的是哈默（Hammer）的译本,《星际信使》是穆德雷的版本。

Bukovinska, Beket: *Stravederi oder Fernrohre*

in der Kunstkammer Rudolfs II; Studia Rudolphina, Bulle-tin of the Research Center for Visual Arts and Culture in the Age of Ru-dolf II., Academy of Sciences of the Czech Republic, 2005

Bukovinska, Beket: »Scientifica in der Kunstkammer Rudolfs II«; aus: *Tycho Brahe and Prague: Crossroads of Eu-ropean Science*; Verlag Harri Deutsch, Frankfurt/Main, 2002

Chlumecky, Peter Ritter von: *Carl von Zierotin und seine Zeit. 1564 - 1615*; Verlag von U. Nitsch, Brünn, 1862

Evans, Robert: *Rudolf II. and his world*; Clarendon Press, Oxford, 1973

Grafton,Anthony: »Humanism and Sci-ence in Rudolphine Prague. Kepler in Context«; aus: *Literary Culture in the Holy Roman Empire 1555 - 1720*; Parente, James A. (Hrsg.); University of North Carolina Press, Chapel Hill, 1991

Hammer, Franz (Übersetzung), Leh-mann,Werner (Hrsg.): *Johannes Kep-ler. Unterredung mit dem Sternen-boten*; Kepler Gesellschaft,Weil der

Stadt, 1964

Mann, Golo und Nitschke,August (Hrsg.): *Propyläen Weltgeschichte*, Bd. 7: *Von der Reformation zur Revolution*; Ullstein Verlag, Frankfurt/ Main, 1986

Mudry,Anna (Hrsg): *Galileo Galilei. Schriften, Briefe, Dokumente*; Rütten & Loening, Berlin, 1987

Riekher, Rolf (Hrsg.): *Johannes Kepler. Schriften zur Optik*;Verlag Harri Deutsch, Frankfurt/ Main, 2008

Rosen, Edward (Hrsg.): *Kepler's Conver-sation with Galileo's sidereal mes-senger*; Johnson Repr. Corporation, New York, 1965

Schemmel, Matthias: »Wie entstehen neue Weltbilder?«; *Sterne und Weltraum*, Bd. 12/08, Spektrum der Wissenschaft, Heidelberg, 2008

Smolka, Josef: *Rudolf II. und die Mondbeobachtung*; Studia Rudol-phina, Bulletin of the Research Center for Visual Arts and Culture in the Age of Rudolf II.,Academy of Sciences of the Czech Republic, 2005

志在公侯之堂

伽利略教授成为宫廷哲学家

比亚乔利的书令人印象特别深刻地描述了伽利略的庙堂之志。维拉赫翻译并评述了韦斯普西的旅行日志。伽利略的书信在此引用的是穆德雷的版本。

Biagioli, Mario: Galilei. *Der Höfling*; FischerVerlag, Frankfurt/Main,1999

Biagioli, Mario: *Galileo's instruments of credit*; The University of Chicago Press, Chicago, 2006

Camerota, Michele: *Galileo Galilei e la cultura scientifica nell'eta della controriforma*; Salerno Editrice, Roma, 2004

Fernandez-Armesto, Felipe: *Amerigo: the man who gave his name to America*;Weidenfeld & Nicolson, London, 2006

Fölsing,Albrecht: *Galileo Galilei. Prozess ohne Ende*, PiperVerlag, München, 1983

Nüsslein-Volhard, Christiane: »Lieber Herr Trabant«; aus: *Gegenworte: Zeitschrift für den Disput überWis-sen* Heft 7; Berlin Brandenburgische

Akademie der Wissenschaften, Berlin, 2001

Schecker, Heinz: *Das Prager Tagebuch des Melchior Goldast von Haimins-feld in der Bremer Staatsbibliothek*; Winter, Bremen, 1931

Sydow, Anna (Hrsg.): *Wilhelm und Caroline von Humboldt in ihren Briefen*, Bd. III; Mittler, Berlin, 1909

Wallisch, Robert: *Der Mundus Novus des Amerigo Vespucci*; Verlag der Österreichischen Akademie der Wis-senschaften, Wien, 2002

Westfall, Richard S.: »Science and Pa-tronage. Galileo and the Telescope«; *Isis* 76; Chicago, 1985

Wohlwill, Emil: *Galilei und sein Kampf für die kopernikanische Lehre*; Verlag von Leopold Voss, Leipzig, 1909

Zweig, Stefan: *Amerigo. Die Geschichte eines historischen Irrtums*; Bermann-Fischer, Stockholm, 1944

"让我们嘲笑众人的愚昧吧！"

开普勒热情洋溢的书信所获反响存疑

沃威尔在其关于伽利略的经典大作中探讨了马

吉尼和伽利略之间的纷争。开普勒的《与星际信使的
对话》在此引用的是哈默的译本。

Blumenberg, Hans: *Die Lesbarkeit der Welt*; SuhrkampVerlag, Frankfurt/ Main, 1986

Camerota, Michele: *Galileo Galilei e la cultura scientifica nell'eta della controriforma*; Salerno Editrice, Roma, 2004

Caspar, Max: *Johannes Kepler*; Kohl-hammerVerlag, Stuttgart, 1948

Hammer, Franz (Übersetzung), Leh-mann,Werner (Hrsg.): *Johannes Kepler. Unterredung mit dem Sternenboten*; Kepler Gesellschaft, Weil der Stadt, 1964

Koestler,Arthur: *Die Nachtwandler*; Scherz, Bern, 1959

Lemcke, Mechthild: *Johannes Kepler*; Rowohlt, Hamburg, 1995

Wohlwill, Emil: *Galilei und sein Kampf für die kopernikanische Lehre*;Verlag von LeopoldVoss, Leipzig, 1909

参 考 文 献

第二部分　意大利人和德意志人

琉特琴演奏家

伽利雷家中的音乐与数学

关于青年伽利略·伽利雷的资料很少，卡梅罗塔（Camerota）或福尔兴（Fölsing）进行过不错的描述。其父亲文琴佐·伽利略的生平和作品以帕利斯卡（Palisca）的研究为主，本章节的许多内容要归功于他。《关于力学的对谈》的翻译节选来自厄廷根（Oettingen），蒙田《随笔》的选段引用的是伍德诺（Wuthenow）的版本。

Alberigo, Giuseppe: *Karl Borromäus*; AschendorffVerlag, Münster, 1995

Blumenberg, Hans: *Die Lesbarkeit der Welt*; SuhrkampVerlag, Frankfurt/ Main, 1986

Camerota, Michele: *Galileo Galilei e la cultura scientifica nell'eta della con-troriforma*; Salerno Editrice, Roma, 2004

Cleugh, James: *Die Medici*; PiperVer-lag, München, 2002

Coelho, Victor (Hrsg.): *Music and Sci-ence in the age of Galileo*; Kluwer Academic Publishers, Dordrecht 1992

Drake, Stillman: *Galileo Studies*; The University of Michigan Press, Ann Arbor, 1970

Finscher, Ludwig (Hrsg.): *Die Musik in Geschichte und Gegenwart*; *Allge-meine Enzyklopädie der Musik*; Sachteil, Bd. 6; Gemeinschaftsaus-gabe der Verlage Bärenreiter und J. B. Metzler, Kassel und Stuttgart, 1997

Finscher, Ludwig (Hrsg.): *Die Musik in Geschichte und Gegenwart*; *Allge-meine Enzyklopädie der Musik*; Personenteil, Bd. 7; Gemeinschafts-ausgabe der Verlage Bärenreiter und J. B. Metzler, Kassel und Stuttgart, 2002

Fölsing, Albrecht: *Galileo Galilei. Prozess ohne Ende*; Piper Verlag, München, 1983

Galilei, Vincenzo: *Fronimo*; American Institute of Musicology, Hänssler-Verlag, Neuhausen-Stuttgart, 1985

Guicciardini, Francesco: *Storia d'Italia*, Vol. 1;

Garzanti, Editore, 1988

Kristeller, Paul Oskar: *Der italienische Humanismus und seine Bedeutung*; Verlag Helbing & Lichtenhahn, Basel/Stuttgart, 1969

Leopold, Silke: »Die Anfänge von Oper und die Probleme der Gattung«; *Journal of Seventeenth-Century Music* (Vol. 9, No. 1), 2003

Leopold, Silke: »Die Oper im 17. Jahrhundert«; aus: *Handbuch der musi-kalischen Gattungen*, Bd. 11; Mauser, Siegfried (Hrsg.); Laaber-Verlag, 2004

Montaigne, Michel de: *Tagebuch einer Reise durch Italien*; InselVerlag, Frankfurt/Main, 1988

Oettingen,Arthur von (Hrsg.): *Galileo Galilei. Unterredungen und mathe-matische Demonstrationen über zwei neue Wissenszweige, die Mechanik und die Fallgesetze betreffend*; Wis-senschaftliche Buchgesellschaft Darmstadt, 1973

Palisca, ClaudeV.: *Girolamo Mei. Letters on ancient and modern music toVincenzo Galilei and Giovanni Bardi*; American Institute of Musico-logy,

1960

Palisca, ClaudeV.: *The »Camerata Fio−rentina«*;
Leo S. Olschki Editore, Firenze, 1972

Palisca, ClaudeV.: »Vincenzo Galilei's
Counterpoint Treatise«, *Journal of the American
Musicological Society* 9, 1956

Palisca, ClaudeV. (Hrsg.):*Vincenzo Galilei:
Dialogue on ancient and mo−dern music*;Yale
University Press, New Haven, 2003

Rempp, Frieder: *Die Kontrapunkttrak−
tateVincenzo Galileis*; ArnoVolk Verlag Hans Gerig,
Köln, 1980

Salvestrini, Francesco: *Santa Maria di
Vallombrosa*; Leo S. Olschki Editore, Firenze, 1998

Wuthenow, Ralph−Rainer (Hrsg.): *Michel de
Montaigne*; Essais, InselVerlag, Frankfurt/Main, 1976

Zaminer, Frieder (Hrsg.): *Geschichte der
Musiktheorie*, Band 7: *Italienische Musiktheorie im
16. und 17. Jahr−hundert*;Wissenschaftliche Buchge−
sellschaft, Darmstadt, 1989

Zarlino, Gioseffo: *Theorie des Tonsys−*

参 考 文 献

tems;Verlag Peter Lang, Frankfurt am Main, 1989

"我想要成为神学家"

开普勒的成长之路：从士兵之子到数学教师

卡斯帕对开普勒的童年和青年时期进行过全方位的描述。所引用的开普勒的自述来自哈默，皇帝的参事拉撒路·冯·史文迪的回忆录原文取自罗埃克（Roeck）。

Behringer,Wolfgang: *Kulturgeschichte des Klimas.Von der Eiszeit bis zur globalen Erwärmung*;Verlag C.H. Beck, München, 2007

Behringer,Wolfgang und Lehmann, Hartmut und Pfister, Christian (Hrsg.): *Kulturelle Konsequenzen der »Kleinen Eiszeit«*; Veröffentlichun-gen des Max-Planck-Instituts für Geschichte, Band 212;Vandenhoeck & Ruprecht, Göttingen, 2005

Caspar, Max: *Johannes Kepler*; Kohl-hammerVerlag, Stuttgart, 1948

Hammer, Franz: *Bürgermeister Sebald Kepler und dieWirtschaft »Zum En-gel«*; HeimatvereinWeil der Stadt, Berichte und Mitteilungen, Buchdru-ckerei

Scharpf, Weil, 1967

Hammer, Franz (Hrsg): *Johannes Kepler.*
Selbstzeugnisse; Friedrich Frommann Verlag,
Stuttgart-Bad Cannstatt, 1971

Hübner, Jürgen: *Johannes Kepler als Theologe*;
HeimatvereinWeil der Stadt, Berichte und
Mitteilungen, Buchdruckerei Scharpf,Weil, 1971

Mannsperger, Eugen: *Freiheit und Ab-*
hängigkeit der ReichsstadtWeyl; Heimatverein Weil
der Stadt, Berichte und Mitteilungen, Buchdruckerei
Scharpf,Weil, 1967

Mannsperger, Eugen: *Weyl und die*
Reformation; HeimatvereinWeil der Stadt, Berichte
und Mitteilungen, Buchdruckerei Scharpf,Weil, 1967

Reitlinger, Edmund: *Johannes Kepler*; Carl
GrüningerVerlag, Stuttgart, 1868

Roeck, Bernd (Hrsg.): *Deutsche Ge-schichte*
in Quellen und Darstellung, Bd. 4: *Gegenreformation*
und Drei-ßigjähriger Krieg; ReclamVerlag, Stuttgart,
1996

Schmidt, Justus: *Johann Kepler*; Rudolf

参
考
文
献

TraunerVerlag, Linz, 1970

Schütz,Wolfgang: *Die Hexenverfolgung in der ReichsstadtWeil 1560 - 1629*; Heimatverein Weil der Stadt, Berich-te und Mitteilungen, Buchdruckerei Scharpf,Weil, 2005/2006

Sutter, Berthold: *Der Hexenprozess ge-gen Katharina Kepler*; Kepler-Gesell-schaft,Weil der Stadt, 1979

Württembergisches Statistisches Lan-desamt: *Beschreibung des Oberamts Leonberg*; VerlagW. Kohlhammer; Stuttgart, 1930

试金天平

伽利略追随着阿基米德的足迹

对于阿基米德及他对近现代科学的重要性,狄克斯特惠斯(Dijksterhuis)提供了丰富的内容。奈茨(Netz)和诺埃(Noel)关于阿基米德的消遣读物也会让非专业人士感到有趣。伽利略《天平》文稿的选段来自穆德雷。

Archimedes: *Die Quadratur der Para-bel und über das Gleichgewicht ebe-ner Flächen oder über den Schwer-punkt ebener Flächen*; Ostwalds Klassiker, Leipzig, 1923

Archimedes: *Kugel und Zylinder*; Ostwalds Klassiker, Leipzig, 1987

Archimedes: *Über schwimmende Körper und Die Sandzahl*; Ostwalds Klassiker, Leipzig, 1987

Biagioli, Mario: *Galilei. Der Höfling*; FischerVerlag, Frankfurt/Main, 1999

Blumenberg, Hans: *Die Sorge geht über den Fluss*; SuhrkampVerlag, Frank-furt/Main, 1987

Boyer, Carl B.: *Galileo Man of Science. Galileo's place in the history of ma-thematics*; London, 1967

Cassirer, Ernst: *Individuum und Kos-mos in der Philosophie der Renais-sance*; Teubner Verlag, Leipzig, 1927

Daston, Lorraine: *Wunder, Beweise und Tatsachen*; Fischer TaschenbuchVer-lag, Frankfurt/Main, 2001

Dijksterhuis, Eduard Jan: *Archimedes*; Princeton University Press; Princeton, 1987

Dijksterhuis, Eduard Jan: *Archimedes und seine Bedeutung für die Ge-schichte der Wissenschaft*; Carl Schü-nemann Verlag, Bremen, 1952

Dijksterhuis, Eduard Jan: *Die Mechani-sierung des Weltbildes*; Carl Schü-ne-mann Verlag, Bremen, 1952

Drake, Stillman: *Essays on Galileo and the History and Philosophy of Science*, Vol. 1; University of Toronto Press, Toronto, 1999

Enzensberger, Hans-Magnus: *Zugbrücke außer Betrieb. Die Mathematik im Jenseits der Kultur*; A K Peters, LTD, Massachusetts, 1999

Evans, Colin: *Die Leiche im Kreuzver-hör*; Birkhäuser Verlag, Basel, 1998

Fontana, Domenico (Hrsg.: Conrad, Dietrich): *Del modo tenuto nel tra-sportare l'obelisco vaticano*; Verlag für Bauwesen, Berlin, 1987

Ibel, Thomas: *Die Waage im Altertum und Mittelalter*; K.B. Hof-und Univ.-Buchdruckerei von Junge & Sohn, Erlangen, 1906

Koyré, Alexandre: *Leonardo, Galilei, Pascal.*

Die Anfänge der neuzeitlichen Wissenschaft; FischerVerlag; Frank-furt, 1998

Mari, Francesco: in: *British Medical Journal* (Bd. 333, S. 1299), 2006

Montaigne, Michel de: *Tagebuch einer Reise durch Italien*; übersetzt von Otto Flake, InselVerlag, Frankfurt/ Main, 1988

Mudry,Anna (Hrsg): *Galileo Galilei. Schriften, Briefe, Dokumente* (Bd. 1); Rütten & Loening, Berlin, 1987

Netz, Reviel und Noel,William: *Der Kodex des Archimedes*; C.H. Beck, München, 2007

Remmert,Volker R.: *Ariadnefäden im Wissenschaftslabyrinth*; Peter Lang, 1998

Renn, Jürgen: »Galileis Revolution und die Transformation desWissens«; *Sterne undWeltraum*, Bd. 11/08, Spektrum derWissenschaft, Heidel-berg, 2008

Schneider, Ivo: *Archimedes*;Wissen-schaftliche Buchgesellschaft, Darm-stadt, 1979

Shea,William R. und Artigas, Mariano: *Galileo Galilei. Aufstieg und Fall eines Genies*; PrimusVerlag, 2006

Vitruvius Pollio, Marcus: *Zehn Bücher über Architektur*；Wissenschaftliche Buchgesellschaft, Darmstadt, 1987

Witmer, Richard (Hrsg.): *Cardano, Girolamo. The great art or the rules of algebra*; M.I.T. Press, Cambridge, 1968

天空与婚姻的秘密

开普勒从恒星中看出了什么

克拉夫特以一部精美的书卷合并出版了开普勒《宇宙的奥秘》《世界的和谐》及其星相学作品《第三方调解》，此处引用的就是这本书。如果对星相学感兴趣，施图克拉德（Stuckrad）能提供不错的历史概况。卡尔达诺的自传《我的生平》始终值得一读，其作品《五书》（*Libelli quinque*）在此引用的是格拉夫顿的版本。

Betsch, Gerhard und Hamel, Jürgen (Hrsg.): *Zwischen Copernicus und Kepler. M. Michael Maestlinus Mathematicus Goeppingensis 1550–1631*；Verlag Harri Deutsch, Frankfurt/Main, 2002

Cardano, Girolamo: *De vita propria*; Kösel-Verlag, München, 1969

Caspar, Max: *Johannes Kepler*; Kohlhammer Verlag, Stuttgart, 1948

Fölsing, Albrecht: *Albert Einstein*; Suhrkamp Verlag, Frankfurt/Main, 1993

Garin, Eugenio: *Astrologie in der Renaissance*; Campus Verlag, Frank-furt/Main, 1997

Grafton, Anthony: *Cardanos Kosmos*; Berlin Verlag, Berlin, 1999

Hammer, Franz (Hrsg): *Johannes Kepler. Selbstzeugnisse*; Friedrich Frommann Verlag, Stuttgart-Bad Cannstatt, 1971

Holton, Gerald: *Einstein, die Geschichte und andere Leidenschaften*; Vieweg, Wiesbaden, 1998

Hübner, Jürgen: *Die Theologie des Jo-hannes Kepler zwischen Orthodoxie und Naturwissenschaft*; Mohr Siebeck Verlag, Tübingen, 1975

Krafft, Fritz (Hrsg.): *Johannes Kepler. Was die Welt im Innersten zusam-menhält*; Marix Verlag, Wiesbaden, 2005

Neffe, Jürgen: *Einstein*; Rowohlt, Ham-burg, 2005

Rosen, Edward: *Three Copernican trea-tises*; Dover Publ.; New York, 2004

Stiehle, Reinhardt (Hrsg.): *Johannes Kepler. Von den gesicherten Grund-lagen der Astrologie*; ChironVerlag, Tübingen, 1998

Stuckrad, Kocku von: *Geschichte der Astrologie*; C.H. Beck, München, 2003

Sutter, Berthold: *Keplers Stellung inner-halb der Grazer Kalendertradition des 16. Jahrhunderts; Johannes Kep-ler 1571 - 1971, Gedenkschrift der Universität Graz*; Leykam-Verlag, Graz, 1975

Sutter, Berthold: *Graz. Keplers Lebens-schule 1594 - 1600*; Heimatverein Weil der Stadt, Berichte und Mittei-lungen, Buchdruckerei Scharpf, Weil, 1975

Thiel, Erika: *Geschichte des Kostüms*; HenschelVerlag; Berlin, 2000

Vogtherr,Thomas: *Zeitrechnung. Von den Sumerern bis zur Swatch*; C.H. Beck, München 2001

Zekl, Hans-Günter: *Das neueWeltbild*; Meiner,

Hamburg, 1990

探索真理的伙伴

伽利略，秘密的哥白尼主义者

达·芬奇给米兰公爵书信的摘录来自吕克
（Lücke）。托马斯·柯里亚特的美妙的《关于威尼
斯的描述》引用的是海因茨（Heintz）和翁德里希
（Wunderlich）的版本。雷恩和瓦勒里安尼深入研究
了伽利略与兵工厂的联系。布齐安蒂尼详细分析了伽
利略写给开普勒的信。对托勒密作品的引用出自马努
提乌斯（Manutius）和诺伊格鲍尔（Neugebauer），
对开普勒《宇宙的奥秘》的引用出自克拉夫特。

Alertz, Ulrich:*Vom Schiffbauhandwerk zur Schiffbautechnik*;Verlag Dr. Kovac, Hamburg, 1991

Bellone, Enrico: *Galileo Galilei*; Spektrum derWissenschaft, Heidel-berg, 1998.Bucciantini, Massimo: *Galileo e Keplero*; Giulio Einaudi editore,Turin, 2003

Davis, Robert C.: *Shipbuilders of the Venetian Arsenal*; Johns Hopkins University Press, London, 1991

Distefano, Giovanni: *Atlante storico di Venezia*; Supernova,Venezia, 2007

Drake, Stillman: *Galileo at Work*; The University of Chicago Press, Chicago, 1978

Favaro,Antonio: *Galileo Galilei e lo studio di Padova*; Editrice Antenore, Padova, 1966

Franzoi, Umberto: *Paläste und Kirchen entlang des Canal Grande inVenedig*; Storti Edizione,Venezia, 1999

Gargiulo, Roberto: *La battaglia di Lepanto*; Edizione Bibliotheca dell'Immagine, Pordenone, 2004

Granada, Miguel A.: *Sfere solide e cielo fluido*; Edizione Angelo Guerini e Associati; Milano, 2002

Guilmartin, John Francis: *Gunpowder & Galleys. Changing technology and Mediterranean warfare at sea in the 16th Century*; Conway Maritime Press, London, 2003

Heintz, Birgit undWunderlich, Rudolf (Hrsg.): Thomas Coryate. *Beschrei-bung von Venedig 1608*; Manutius Verlag, Heidelberg, 1988

宇宙的奥秘：开普勒、伽利略与度量天空

Kemp, Martin: *Leonardo*; Oxford University Press, Oxford, 2004

Klein, Stefan: *Da Vincis Vermächtnis oder Wie Leonardo die Welt neu er-fand*; Fischer Verlag, Frankfurt, 2008

Krafft, Fritz (Hrsg.): *Johannes Kepler. Was die Welt im Innersten zusam-menhält*; MarixVerlag,Wiesbaden, 2005

Lücke,Theodor (Hrsg.): *Leonardo da Vinci. Tagebücher und Aufzeichnun-gen*; Paul ListVerlag, Leipzig, 1952

Manutius, K. und Neugebauer, Otto (Hrsg.): *Claudius Ptolemäus. Hand-buch der Astronomie*; B.G.Teubner Verlaggesellschaft, Leipzig, 1963

Oettingen,Arthur von (Hrsg.): *Galileo Galilei. Unterredungen und mathe-matische Demonstrationen über zwei neueWissenszweige, die Mechanik und die Fallgesetze betreffend*; Wissenschaftliche Buchgesellschaft Darmstadt, 1973

Renn, Jürgen undValleriani, Matteo: *Galileo and the Challenge of the Arsenal*; Letture Galileane,

Florenz, 2001

Renn, Jürgen: »Galileis Revolution und die Transformation desWissens«; *Sterne undWeltraum*, Bd. 11/08, Spektrum derWissenschaft, Heidel-berg, 2008

Rosen, Edward: »Galileo and Kepler. Their first two contacts«; *Isis*,Vol. 57, Nr. 2; The University of Chicago Press, 1996

Schilling, Heinz: *Konfessionalisierung und Staatsinteressen. Internationale Beziehungen 1559 – 1660*; Ferdinand Schöningh, Paderborn, 2007

Sennett, Richard: *Civitas. Die Großstadt und die Kultur des Unterschieds*; FischerVerlag, Frankfurt/ Main, 1994

Settle,Thomas B.: *Ostilio Ricci, a Bridge between Alberti and Galileo*; Actes du XII. Congrès International d'Histoire des Sciences, Paris, 1968

Valleriani, Matteo: *Galileo Engineer*; The Boston Studies in the Philosophy of Science, Boston, 2009 (im Druck)

Wiedemann, Hermann: *Montaigne und andere Reisende der Renaissance. Das Itinerario von de*

宇宙的奥秘：开普勒、伽利略与度量天空

Beatis, das Journal deVoyage von Montaigne und die Crudities von Thomas Coryate; WissenschaftlicherVerlag Trier, 1999

"伽利略，鼓足勇气，站出来吧！"

开普勒在科学的鲨鱼池中

如果想要了解开普勒与第谷·布拉赫的关系，推荐阅读吉蒂·弗格森（Kitty Ferguson）的书。德莱尔（Dreyer）对第谷的生平有过细致的描述。

Andritsch, Johann: *Gelehrtenkreise um Johannes Kepler in Graz*; *Johannes Kepler 1571‐1971, Gedenkschrift der Universität Graz*; Leykam‐Verlag, Graz, 1975

Blumenberg, Hans (Hrsg.): *Galileo Galilei. Sidereus Nuncius. Nachricht von neuen Sternen*; InselVerlag, Frankfurt, 1965

Bucciantini, Massimo: *Galileo e Kep‐lero*; Giulio Einaudi editore, Turin, 2003

Caspar, Max: *Johannes Kepler*; Kohl‐hammerVerlag, Stuttgart, 1948

Dreyer, John Louis Emil: *Tycho Brahe*; Verlag

der G. Braun'schen Hofbuch-handlung, Karlsruhe, 1894

Ferguson, Kitty: *Tycho & Kepler*; Walker Publishing, New York, 2002

Lombardi,Anna Maria: *Johannes Kepler*; Spektrum derWissenschaft, Heidelberg, 2000

Wolfschmidt, Gudrun (Hrsg.): *Nicolaus Copernicus. Revolutionär wider Willen*;Verlag für Geschichte der Naturwiss. und der Technik, Stuttgart, 1994

第三部分　天堂和地狱之间

脑海中的曲线

开普勒如何发现他的行星运动定律

卡里尔（Carrier）对哥白尼及更早的历史进行了新颖的考察。克拉夫特重新出版和评注了开普勒的《新天文学》，这即是此处引用的版本。熟悉如今不那么通用的天文学词汇的读者可以通过这部作品较好地了解开普勒的数学和物理学思想。

Bialas,Volker: »KeplersWeg der Erfor-schung

der wahren Planetenbahn«; aus: Dick,Wolfgang und Hamel, Jürgen (Hrsg.): *Beiträge zur Astronomiegeschichte*, Bd. 1;Verlag Harri Deutsch, Frankfurt/ Main, 1998

Carrier, Martin: *Nikolaus Kopernikus*; Verlag C.H. Beck, München, 2001

Caspar, Max: *Johannes Kepler*; KohlhammerVerlag, Stuttgart, 1948

Donahue,William H.: »Kepler's first thoughts on oval orbits«; *British Journal for the History of Astronomy*, Cambridge, 1993

Donahue,William H.: »Kepler's inven-tion of the second planetary law«; *British Journal for the History of Science*, Cambridge, 1994

Dreyer, John Louis Emil: *Tycho Brahe*; Verlag der G. Braun'schen Hofbuch-handlung, Karlsruhe, 1894

Ferguson, Kitty: *Tycho & Kepler*; Walker Publishing, New York, 2002

Freeth,Tony et al.: »Decoding the an-cient Greek astronomical calculator known as the

参
考
文
献

Antikythera Mecha-nism«; aus: *Nature*,Vol. 444; London, 2006

Freeth,Tony et al.: »Calendars with Olympiad display and eclipse pre-diction on the Antikythera Mecha-nism«; aus: *Nature*, 454; London, 2008

Gingerich, Owen undVoelkel, James: »Giovanni Antonio Maginis ›Keple-rian‹ Tables of 1614 and their impli-cations for the reception of Keplerian Astronomy in the Seventeenth Cen-tury«; aus: *Journal for the History of Astronomy*,Vol. 32; Cambridge, 2001

Graßhoff, Gerd: »Mästlins Beitrag zu Keplers ›Astronomia Nova‹«; aus: Betsch, Gerhard und Hamel, Jürgen (Hrsg.): *Zwischen Copernicus und Kepler. M. Michael Maestlinus Ma-thematicus Goeppingensis 1550 - 1631*;Verlag Harri Deutsch, Frank-furt/Main, 2002

Krafft, Fritz (Hrsg.): *Johannes Kepler. Astronomia Nova*; MarixVerlag, Wiesbaden, 2005

Krafft, Fritz, Meyer, Karl und Sticker, Bernhard (Hrsg.): *Internationales Kepler-Symposium Weil der*

Stadt 1971;Verlag Dr. H.A. Gerstenberg, Hildesheim, 1973

Lombardi,Anna Maria: *Johannes Kepler*; Spektrum derWissenschaft, Heidelberg, 2000

Mittelstrass, Jürgen: *Die Rettung der Phänomene*;Walter De Gruyter, Berlin, 1962

Repcheck, Jack: *Copernicus' Secret*; Simon & Schuster, New York, 2007

Shirley, JohnW.: *Thomas Harriot. A Biography*; Clarendon Press, Oxford, 1983

Stephenson, Bruce: *Keplers physical astronomy*; Springer-Verlag; New York, 1987

Voelkel, James R.: *The composition of Kepler's Astronomia Nova*; Princeton University Press; Princeton, 2001

势不可当的崛起

伽利略处于权力中心

关于伽利略的罗马之行，可以从卡梅罗塔翔实的伽利略传记中获得更多信息。

Biagioli, Mario: *Galilei. Der Höfling*;

FischerVerlag, Frankfurt/Main, 1999

Biagioli, Mario: *Galileo's instruments of credit*; The University of Chicago Press, Chicago, 2006

Bucciantini, Massimo: *Galileo e Keple-ro*; Giulio Einaudi editore,Turin, 2003

Camerota, Michele: *Galileo Galilei e la cultura scientifica nell'eta della con-troriforma*; Salerno Editrice, Roma, 2004

Distefano, Giovanni: *Atlante storico di Venezia*; Supernova,Venezia, 2007

Drake, Stillman: *Galileo atWork*; The University of Chicago Press, Chicago, 1978

Hammer, Franz (Übersetzung), Leh-mann,Werner (Hrsg.): *Johannes Kepler. Unterredung mit dem Ster-nenboten*; Kepler Gesellschaft, Weil der Stadt, 1964

Shea,William R. und Artigas, Mariano: *Galileo Galilei. Aufstieg und Fall eines Genies*; PrimusVerlag, 2006

Wohlwill, Emil: *Galilei und sein Kampf für die kopernikanische Lehre*;Verlag von LeopoldVoss,

宇宙的奥秘：开普勒、伽利略与度量天空

Leipzig, 1909

悬崖边缘

开普勒的命运年

福尔兴写过一部绝妙的阿尔伯特·爱因斯坦传。爱因斯坦对开普勒作品的评论出自他为鲍姆加特（Baumgardt）的《开普勒传》所写的前言。开普勒也研究过固体物理学，这可以从他的美妙作品《论六角形的雪花》[格尔茨（Goertz）版本]中看出。

Baumgardt, Carola: *Kepler. Leben und Briefe*; LimesVerlag, Wiesbaden, 1953

Blumenberg, Hans (Hrsg.): *Galileo Galilei. Sidereus Nuncius. Nachricht von neuen Sternen*; InselVerlag, Frankfurt, 1965

Bucciantini, Massimo: *Galileo e Keple-ro*; Giulio Einaudi editore, Turin, 2003

Caspar, Max: *Johannes Kepler*; Kohl-hammerVerlag, Stuttgart, 1948

Chlumecky, Peter Ritter von: *Carl von Zierotin und seine Zeit. 1564 - 1615*; Verlag von U. Nitsch, Brünn, 1862.

Fölsing,Albrecht: *Albert Einstein*; Suhr-kampVerlag, Frankfurt/Main, 1993

Goertz, Dorothea (Hrsg.): *Kepler, Johannes.Vom sechseckigen Schnee*; Akademische Verlagsgesellschaft Geest & Portig K.-G.; Leipzig 1987

Hammer, Franz: »Kepler als Optiker«; aus: *Forschungen und Fortschritte*, Nr. 26; Johann Ambrosius Barth, Leipzig, 1939

Krafft, Fritz, Meyer, Karl und Sticker, Bernhard (Hrsg.): *Internationales Kepler-SymposiumWeil der Stadt 1971*;Verlag Dr. H.A. Gerstenberg, Hildesheim, 1973

Lindberg, David C.: »Optics in Six-teenth-century Italy«; aus: *Novità celesti e crisi del sapere*; Galluzzi, Paolo (Hrsg.); Giunti Barbera, Florenz, 1984

Lindberg, David C.: *Auge und Licht im Mittelalter. Die Entwicklung der Op-tik von Alkindi bis Kepler*; Suhrkamp Verlag, Frankfurt am Main, 1987

Mann, Golo und Nitschke,August (Hrsg.): *Propyläen Weltgeschichte*, Bd. 7: *Von der*

Reformation zur Revolution; UllsteinVerlag, Frank-furt/Main, 1986

Riekher, Rolf (Hrsg.): *Johannes Kepler.*
Schriften zur Optik;Verlag Harri Deutsch, Frankfurt/
Main, 2008

Roeck, Bernd (Hrsg.): *Deutsche Ge-schichte*
in Quellen und Darstellung, Bd. 4: *Gegenreformation*
und Drei-ßigjähriger Krieg; ReclamVerlag, Stuttgart,
1996

Schmitz, Emil-Heinz: *Handbuch zur Geschichte*
der Optik, Bd. 1;Wayen-borgh, Bonn, 1981

Schwarzenfeld, Gertrude von: *Rudolf II. Ein*
deutscher Kaiser am Vor-abend des Dreißigjährigen
Krieges; Verlag Georg D.W. Callwey, Mün-chen
1961

Shirley, JohnW.: *Thomas Harriot. A Biography*;
Clarendon Press, Oxford, 1983

Tarde, Jean: *À la rencontre de Galilée.*
DeuxVoyages en Italie; Moureau, Francois und Tetel,
Marcel (Hrsg.); Slatkine, Genf, 1984

Trunz, Erich (Hrsg.): *Wissenschaft und Kunst*

im Kreise Kaiser Rudolfs II. 1576 - 1612; Kieler Studien zur Deutschen Literaturgeschichte, Bd. 18; KarlWachholtzVerlag, Neumünster, 1992

Wuchterl, Günther: »Die Ordnung der Planetenbahnen. Die Titius–Bode–Reihe und ihr Scheitern«; aus dem Dossier »Planetensysteme«, Sterne undWeltraum, Heidelberg, 2004

致开普勒的最后一封信

伽利略和反对哥白尼的教令

比尔利（Bieri）很好地记录了伽利略与教会的争论，布雷德坎普重新评价了太阳黑子的绘图。关于伽利略与开普勒的通信情况，布齐安蒂尼与本书作者的看法不同。

Berthold, Gerhard: *Der Magister Johann Fabricius und die Sonnenflecken*; Verlag vonVeit & Comp., 1894

Biagioli, Mario: *Galileo's instruments of credit*; The University of Chicago Press, Chicago, 2006

Bieri, Hans: *Der Streit um das koperni-kanischeWeltsystem im 17. Jahrhun–dert*; Peter Lang,

Bern 2007

Bredekamp, Horst: *Galilei. Der Künst-ler*; AkademieVerlag, Berlin, 2007

Bucciantini, Massimo: *Galileo e Keple-ro*; Giulio Einaudi editore,Turin, 2003

Drake, Stillman (Hrsg.): *Galileo Galilei. Dialogue concerning the two chief world systems, Ptolemaic & Coper-nican*; University of California Press, Berkeley and Los Angeles, 1953

Hardi, Peter, Roth, Markus und Schli-chenmaier, Rolf: »Vom Kern zur Ko-rona«; aus: *Physik Journal*, Bd. 3, 2007;Wiley-VCH;Weinheim, 2007

Koyré, Alexandre: Leonardo, Galilei, Pascal. *Die Anfänge der neuzeitli-chen Wissenschaft*; FischerVerlag, Frankfurt, 1998

Montesinos, José und Solís, Carlos (Hrsg.): *Largo Campo di filosofare*; Fundación Canaria Orotava de Histo-ria de la Ciencia, Orotava 2001

Montinari, Maddalena (Hrsg.): *Galileo Galilei. Istoria e dimostrazioni in-torno alle macchie solari e*

参考文献

loro acci-denti; Roma Edizione Theoria, 1982

Padova, Thomas de und Staude, Jakob: »Galilei, der Künstler. Ein Interview mit Horst Bredekamp«; *Sterne und Weltraum*, Bd. 12/07, Spektrum der Wissenschaft, Heidelberg, 2007

Shea, William: »Galileo, Scheiner and the Interpretation of Sunspots«; *Isis* 61; Chicago, 1970

Shea, William R. und Artigas, Mariano: *Galileo Galilei. Aufstieg und Fall eines Genies*; PrimusVerlag, 2006

Voelkel, James R.: *The composition of Kepler's Astronomia Nova*; Princeton University Press; Princeton, 2001

Wohlwill, Emil: *Galilei und sein Kampf für die kopernikanische Lehre*; Verlag von LeopoldVoss, Leipzig, 1909

不祥的彗星

战争期间：开普勒批判伽利略

比亚拉斯（Bialas）格外推崇开普勒的哲学思考。如果对卡塔琳娜·开普勒的女巫审判感兴趣，推荐阅读苏特（Sutter）的书。《世界的和谐》在此引用的是克拉夫特的版本。

Besomi, Ottavio und Helbing, Mario (Hrsg.): *Galileo Galilei e Mario Giu-ducci. Discorso delle comete*; Edi-trice Antenore, Roma-Padova, 2002

Besomi, Ottavio und Helbing, Mario (Hrsg.): *Galileo Galilei. Il Saggiatore*; Editrice Antenore, Roma-Padova, 2005

Bialas, Volker: *Johannes Kepler*; C.H. BeckVerlag, München, 2004

Bucciantini, Massimo: *Galileo e Keplero*; Giulio Einaudi editore, Turin, 2003

Caspar, Max: *Johannes Kepler*; Kohl-hammerVerlag, Stuttgart, 1948

Drake, Stillman and O'Malley, C.D.: *The controversy on the Comets of 1618*; University of Pennsylvania Press, Philadelphia, 1960

Knobloch, Eberhard und Segre, Michael (Hrsg.): *Der unbändige Galilei*; Franz Steiner Verlag, Stuttgart, 2001

Koestler, Arthur: *Die Nachtwandler*; Scherz,

Bern, 1959

Krafft, Fritz, Meyer, Karl und Sticker, Bernhard (Hrsg.): *Internationales Kepler-Symposium Weil der Stadt 1971*; Verlag Dr. H.A. Gerstenberg, Hildesheim, 1973

Krafft, Fritz (Hrsg.): *Johannes Kepler. Was die Welt im Innersten zusam-menhält*; Marix Verlag, Wiesbaden, 2005

Lerner, Michel-Pierre: »Tycho Brahe Censured«; aus: *Tycho Brahe and Prague: Crossroads of European Science*; Verlag Harri Deutsch, Frank-furt/Main, 2002

Lombardi, Anna Maria: *Johannes Kep-ler*; Spektrum der Wissenschaft, Hei-delberg, 2000

Mann, Golo und Nitschke, August (Hrsg.): *Propyläen Weltgeschichte*, Bd. 7: *Von der Reformation zur Revolution*; Ullstein Verlag, Frankfurt am Main, 1986

Roeck, Bernd (Hrsg.): *Deutsche Ge-schichte in Quellen und Darstellung*, Bd. 4: *Gegenreformation und Drei-ßigjähriger Krieg*; Reclam Verlag, Stuttgart,

1996

Schütz, Wolfgang: *Die Hexenverfolgung in der Reichsstadt Weil 1560 - 1629*; Heimatverein Weil der Stadt, Berich-te und Mitteilungen, Buchdruckerei Scharpf, Weil, 2005/2006

Sutter, Berthold: *Der Hexenprozess ge-gen Katharina Kepler*; Kepler-Gesell-schaft, Weil der Stadt, 1979

Wohlwill, Emil: *Galilei und sein Kampf für die kopernikanische Lehre*; Verlag von Leopold Voss, Leipzig, 1909

分裂的天空

对伽利略的审判与近代宇宙观的诞生

伽利略关于哥白尼学说（施特劳斯）和力学（冯·厄廷根）的两部对话至今仍是令人振奋的读物。围绕伽利略的审判，可谓众说纷纭，福尔兴或瑞亚（Rhea）和阿蒂加斯提供了不错的审判过程的介绍。伽利略拒绝开普勒的椭圆轨道是出丁美学理由——这一有趣的判断来自潘诺夫斯基，他的论断不只限于本章节的解释。伽利略的《对话》引用的是施特劳斯的译本。

Beltrán Marì, Antonio (Hrsg.): *Galileo Galilei. Dialogo sopra i due massimi sistemi del mondo*; Biblioteca Univer-sale Rizzoli, Milano, 2008

Biagioli, Mario: *Galilei. Der Höfling*; FischerVerlag, Frankfurt/Main, 1999

Bieri, Hans: *Der Streit um das koperni-kanischeWeltsystem im 17. Jahrhun-dert*; Peter Lang, Bern 2007

Büttner, Jochen: »Galileo's Cosmo-gony«; aus: Montesinos, José und Solìs, Carlos (Hrsg.): *Largo Campo di filosofare*; Fundacìon Canaria Orotava de Historia de la Ciencia, Orotava 2001

Cavalieri, Bonaventura: *Lo specchio ustorio, ovvero trattato delle Settioni Coniche et alcuni loro mirabili effetti intorno al Lume, Caldo, Freddo, Suono e Moto ancora*; Bologna, 1631

Drake, Stillman (Hrsg.): *Galileo Galilei. Dialogue concerning the two chief world systems, Ptolemaic & Coperni-can*; University of California Press, Berkeley and Los Angeles, 1953

Dreyer, John Louis Emil: *Tycho Brahe*; Verlag der G. Braun'schen Hofbuch-handlung, Karlsruhe, 1894

Fölsing,Albrecht: *Galileo Galilei. Prozess ohne Ende*; PiperVerlag, München, 1983

Godman, Peter: *Die geheime Inquisi-tion. Aus den verbotenen Archiven desVatikans*; ListVerlag, München, 2001

Hartner,Willy: »Galileo's contribution to astronomy«; *Vistas in Astronomy*, Vol. 11, 1969

Holton, Gerald: *Einstein, die Geschich-te und andere Leidenschaften*; Vieweg,Wiesbaden, 1998

Knobloch, Eberhard und Segre, Michael (Hrsg.): *Der unbändige Galilei*; Franz SteinerVerlag, Stuttgart, 2001

Koyré, Alexandre: *Leonardo, Galilei, Pascal. Die Anfänge der neuzeitlichen Wissenschaft*; FischerVerlag, Frank-furt, 1998

Mach, Ernst: *Die Mechanik in ihrer Entwicklung*; Brockhaus, Leipzig, 1921

Mann, Golo: *Wallenstein*; S. Fischer Verlag,

Frankfurt am Main, 1971

Mann, Golo und Nitschke,August (Hrsg.): *Propyläen Weltgeschichte*, Bd. 7: *Von der Reformation zur Revolution*; Ullstein Verlag, Frank-furt/Main, 1986

Mudry,Anna (Hrsg): *Galileo Galilei. Schriften, Briefe, Dokumente*; Rütten & Loening, Berlin, 1987

Naylor, Ron: »Galileo's Physics for a rotating earth«; aus: Montesinos, José und Solís, Carlos (Hrsg.): *Largo Campo di filosofare*; Fundacíon Canaria Orotava de Historia de la Ciencia, Orotava 2001

Nowotny, Helga: *Unersättliche Neugier. Innovation in einer fragilen Zukunft*; Kulturverlag Kadmos, Berlin, 2005

Oettingen,Arthur von (Hrsg.): *Galileo Galilei. Unterredungen und mathe-matische Demonstrationen über zwei neue Wissenszweige, die Mechanik und die Fallgesetze betreffend*;Wis-senschaftliche Buchgesellschaft Darmstadt, 1973

Panofsky, Erwin: *Galileo as a Critic of the Arts*; Nijhoff; Den Haag, 1954

Popper, Karl R.: *Objektive Erkenntnis: ein evolutionärer Entwurf*; Hoff-mann und Campe, Hamburg, 1984

Risch, Matthias: »Pierre Gassendi und die kopernikanische Zeitenwende«; aus: *Physik in unserer Zeit*,Wiley-VGH,Weinheim, 2007

Schramm, Matthias: »Das Urteil im Prozess gegen Galilei«; aus: Ulmer, Karl (Hrsg.): *DieVerantwortung der Wissenschaft*; BouvierVerlag, Bonn, 1975

Shea,William R. und Artigas, Mariano: *Galileo Galilei. Aufstieg und Fall eines Genies*; PrimusVerlag, 2006

Strauss, Emil: *Dialog über die beiden hauptsächlichenWeltsysteme*; Kumpf & Reis, Frankfurt/Main 1891

图片来源

（页码为原书页码，即本书页边码）

S. 8, 9, 114, 124, 170, 221: akg-images

S. 21, 53 (unten), 209, 243, 317: Bridgeman Berlin

S. 26, 61, 95, 269: BNCF

S. 53 (oben): DigitalVision London

S. 144: Kepler-Gesellschaft e.V.Weil der Stadt

S. 173: Kepler-Festschrift, Regensburg 1930

S. 224, 229: Le Scienze

致　谢

　　我感谢所有在这个项目上给予我支持的人。我要特别感谢我的妻子安妮（Anne）、约亨·布特纳、布丽塔·艾格特迈尔（Britta Egetemeier）、斯特凡·克莱因（Stefan Klein）、恩斯特·库恩（Ernst Kühn）、阿多夫·库奈特（Adolph Kunert）、席尔克·利奥波德、罗尔夫·李克海尔、沃尔夫冈·许茨、安娜·图肖尔斯基（Anne Tucholski）和芭芭拉·文娜（Barbara Wenner），感谢他们批判性地审阅稿件或其节选。当然，文中的所有错误都归于我本人。

图书在版编目（CIP）数据

宇宙的奥秘：开普勒、伽利略与度量天空 / (德)
托马斯·德·帕多瓦著；盛世同译. -- 北京：社会科
学文献出版社，2020.10
　ISBN 978-7-5201-6860-1

Ⅰ.①宇…　Ⅱ.①托…②盛…　Ⅲ.①宇宙-普及读
物　Ⅳ.①P159-49

中国版本图书馆CIP数据核字（2020）第121530号

宇宙的奥秘：开普勒、伽利略与度量天空

著　　者 / [德]托马斯·德·帕多瓦（Thomas de Padova）
译　　者 / 盛世同

出 版 人 / 谢寿光
责任编辑 / 段其刚

出　　版 / 社会科学文献出版社·联合出版中心（010）59367151
　　　　　　地址：北京市北三环中路甲29号院华龙大厦　邮编：100029
　　　　　　网址：www.ssap.com.cn
发　　行 / 市场营销中心（010）59367081　59367083
印　　装 / 北京盛通印刷股份有限公司

规　　格 / 开　本：880mm×1230mm　1/32
　　　　　　印　张：19.625　字　数：274千字
版　　次 / 2020年10月第1版　2020年10月第1次印刷
书　　号 / ISBN 978-7-5201-6860-1
著作权合同
登 记 号 / 图字01-2020-2015号
定　　价 / 98.00元

本书如有印装质量问题，请与读者服务中心（010-59367028）联系